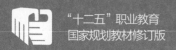

"十二五"职业教育
国家规划教材修订版

工程力学

（第四版）

主编 张定华

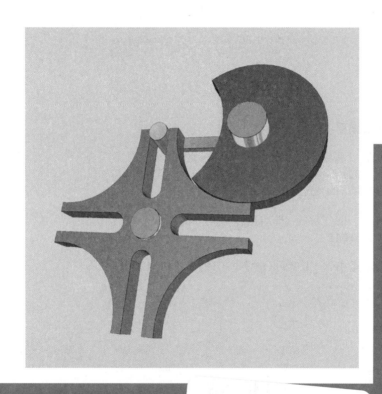

高等教育出版社·北京

内容提要

本书是"十二五"职业教育国家规划教材修订版。

本书注重力学基本概念、基本原理、基本方法的理解和掌握,注重理论在工程实践中的应用,以利于培养学生分析问题、解决问题的能力。 全书除绪论外共三篇十五章。 第一篇静力学包括:静力学的基本概念、平面力系、空间力系。 第二篇材料力学包括:轴向拉伸与压缩、剪切与挤压、圆轴扭转、平面弯曲内力、平面弯曲梁的强度与刚度计算、应力状态与强度理论、组合变形时杆件的强度计算。 第三篇运动学与动力学包括:质点的运动、刚体的平移与绕定轴转动、点的合成运动、刚体的平面运动、动能定理。 每章均有小结、思考题和习题。

本书可作为高等职业院校、成人高校及本科院校的二级职业技术学院和民办高校机械类、近机类专业力学课程的教材,也可供相关的工程技术人员参考。

授课教师如需本书配套的教学课件资源,可发送邮件至邮箱 *gzjx@pub.hep.cn* 索取。

图书在版编目(CIP)数据

工程力学 / 张定华主编. -- 4 版. --北京:高等教育出版社,2021.2
    ISBN 978-7-04-052816-9

Ⅰ.①工… Ⅱ.①张… Ⅲ.①工程力学-高等职业教育-教材 Ⅳ.①TB12

中国版本图书馆 CIP 数据核字(2019)第 213642 号

策划编辑	张 璋	责任编辑 张 璋	封面设计 张志奇	版式设计 马 云
插图绘制	黄云燕	责任校对 胡美萍	责任印制 存 怡

出版发行	高等教育出版社	网　　址	http://www.hep.edu.cn
社　　址	北京市西城区德外大街 4 号		http://www.hep.com.cn
邮政编码	100120	网上订购	http://www.hepmall.com.cn
印　　刷	鸿博昊天科技有限公司		http://www.hepmall.com
开　　本	787mm×1092mm 1/16		http://www.hepmall.cn
印　　张	16.75	版　　次	2003 年 7 月第 1 版
字　　数	390 千字		2021 年 2 月第 4 版
购书热线	010-58581118	印　　次	2021 年 2 月第 1 次印刷
咨询电话	400-810-0598	定　　价	42.00 元

本书如有缺页、倒页、脱页等质量问题,请到所购图书销售部门联系调换

版权所有　侵权必究

物 料 号　52816-00

第四版序

　　本书是在"十二五"职业教育国家规划教材《工程力学》（第三版）基础上，吸取原教材在教学实践中所取得的经验修订而成的。

　　本次修订在继续保持教材原有的框架结构的基础上，修改了本书中存在的错漏，更新了最新的国家标准。

　　本书由张定华主持修订。

　　本书虽经多次修改，难免仍有疏漏，敬请读者赐教。

编　者

2019 年 6 月

第 三 版 序

本书第 2 版出版以来,继续受到各高职高专院校的关注。在使用过程中,有些院校也提出了一些宝贵的意见和建议。

为了进一步适应各高职高专院校培养技术技能型专门人才的需要,本次修订在继续保持教材原有的框架结构的基础上,调整了例题,适当减少了习题量。

为了便于教师授课和学生复习,有助于学生掌握工程力学的基本知识,在每章的小结中,更明显地突出本章的重点和难点,以及解决问题的方法。

本书由张定华主持修订。

本书虽经多次修改,难免仍有疏漏,敬请读者赐教。

编　者

2014 年 2 月

第二版序

自本书第1版出版以来,我国高等教育进一步发展,社会对高职高专学校培养技术应用型专门人才的需求进一步扩大。随着教学改革的深入,各高职高专学校对少学时工程力学课程提出了更高的要求。在听取了各方面的反馈意见后,特修订本书。

本书继续保留了第1版的框架结构,便于各校根据专业要求进行整合,以适应少于70学时教学需要。对工程力学基本概念、基础理论的叙述更简明扼要;对处理工程问题的基本方法的介绍也按"必需够用为度"的原则,简洁易懂;对例题和习题做了一定的调整,对插图作了较大幅度的更新,以适应当前高职高专学生的状况。

本书第2版由陈位宫审阅,提出了宝贵的修改意见,深表谢意。

因编者水平所限,本书难免还有疏漏之处,敬请广大读者不吝赐教。

编　者
2009 年 12 月

第 一 版 序

　　本书是教育部高职高专规划教材,依据教育部最新制定的"高职高专教育近机械类专业力学课程教学基本要求"编写而成,适合作为高职高专近机械类专业 70 学时左右的工程力学课程的教学用书。

　　在本书的编写过程中,充分汲取了高等工业专科学校、地方职业大学和高等职业技术学院近几年来的教学改革经验,力求体现高职高专培养技术应用型专门人才的特色,在理论阐述上着重讲清基本的力学概念,简化理论推导,强化应用,加强与工程实际的联系。每章后有小结、思考题、习题,适应高职高专生源多样化的教学需要。

　　参加本书编写的有:北京电力高等专科学校祝瑛(第 1、2、3 章),沙洲职业工学院陈在铁(第 4、5、6、10 章)、张定华(第 7、8、9 章),南京交通高等专科学校章剑青(第 11、12、13、14、15 章)。全书由张定华任主编,章剑青任副主编。

　　本书由南京机械高等专科学校张秉荣教授、河北工程技术高等专科学校沈养中教授担任主审,他们提出了不少宝贵的意见,特向他们表示衷心的感谢。

　　限于编者水平,且编写时间仓促,书中缺点和错误难免,殷切希望读者提出批评意见。

编　者

2000 年 2 月

目　　录

第三篇 运动学与动力学

绪　　论

工程力学是一门研究物体机械运动一般规律和有关工程构件强度、刚度、稳定性理论的科学,它包括静力学、材料力学、运动学与动力学的有关内容。

物体在空间的位置随时间的变化称为机械运动。它是人们在日常生活和生产实践中最常见的一种运动形式。本书第一篇静力学研究物体机械运动的特殊情况——物体处于平衡状态的问题,包括如何将工程实际中比较复杂的力系加以简化和物体平衡的条件。静力学是学习材料力学、运动学与动力学的基础。

工程上,机械设备都是由构件组成的,构件工作时要承受载荷。为了使构件在载荷作用下正常工作而不被破坏,也不发生过度的变形,要求构件具有一定的强度和刚度。第二篇材料力学研究构件的强度、刚度问题,在既安全又经济的条件下,为合理设计和使用材料提供理论依据,并简要介绍压杆稳定的概念。

物体作机械运动,既有描述物体运动的问题(如运动方程、速度、加速度等),又有物体运动变化与其作用力关系的问题。这是第三篇运动学与动力学研究的内容。

观察、实验是认识力学规律的重要实践环节。体现在工程力学中就是将研究对象转化为力学模型,抓住主要因素,忽略次要因素,通过数学演绎导出力学计算公式。例如,在研究物体的运动和平衡规律时,将物体视为刚体;在运动学和动力学中,有时将物体抽象为点、质点或质点系、刚体;在材料力学中,将杆、轴、梁等构件都视为变形固体,并对材料和变形都作出了假设等。

工程力学是机械、近机械类专业的一门技术基础课程,它在基础课程和专业课程之间起桥梁作用,为专业设备的机械运动分析和强度分析提供必要的理论基础。

高等职业教育培养的是技术技能型人才。学习工程力学,应在理解工程力学的基本概念和基本理论的基础上,培养应用已学的定理和公式去解决工程问题的能力,而通过演算一定数量的习题来巩固和加深理解所学知识是掌握该能力的重要途径。

静 力 学

1

静力学的基本概念

静力学研究刚体在力系作用下的平衡规律。它包括对研究对象进行受力分析、简化力系、建立平衡条件求解未知量等内容。**刚体**是指在力的作用下不变形的物体。工程中，**平衡**是指物体相对于地球处于静止状态或作匀速直线运动，是物体机械运动中的特殊状态。**力系**是指作用于被研究物体上的一组力。如果力系可使物体处于平衡状态，则称该力系为**平衡力系**；如果两力系分别作用于同一物体而效应相同，则二者互为**等效力系**；如果力系与一力等效，则称此力为该力系的**合力**。所谓力系的**简化**就是用简单的力系等效替代复杂的力系。

§1.1 力的概念

1.1.1 力的定义

在中学物理中，已提到力是**物体之间的相互机械作用**。这种作用对物体产生两种效应：引起物体机械运动状态的变化和使物体产生变形。前者称为力的**外效应**或**运动效应**，是第一篇静力学与第三篇运动学和动力学研究的内容；后者称为力的**内效应**或**变形效应**，属于第二篇材料力学的研究范围。

1.1.2 力的三要素

实践证明，力对物体的作用效应取决于力的大小、方向和作用点，这三个因素称为力的**三要素**。三要素中任何一个改变时，一般力的作用效应也将改变。

1.1.3 力的表示方法

力是矢量。图示时，常用一带箭头的线段表示（图 1.1）。线段长度 AB 按一定的比例尺表示力的大小；线段的方位和箭头的指向表示力的方向；线段的起点（或终点）表示力的作用点。线段所沿的直线称为**力的作用线**。本书中，矢量用黑体字母表示，如 F。力的大小是标量，用一般字母表示，如 F。

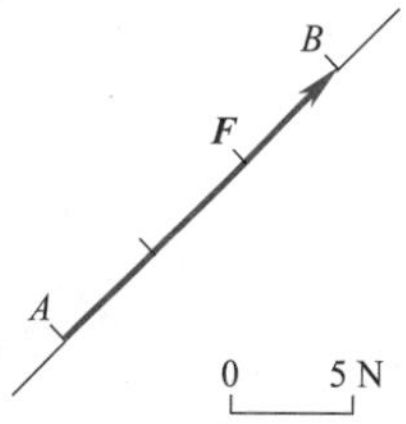

力 F 在平面直角坐标系 Oxy 中的矢量表达式为

$$F = F_x + F_y = F_x i + F_y j \tag{1.1}$$

式中，F_x，F_y 分别表示力 F 沿坐标轴 x，y 方向的两个分量；F_x，F_y 分别表示力 F 在坐标轴 x，y 上的投影；i，j 分别为坐标轴 x，y 上的单位矢量。

力 F 在坐标轴上的**投影**为：过力矢 F 两端向坐标轴引垂线（图 1.2）得垂足 a，b 和 a'，b'，

图 1.1

线段 ab, $a'b'$ 分别为力 F 在 x 轴和 y 轴上投影的大小。投影的正负号规定为:由垂足 a 到垂足 b(或由 a' 到 b')的指向与坐标轴正向相同时为正,反之为负。图 1.2 中力 F 在 x 轴和 y 轴的投影分别为

$$\left.\begin{aligned} F_x &= F\cos\alpha \\ F_y &= -F\sin\alpha \end{aligned}\right\} \qquad (1.2)$$

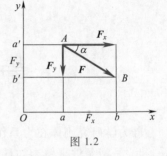

可见,力的投影是代数量。

若已知力的矢量表达式(1.1),则力 F 的大小及方向为

$$\left.\begin{aligned} F &= \sqrt{F_x^2 + F_y^2} \\ \tan\alpha &= \left|\frac{F_y}{F_x}\right| \end{aligned}\right\} \qquad (1.3)$$

图 1.2

1.1.4　力的单位

在我国法定计量单位中,力的单位为牛顿,符号为 N。

1.1.5　静力学公理

人们经过长期的生活和实践积累,总结出了几条力的基本性质,因正确性已被实践反复证明,为大家所公认,所以也称静力学公理。

公理 1:二力平衡公理

刚体上仅受二力作用而平衡的必要与充分条件是:此二力等值、反向、共线,即 $F_1 = -F_2$(图 1.3)。

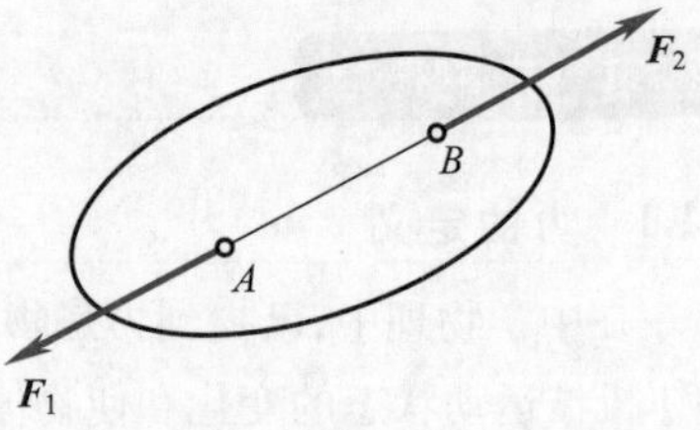

这一性质揭示了作用于刚体上最简单的力系平衡时所必须满足的条件。

工程上常遇到只受两个力作用而平衡的构件,称为二

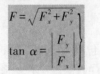

图 1.3

力构件。根据公理 1,二力构件上的两个力必沿两个力作用点的连线,且等值、反向。

公理 2:加减平衡力系公理

对于作用在刚体上的任何一个力系,可以增加或去掉任一平衡力系,而不改变原力系对于刚体的作用效应。

推论 1:力的可传性原理　刚体上的力可沿其作用线移动到该刚体上任一点而不改变此力对刚体的作用效应。

证明:设力 F 作用于刚体上的 A 点(图 1.4a),在其作用线上任取一点 B,并在 B 点处添加一对平衡力 F_1 和 F_2,使 F, F_1, F_2 共线,且 $F_2 = -F_1 = F$(图 1.4b)。根据公理 2,将 F, F_1 所组成的平衡力系去掉,刚体上仅剩下 F_2,且 $F_2 = F$(图 1.4c)。

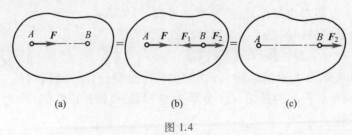

(a) (b) (c)

图 1.4

力的可传性原理说明,对刚体而言,力是滑动矢量,它可沿其作用线滑移至该刚体上的任一位置。需要指出的是,此原理只适用于刚体而不适用于变形体。

公理3:力的平行四边形法则

作用于物体上同一点的两个力的合力也作用于该点,且合力的大小和方向可用这两个力为邻边所作的平行四边形的对角线来确定。

该公理说明,力矢量可按平行四边形法则进行合成与分解(图1.5),合力矢量 F_R 与分力矢量 F_1,F_2 间的关系符合矢量运算法则

$$F_R = F_1 + F_2 \tag{1.4}$$

即合力等于两分力的矢量和。

在平面直角坐标系中,由式(1.1)和式(1.4)可得

$$F_R = F_{Rx} + F_{Ry} = F_{Rx}i + F_{Ry}j$$
$$F_1 + F_2 = (F_{1x}i + F_{1y}j) + (F_{2x}i + F_{2y}j)$$
$$= (F_{1x} + F_{2x})i + (F_{1y} + F_{2y})j$$

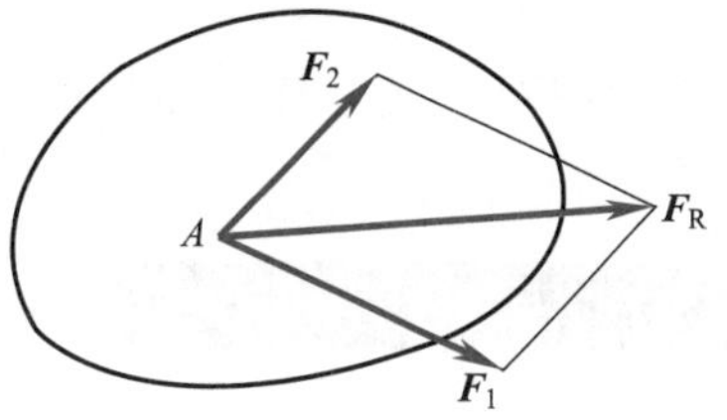

所以

$$F_{Rx} = F_{1x} + F_{2x}, \qquad F_{Ry} = F_{1y} + F_{2y} \tag{1.5}$$

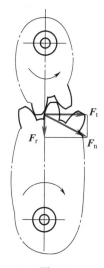

图1.5

由此可推广到 n 个力作用的情况。设一刚体受力系 F_1,F_2,$\cdots$,F_n 作用,力系中各力的作用线共面且汇交于同一点(称为**平面汇交力系**),根据公理3和式(1.4)可将此力系合成为一个合力 F_R,且有

$$F_R = F_1 + F_2 + \cdots + F_n = \sum F_i \tag{1.6}$$

可见,平面汇交力系的合力等于力系各分力的矢量和。

根据式(1.5)可得

$$\left. \begin{array}{l} F_{Rx} = F_{1x} + F_{2x} + \cdots + F_{nx} = \sum F_x \\ F_{Ry} = F_{1y} + F_{2y} + \cdots + F_{ny} = \sum F_y \end{array} \right\} \tag{1.7}$$

式(1.7)称为**合力投影定理**,即力系的合力在某轴上的投影等于力系中各分力在同一轴上投影的代数和。

在工程中常应用平行四边形法则将一力沿两个规定方向分解,使力的作用效应更加明显。例如,在进行直齿圆柱齿轮的受力分析时,常将齿面的法向正压力 F_n 分解为沿齿轮节圆圆周切线方向的分力 F_t 和指向轴心的压力 F_r(图1.6)。F_t 称为**圆周力**或**切向力**,其作用是推动齿轮绕轴转动;F_r 称为**径向力**,其作用是利于齿面啮合。

推论2:三力平衡汇交定理 刚体受三个共面但互不平行的力作用而平衡时,三力必汇交于一点。

证明:设刚体上 A_1,A_2,A_3 三点受共面但互不平行的三力 F_1,F_2,F_3 作用而平衡(图1.7)。根据力的可传性原理将 F_1,F_2 移至其作用线交点 B,并根据公理3将其合成为 F_R,则刚体上仅有 F_3 和 F_R 作用。根据公理1,F_3 和 F_R 必在同一直线上,所以 F_3 一定通过 B 点,于是得证三力 F_1,F_2,F_3 均通过 B 点。

该推论说明了刚体受不平行的三力平衡的必要条件。当刚体受三

图1.6

力作用平衡,而其中两力的作用线相交,此时可用三力平衡汇交定理来确定第三个力的作用线的方位。

公理 4:作用与反作用定律

两物体间相互作用的力总是同时存在,并且两个力等值、反向、共线,分别作用于两个物体。这两个力互为作用与反作用的关系。

此定律即牛顿第三定律,它概括了自然界中物体间相互作用的关系,表明一切力总是成对出现的,揭示了力的存在形式和力在物体间的传递方式。

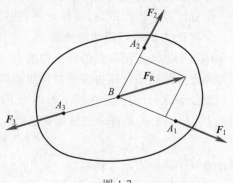

图 1.7

§1.2　平面上力对点之矩

1.2.1　力矩的概念

如图 1.8 所示,用扳手转动螺母时,作用于扳手 A 点的力 F 可使扳手与螺母一起绕螺母中心 O 点转动(力 F 的作用线在扳手平面内)。经验表明,力的这种转动作用不仅与力的大小、方向有关,还与转动中心 O 至力的作用线的垂直距离 d 有关。因此,平面上的力 F 使物体绕 O 点产生的转动效应可用**力矩** $M_O(F)$ 来度量。

$$M_O(F) = \pm Fd \qquad (1.8)$$

式中,下标 O 称为**矩心**;d 称为**力臂**;乘积 Fd 是力矩的大小;符号"$\pm$"表示力矩的转向,在平面问题中,一般规定逆时针转向的力矩取正号,顺时针转向的力矩取负号,故平面上力对点之矩是代数量。显然,同一个力对不同点的力矩一般是不同的,因此表示力矩时必须标明矩心。

力矩的单位为牛顿·米($N \cdot m$)。

从力矩的定义式(1.8)可知:

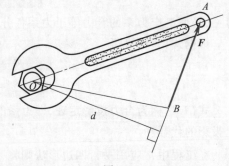

图 1.8

(1)当力 F 沿其作用线移动时,对矩心 O 点的力矩 $M_O(F)$ 保持不变。

(2)当力 F 的作用线通过矩心 O 点时,力矩为零;反之,当力矩为零时,力 F(不为零)的作用线必过矩心 O 点。

1.2.2　合力矩定理

由于合力与一力系等效,因此在平面问题中,合力对任一点之矩等于该力系中各分力对同一点之矩的代数和,即

$$M_O(F_R) = M_O(F_1) + M_O(F_2) + \cdots + M_O(F_n) = \sum M_O(F) \qquad (1.9)$$

式(1.9)称为**合力矩定理**。

当不易计算力矩的臂时,常用合力矩定理来计算力矩。

例 1.1　如图 1.9 所示,数值相同的三个力按不同方式分别施加在同一扳手的 A 端。若

$F = 200$ N,试求三种情况下力对 O 点之矩。

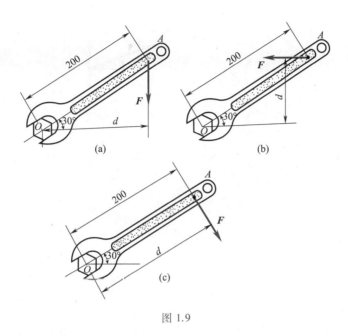

图 1.9

解 图示三种情况下,因力臂大小易于确定,可根据力矩的定义式(1.8)直接计算。
图 1.9a 中

$$M_O(\boldsymbol{F}) = -Fd = -200 \text{ N} \times 200 \times 10^{-3} \text{ m} \times \cos 30°$$
$$= -34.64 \text{ N} \cdot \text{m}$$

图 1.9b 中

$$M_O(\boldsymbol{F}) = Fd = 200 \text{ N} \times 200 \times 10^{-3} \text{ m} \times \sin 30° = 20.00 \text{ N} \cdot \text{m}$$

图 1.9c 中

$$M_O(\boldsymbol{F}) = -Fd = -200 \text{ N} \times 200 \times 10^{-3} \text{ m} = -40.00 \text{ N} \cdot \text{m}$$

例 1.2 作用于齿轮的啮合力 $F_n = 1\,000$ N,齿轮节圆直径 $D = 160$ mm,压力角(啮合力与齿轮节圆切线间的夹角)$\alpha = 20°$(图 1.10a)。求啮合力 $\boldsymbol{F}_n$ 对轮心 O 点之矩。

解 解法一 用力矩定义式(1.8)计算

$$M_O(\boldsymbol{F}_n) = -F_n r_0 = -F_n \frac{D}{2} \cos \alpha$$

$$= -1\,000 \text{ N} \times \frac{160 \times 10^{-3} \text{ m}}{2} \times \cos 20° = -75.2 \text{ N} \cdot \text{m}$$

解法二 用合力矩定理式(1.9)计算

如图 1.10b 所示,将啮合力 $\boldsymbol{F}_n$ 在齿轮啮合点处分解为圆周力 $\boldsymbol{F}_t$ 和径向力 $\boldsymbol{F}_r$,则 $F_t = F_n \cos \alpha$,$F_r = F_n \sin \alpha$,由合力矩定理可得

$$M_O(\boldsymbol{F}_n) = M_O(\boldsymbol{F}_t) + M_O(\boldsymbol{F}_r)$$

$$= -F_t \frac{D}{2} + 0 = -(F_n \cos \alpha) \frac{D}{2}$$

$$= -1\ 000\ \text{N} \times \cos 20° \times \frac{160 \times 10^{-3}\ \text{m}}{2}$$

$$= -75.2\ \text{N} \cdot \text{m}$$

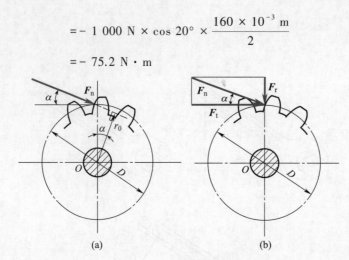

图 1.10

§1.3 力偶

1.3.1 力偶的概念

在生活和生产实践中,常见到某些物体同时受到大小相等、方向相反、作用线互相平行的两个力作用的情况。例如:人用手拧水龙头时,作用在开关上的两个力 F 和 F'(图 1.11a,b);司机用双手转动方向盘的作用力 F 和 F'(图 1.11c,d)。

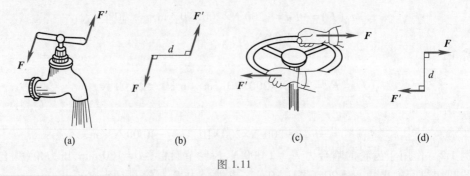

图 1.11

由一对等值、反向、不共线的平行力组成的特殊力系,称为力偶,记为(F,F')。物体上有两个或两个以上力偶作用时,这些力偶组成力偶系。力偶的两力作用线所决定的平面称为力偶的作用面,两力作用线间的垂直距离称为力偶臂。力学中,用力偶的任一力的大小 F 与力偶臂 d 的乘积再冠以相应的正负号,作为力偶在其作用面内使物体产生转动效应的度量,称为力偶矩,记作 $M(F,F')$ 或 M,即

$$M(F,F') = M = \pm Fd \tag{1.10}$$

式中,符号"±"表示力偶的转向,一般规定,力偶在其作用面内产生逆时针转动时取正号,顺时针转动时取负号。

力偶矩的单位为 N · m。

对刚体上同一平面内的两个力偶,如果力偶矩的大小和力偶的转向相同,两个力偶就彼此等

效。

力对刚体的作用效应有两种:平移和转动。但力偶对刚体的作用效应只有一种:转动。

1.3.2　力偶的基本性质

性质1　力偶在任一轴上投影的代数和为零(图1.12),力偶无合力。力偶对刚体的平移不会产生任何影响,力偶不能与一个力等效。

性质2　力偶对于其作用面内任意一点之矩与该点(矩心)的位置无关,恒等于力偶矩。如图1.13所示,已知力偶$(\boldsymbol{F},\boldsymbol{F}')$的力偶矩为$M=Fd$,在其作用面内任意取点$O$作为矩心,设$O$点到力$F'$的垂直距离为$x$,则力偶$(\boldsymbol{F},\boldsymbol{F}')$对$O$点之矩为

$$M_O(\boldsymbol{F})+M_O(\boldsymbol{F}')=F(x+d)-F'x=Fd$$

与矩心的位置无关。

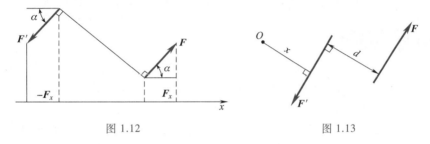

图 1.12　　　　　　　　　　　　　　图 1.13

由力偶的性质,可以对力偶做以下等效处理:

只要保持力偶矩的大小和转向不变,力偶可以在其作用面内任意移动,且可以同时改变力偶中力的大小和力偶臂的长短,而不改变其对刚体的作用效应。于是力偶可以用带箭头的弧线表示(图1.14)。

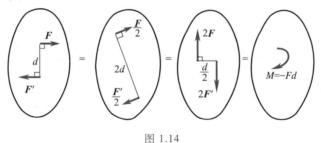

图 1.14

1.3.3　平面力偶系的合成

刚体上某个平面内作用有几个力偶,组成平面力偶系。

平面力偶系合成的结果为合力偶,合力偶矩等于各分力偶矩的代数和。即

$$M=M_1+M_2+\cdots+M_n=\sum M_i \tag{1.11}$$

证明:如图1.15a所示,设在刚体某平面上作用力偶系$M_1,M_2,\cdots,M_n$,在平面内任选直线$\overline{AB}=d$作为公共力偶臂,保持各力偶的力偶矩不变,将各力偶分别表示成作用在A,B两点的反向平行力(图1.15b),则有

$$F_1=M_1/d,F_2=M_2/d,\cdots,F_n=M_n/d$$

于是在A,B两点处各得一组共线力系,其合力分别为$\boldsymbol{F}_R$和$\boldsymbol{F}'_R$,(图1.15c),且有

$$F_R = F_R' = F_1 + F_2 + \cdots + F_n = \sum F_i$$

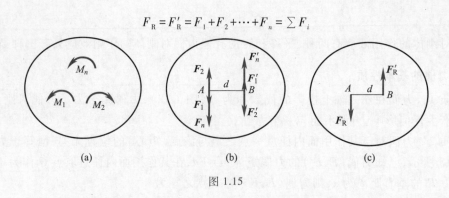

图 1.15

F_R 与 F_R' 为一对等值、反向、不共线的平行力，它们组成的力偶即为合力偶，所以有

$$M = F_R d = (F_1 + F_2 + \cdots + F_n) d = M_1 + M_2 + \cdots + M_n = \sum M_i$$

§1.4　力的平移定理

作用在刚体上的力可以从原作用点等效地平行移动到刚体内任一指定点，但必须在该力与指定点所决定的平面内附加一力偶，其力偶矩等于原力对指定点之矩。这就是力的平移定理。

证明：设一力 F 作用于刚体上 A 点，欲将此力平移到刚体上 B 点（图 1.16a），为此，在 B 点加上一对平衡力 F'，F''，并使它们与力 F 平行且大小相等（图 1.16b），此时的力系 F，F'，F'' 与原力 F 等效。由图可看出力 F 与 F'' 组成一力偶，称为附加力偶，其力偶矩为 $M = Fd = M(F)$。于是力系 F，F'，F'' 与力系 F'，M 等效（图 1.16c）。因此，力 F 与力系 F'，M 等效，即力 F 可从 A 点平移至 B 点，但必须同时附加一力偶，附加力偶矩等于原力对指定点之矩。

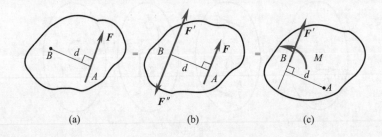

图 1.16

力的平移定理揭示了力对刚体产生平移和转动两种运动效应的实质。以削乒乓球为例（图 1.17）。当球拍击球的作用力没有通过球心时，按照力的平移定理，将力 F 平移至球心，平移力 F' 使球产生平移，附加力偶 M 使球产生绕球心的转动，于是形成旋转球。

如果用单手攻螺纹，铰手上受一个力 F 作用（图 1.18），按力的平移定理，将力 F 向丝锥平移，丝锥受力 F' 和附加力偶 M 共同作用。附加力偶 M 使丝锥转动，而力 F' 使丝锥弯曲，当力的数值增大时，可使丝锥折断。

顺便指出，力的平移定理的逆定理也是成立的，即：刚体的某平面上的一力 F 和一力偶 M 可进一步合成得到一个合力 F_R，$F_R = F$。

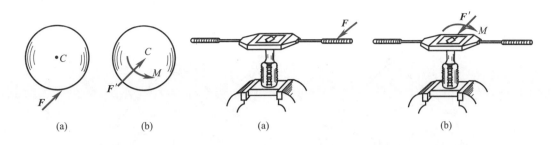

<table>
<tr><td>(a)</td><td>(b)</td><td>(a)</td><td>(b)</td></tr>
</table>

图 1.17　　　　　　　　　　　　　　图 1.18

§1.5　约束与约束力

在工程上,如果一个物体的运动不受到任何限制,那么这个物体的运动是自由的,没有受到约束。然而,物体的运动通常都要受到与其相联系的其他物体的限制。对研究对象即某个物体而言,**约束**是使这个物体的运动受到限制的另外一些物体。例如,火车沿钢轨行驶,钢轨对火车而言是约束;电动机转子受轴承限制,只能绕轴转动,轴承对电动机转子而言是约束;桌面的存在阻止其上的物品掉到地上,桌面对其上的物品而言是约束,等等。由于约束限制了研究对象(即被约束的物体)的运动即改变了它的运动状态,因此约束对研究对象必有力的作用。约束对研究对象的作用力称为**约束力**。显然,在研究对象上作用着两类力:一类是**主动力**,如重力、推力、风载、水压力、油压力等,它可使研究对象产生运动;另一类是限制研究对象运动的约束力。在约束力的三要素中,约束力的大小是未知的,随主动力大小的变化而变化,在静力学中可通过刚体的平衡条件求得约束力的大小;约束力的方向总是与在主动力作用下研究对象运动的方向相反;约束力的作用点在约束与研究对象的接触处。

下面介绍工程上常见的约束类型及其约束力的表示方法。因工程上的物体很复杂,在教材中均以简图表示。

1.5.1　柔性约束

属于这类约束的有绳索、链条和胶带等。绳索本身只能承受拉力,不能承受压力,其约束特点是:限制物体沿绳索伸长方向的运动,只能给物体提供拉力,用符号 F 表示。

如图 1.19a 中起吊一减速箱盖,链条 AB,AC,AD 分别作用于铁环 A 的拉力为 F_B,F_C,F_D,链条 AB,AC 分别作用于盖上 B,C 点的拉力为 F_B',F_C'。图 1.19b 中胶带对胶带轮的拉力 F_1,F_1',F_2,F_2' 均属于柔性约束力。

1.5.2　光滑接触面约束

当两物体接触面间的摩擦力可略去不计时,即构成光滑接触面约束。此时,被约束的物体可以沿接触面滑动或沿接触面的公法线方向脱离,但不能沿公法线方向压入约束内部。因此,光滑接触面约束力的作用线,沿接触面公法线方向,指向被约束的物体,恒为压力,称为法向约束力,常用 F_N 表示,如图 1.20 所示。

1.5.3　圆柱形铰链约束

两个带圆孔的物体用圆柱形销钉相连接,构成圆柱形铰链约束。假设销钉和圆孔的接触面是光滑的,此时,受约束的两个物体可以绕销钉轴线转动,但限制被连接的物体沿垂直

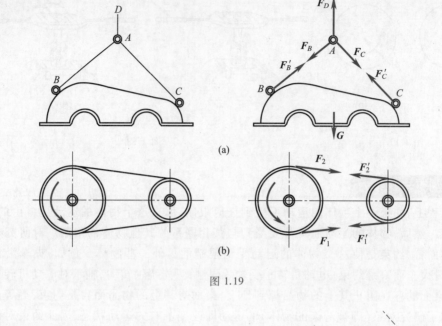

图 1.19

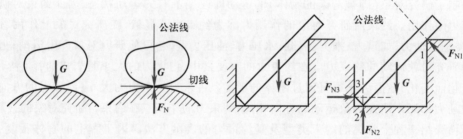

图 1.20

于销钉轴线方向的移动。通常可分为以下几种形式。

1. 中间铰约束

如图 1.21a 所示，1、2 分别是两个带圆孔的物体，将圆柱形销钉穿入两物体的圆孔中，即构成**中间铰**，通常用简图 1.21c 表示。如柴油机中活塞与连杆、曲柄与连杆的连接等。

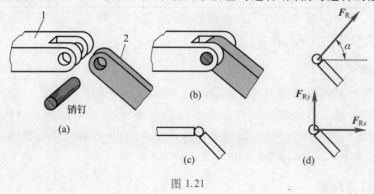

图 1.21

因假设销钉和圆孔的接触面是光滑的，中间铰约束本质上是光滑接触面约束，销钉对物

体的约束力 F_R 应通过物体圆孔中心。因有间隙,接触点不确定,所以中间铰约束力的特点是: F_R 的作用线通过销钉中心,垂直于销钉轴线,方向不定,可表示为图 1.21d 中单个力 F_R 和未知角 α;或在通常计算中,表示为过销钉中心的两个正交分力 F_{Rx}, F_{Ry},其指向是假设的。 F_R 与 F_{Rx}, F_{Ry} 为合力与分力的关系。

2. 固定铰链支座约束

如图 1.22a 所示,将中间铰结构中物体 1 换成支座,且与基础固定在一起,则构成**固定铰链支座**约束,简图如图 1.22b 所示。如门、窗的合页,起重机动臂与机座的连接等。其约束力特点与中间铰相同,如图 1.22c 所示。

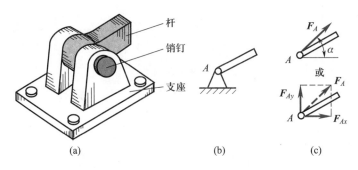

图 1.22

3. 活动铰链支座约束

将固定铰链支座底部安放若干滚子,并与支承面接触,则构成**活动铰链支座**,又称**辊轴支座**(图 1.23a, b)。这类支座常见于桥梁、屋架等结构中,通常用简图 1.23c 表示。活动铰链支座只能限制构件沿支承面垂直方向的移动,不能阻止构件沿支承面的运动或绕销钉轴线的转动。因此活动铰支座的约束力通过销钉中心,垂直于支承面,指向不定,如图1.23d 所示。

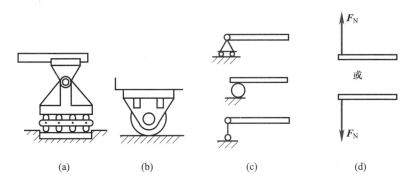

图 1.23

1.5.4 固定端约束

如图 1.24 所示,建筑物上的阳台插入墙内的横梁,车床刀架中的车刀,立于路旁的电线杆等均不能沿任何方向移动和转动,它们所受到的这种约束称为**固定端约束**,平面问题中一般用图 1.25a 所示简图表示,约束作用如图 1.25b 所示,两个正交约束力 F_{Ax}, F_{Ay} 表示限制构件移动的约束作用，一个约束力偶 M_A 表示限制构件转动的约束作用。三个约束力的方向都是假设的。

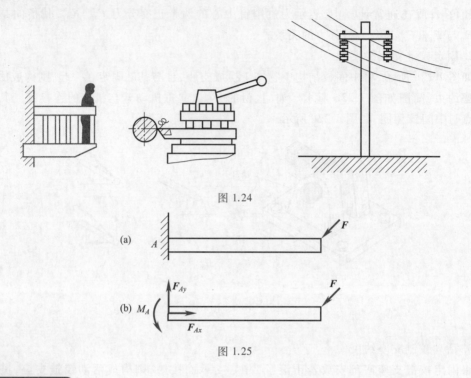

图 1.24

图 1.25

§1.6　受力图

　　解决静力学问题时，首先要明确研究对象，再考虑它的受力情况，然后用相应的平衡方程去计算。工程中的结构与机构十分复杂，为了清楚地表达出研究对象的受力情况，必须将它从与其相联系的周围物体中分离出来，用简图加以表示。分离的过程就是解除约束的过程。在解除约束的地方用相应的约束力来代替约束的作用。被解除约束后的物体称作**分离体**。在分离体上画上物体所受的全部主动力和约束力，此图称为研究对象的**受力图**。整个过程就是对研究对象进行受力分析。

　　画受力图的基本步骤一般为：

　　1. 确定研究对象，取分离体

　　按问题的条件和要求，确定研究对象（它可以是一个物体，也可以是几个物体的组合或整个系统），解除与研究对象相连接的其他物体的约束，用简图表示出其形状特征。

　　2. 画主动力

　　在分离体上画出该研究对象所受到的全部主动力，如重力、风载、水压、油压、电磁力等。

　　3. 画约束力

　　在解除约束的位置，根据约束的不同类型，逐一画出相应的约束力。

　　最后，根据前面所学的有关知识，检查受力图画得是否正确。

　　如研究对象为几个物体组成的物体系统，还必须区分外力和内力。物体系统以外的周围物体对系统的作用力称为系统的外力。系统内部各物体之间的相互作用力称系统的内力。随着所取系统的范围不同，某些内力和外力也会相互转化。由于系统的内力总是成对出现的,且等值、共线、反向,在系统内自成平衡力系,不影响系统整体的静力平衡,因此,当研究对象是物体系统时,只画作用于系统上的外力,不画系统的内力。下面举例说明受力图的画法。

例 1.3 如图 1.26a 所示,绳 AB 悬挂一重为 **G** 的球。试画出球 C 的受力图(摩擦不计)。

解 以球为研究对象,画出球的分离体图。

在球心点 C 标上主动力 **G**(重力)。

在解除约束的 B 点处画上表示柔性约束的拉力 F_B,在 D 点画上表示光滑接触面约束的法向约束力 F_{ND}。

球 C 受同平面的三个不平行的力作用而平衡,则三力作用线必相交,交点应为 C 点。

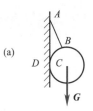

图 1.26

例 1.4 简易起重机如图 1.27a 所示,梁 ABC 一端用铰链固定在墙上,另一端装有滑轮并用杆 CE 支撑,梁上 B 处固定一卷扬机 D,钢索经定滑轮 C 起吊重物 H。不计梁、杆、滑轮的自重,试画出重物 H、杆 CE、滑轮 C、销钉 C、横梁 ABC、横梁与滑轮整体的受力图。

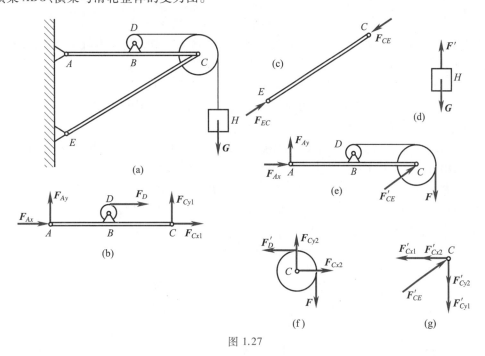

图 1.27

解 简易起重机是由多个物体组成的物体系统。先考察杆 CE,C 处是用销钉 C 连接了梁 ABC、滑轮 C 和杆 CE 三个物体。销钉 C 对杆 CE 的约束力仍是过销钉中心、方向不定的一个力。同样,固定铰链支座 E 对杆 CE 的约束力也可看成是一个力。杆 CE 又不计自重,它仅受到两个力作用而平衡,根据二力平衡公理,C、E 处的约束力必沿两销钉中心的连线,且等值、反向。仅受两个力作用而平衡的直杆,称为**二力杆**。如不是直杆而是其他物体,称为**二力构件**。在对物体系进行受力分析时,必须首先判断物体系统内有无二力杆或二力构件。本题中,CE 杆是二力杆。图 1.28a 中,曲杆 AC 为二力构件;图 1.28b 中,杆 CD 为二力杆。图 1.23c 中活动铰链支座约束的简图之一用两个铰链连接一个短直杆表示,也可视同二力杆,有时称为**链杆**。

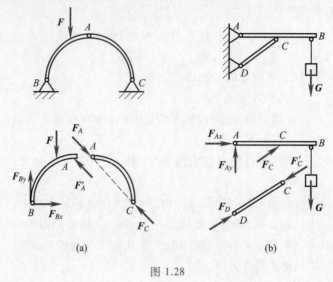

图 1.28

分别以重物 H、杆 CE、滑轮 C、销钉 C、横梁 ABC、横梁与滑轮整体为研究对象,解除各自的约束,画出分离体简图。

杆 CE 为二力杆。画上约束力 F_{EC} 和 F_{CE};重物受到重力 G 和拉力 F' 作用;滑轮上画上绳索拉力 F 和 F'_D,销钉 C 对滑轮的约束力 F_{Cx2},F_{Cy2};在横梁 ABC 上有固定铰链支座约束力 F_{Ax},F_{Ay},卷扬机 D 钢索的拉力 F_D,销钉 C 对横梁的约束力 F_{Cx1},F_{Cy1};对横梁与滑轮整体,除 F_{Ax},F_{Ay},F 外,尚有 C 处二力杆 CE 的约束力 F'_{CE};对于销钉 C,它分别受到横梁 ABC 的约束力 F'_{Cx1} 和 F'_{Cy1},二力杆 CE 的约束力 F'_{CE} 以及滑轮的约束力 F'_{Cx2} 和 F'_{Cy2}。

显然,F_{Cx1} 和 F'_{Cx1},F_{Cy1} 和 F'_{Cy1},F_{CE} 和 F'_{CE},F_{Cx2} 和 F'_{Cx2},F_{Cy2} 和 F'_{Cy2} 互为作用力与反作用力。

例 1.5 如图 1.29 所示,自卸载货汽车翻斗可绕铰链支座 A 转动,液压缸推杆视为二力杆。已知汽车本体重 G_1,翻斗重 G_2。试画出整车和翻斗的受力图。

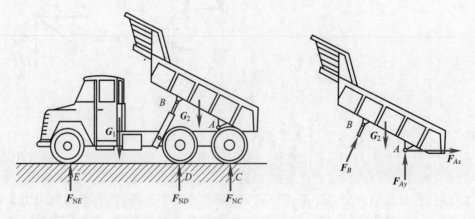

图 1.29

解 分别以汽车整体和翻斗为研究对象,解除约束,取出分离体,画上各自所受的全部主动力和约束力。对整车,A,B 两铰链处的约束力是内力,不必画出;E、D、C 处的约束力为 F_{NE},F_{ND},F_{NC}。对翻斗,B 点受液压缸推杆作用,故 F_B 沿推杆方向;A 点为固定铰链支座作用,以两正交分力 F_{Ax},F_{Ay} 表示。

例 1.6 一多跨梁 ABC 由 AB 和 BC 用中间铰 B 连接而成,支承和载荷情况如图 1.30a 所示。试画出梁 AB、梁 BC、销钉 B 及整体的受力图。

解 (1)取出分离体梁 AB,画受力图(图 1.30b)。中间铰 B 的销钉对梁 AB 的约束力用两正交分力 F_{Bx1},F_{By1} 表示,固定端支座的约束作用表示成两个正交约束力 F_{Ax},F_{Ay} 和一个约束力偶 M_A。

(2)取出分离体梁 BC,画受力图(图 1.30d)。F_{Bx2},F_{By2} 表示中间铰 B 的销钉对梁 BC 的约束力,活动铰支座 C 的约束力 F_{NC} 垂直于支承面。

(3)以销钉 B 为研究对象,受力情况如图 1.30c 所示。销钉为梁 AB 和梁 BC 的连接点,其作用是传递梁 AB 和 BC 间的作用,约束两梁的运动,从图 1.30c 可看出,销钉 B 的受力呈现等值、反向的关系。因此,在一般情况下,若销钉处无主动力作用,则不必考虑销钉的受力,将梁 AB 和 BC 间 B 点处的受力视为作用力与反作用力;若销钉上有力作用,则应将其与被连接的一个或几个物体一并作为分离体分析受力。

(4)图 1.30e 所示为整体 ABC 的受力图,铰链点 B 处为内力作用,故不予画出。

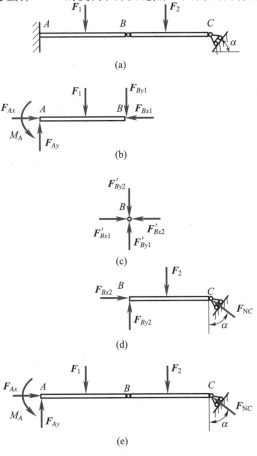

图 1.30

小 结

（1）静力学研究的两大内容：刚体上力系的简化和力系平衡规律。

（2）静力学公理阐明了力的基本性质。二力平衡公理是最基本的力系平衡条件；加减平衡力系公理是力系等效代换与简化的理论基础；力的平行四边形法则说明了力的矢量运算法则；作用与反作用定律揭示了力的存在形式与力在物系内部的传递方式。二力平衡公理、加减平衡力系公理和力的可传性原理仅适用于刚体。

（3）力在坐标轴上的投影是代数量。合力与分力在同一轴上的投影关系为

$$F_{Rx} = \sum F_x, \quad F_{Ry} = \sum F_y$$

（4）力矩是力对物体转动效应的度量。可按力矩的定义 $M_O(\boldsymbol{F}) = \pm Fd$ 和合力矩定理 $M_O(\boldsymbol{F}_R) = \sum M_O(\boldsymbol{F})$ 来计算平面上力对点之矩。

（5）力偶是另一个基本力学量，平面力偶对刚体的作用效应取决于力偶矩的大小和转向。力偶矩的值为力偶中任一力 $\boldsymbol{F}$ 的大小与力偶臂 d 的乘积，即

$$M(\boldsymbol{F}, \boldsymbol{F}') = \pm Fd$$

平面力偶的等效条件：两个力偶的力偶矩大小和转向相同。

平面力偶系合成的结果为一合力偶，合力偶矩的值等于力偶系中各分力偶矩的代数和，即

$$M(\boldsymbol{F}_R, \boldsymbol{F}'_R) = \sum M(\boldsymbol{F}, \boldsymbol{F}')$$

（6）力的平移定理表明，作用在刚体上的力可以从原作用点等效地平行移动到刚体内任一指定点，但必须在该力与指定点所决定的平面内附加一力偶，其力偶矩等于原力对指定点之矩。

（7）工程上常见约束的类型有：① 柔性约束：只能承受沿柔索的拉力；② 光滑面约束：只能承受位于接触点的法向压力；③ 铰链约束：能限制物体沿垂直于销钉轴线方向的移动，对中间铰、固定铰链支座，一般表示为两个正交分力，对活动铰链支座，只有一个约束力；④ 固定端约束：能限制物体沿任何方向的平动和转动，用两个正交约束力和一个约束力偶表示其作用。

（8）画受力图的基本步骤及注意点为：① 明确研究对象，取分离体画出简图；② 先画主动力，后画约束力；③ 最后检查所画的受力图。画约束力时先要明确约束类型，然后在解除约束的位置上画出相应的约束力。不能多画力、少画力和错画力。对物系受力分析时，首先要判断有无二力杆、二力构件，凡属二力杆或二力构件的物体，其约束力必须按二力平衡条件来画；系统的受力图上只画外力，不画内力；检查受力图时，要注意各物体间的相互作用力是否符合作用和反作用的关系。掌握以上几条，就能正确绘制物系的受力图。

思考题

1.1 "分力一定小于合力。"这种说法对不对？为什么？试举例说明。

1.2 试将作用于 A 点的力 $\boldsymbol{F}$（图 1.31）依下述条件分解为两个力：（a）沿 AB，AC 方向；（b）已知分力 $\boldsymbol{F}_1$；（c）一分力沿已知方位 MN，另一分力要数值最小。

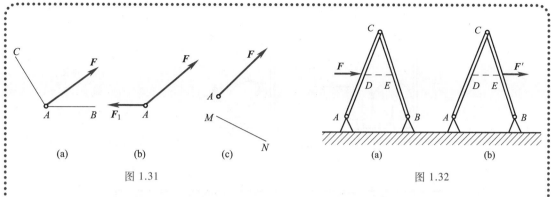

图 1.31   图 1.32

1.3   如图 1.32a 所示,当求铰链 C 的约束力时,可否将作用于杆 AC 上 D 点的力 F 沿其作用线移动,变成作用于杆 BC 上 E 点的力 F'(图 1.32b),为什么?

1.4   如图 1.33 所示,杆 AB 重为 G,B 端用绳子拉住,A 端靠在光滑的墙面,问杆子能否平衡?为什么?

1.5   如图 1.34 所示,圆盘在力偶 $M = Fr$ 和力 F 的作用下保持静止,能否说力偶和力保持平衡? 为什么?

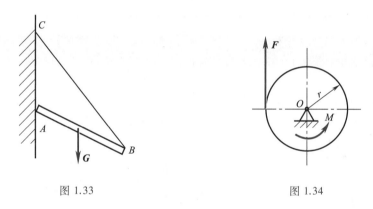

图 1.33   图 1.34

1.6   凡两端用铰链连接的直杆均为二力杆,对吗?

1.7   图 1.35 所示受力图是否正确,请说明原因。物体的重力除图上已注明外,均略去不计。

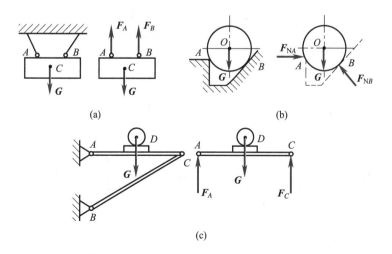

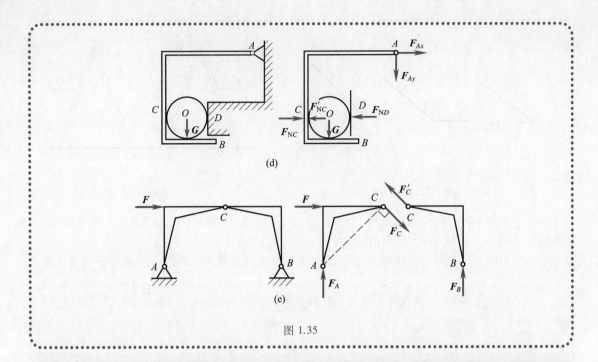

图(d)

图(e)

图 1.35

习 题

1.1 试写出图中四力的矢量表达式。已知:$F_1 = 1\ 000$ N,$F_2 = 1\ 500$ N,$F_3 = 3\ 000$ N,$F_4 = 2\ 000$ N。

1.2 A,B 两人拉一压路碾子,如图所示,$F_A = 400$ N,为使碾子沿图中所示方向前进,B 施加拉力 F_B 应为多大?

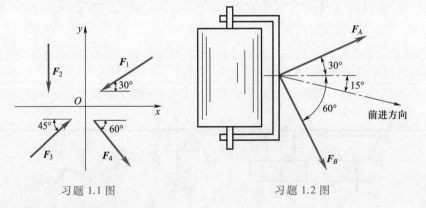

习题 1.1 图　　　　　　　习题 1.2 图

1.3 试计算各图中力 F 对于 O 点之矩。

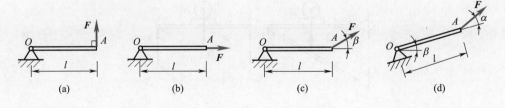

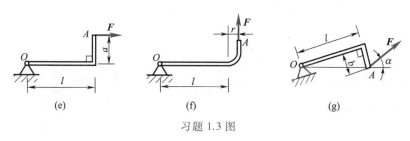

习题 1.3 图

1.4 求图中力 F 对 A 点之矩。若 $r_1 = 20$ cm, $r_2 = 50$ cm, $F = 300$ N。

1.5 图示摆锤重 G,其重心 A 到悬挂点 O 的距离为 l。试求在图示三个位置时,重力 G 对 O 点之矩。

1.6 图示齿轮齿条压力机在工作时,齿条 BC 作用于齿轮 O 上的力 $F_n = 2$ kN,方向如图所示,压力角 $\alpha_0 = 20°$,齿轮的节圆直径 $D = 80$ mm。求齿间压力 F_n 对轮心点 O 的力矩。

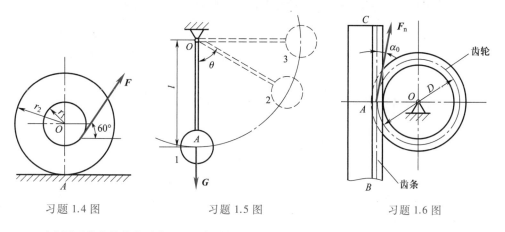

习题 1.4 图　　　　习题 1.5 图　　　　习题 1.6 图

1.7 画出图示指定物体的受力图。设各接触面光滑,未标重力的物体自重不计。

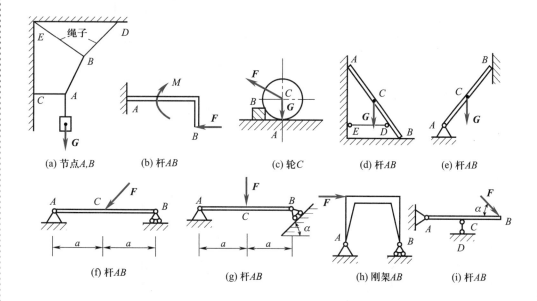

(a) 节点 A,B　　(b) 杆 AB　　(c) 轮 C　　(d) 杆 AB　　(e) 杆 AB

(f) 杆 AB　　(g) 杆 AB　　(h) 刚架 AB　　(i) 杆 AB

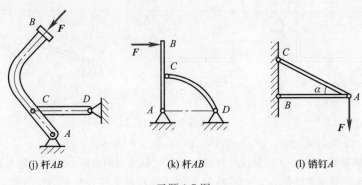

(j) 杆AB   (k) 杆AB   (l) 销钉A

习题 1.7 图

1.8 画出图示各物系中指定物体的受力图。设各接触面光滑,未标重力的物体自重不计。

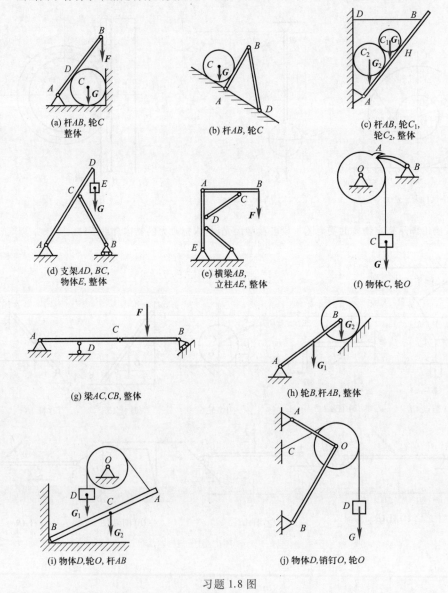

(a) 杆AB,轮C
整体

(b) 杆AB,轮C

(c) 杆AB,轮C_1,
轮C_2,整体

(d) 支架AD,BC,
物体E,整体

(e) 横梁AB,
立柱AE,整体

(f) 物体C,轮O

(g) 梁AC,CB,整体

(h) 轮B,杆AB,整体

(i) 物体D,轮O,杆AB

(j) 物体D,销钉O,轮O

习题 1.8 图

1.9 油压夹紧装置如图所示,油压力通过活塞 *A*、连杆 *BC* 和杠杆 *DCE* 对工件 I 施加压力,试分别画出活塞 *A*、滚子 *B* 和杠杆 *DCE* 的受力图。

1.10 挖掘机简图如图所示,*HF* 与 *EC* 为油缸,试分别画出动臂 *AB*,斗杆与铲斗组合体 *CD* 的受力图。

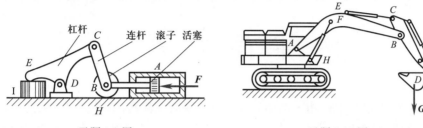

习题 1.9 图　　　　　　　　　　　习题 1.10 图

2

平 面 力 系

工程上的许多力学问题,由于结构与受力具有平面对称性,都可以在对称平面内简化为平面问题来处理(图 2.1)。若力系中各力的作用线在同一平面内,该力系称为平面力系。根据平面力系中各力作用线的分布不同又可分为平面汇交力系(各力的作用线汇交于一点);平面力偶系(仅由力偶组成);平面平行力系(各力的作用线相互平行);平面任意力系(各力的作用线在平面内任意分布)。本章讨论刚体上平面力系的简化和平衡问题,并介绍超静定问题的概念及有滑动摩擦时物体的平衡问题。

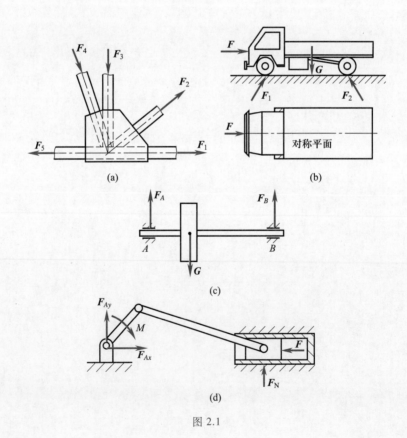

图 2.1

2.1.1　平面任意力系向一点简化

作用于刚体上的平面任意力系 $F_1,F_2,\cdots,F_n$,如图 2.2a 所示,力系中各力的作用点分别为 $A_1,A_2,\cdots,A_n$。在平面内任取一点 O,称为简心(简化中心)。根据力的平移定理将力系中各力平移至 O 点,得到一汇交于 O 点的平面汇交力系 $F'_1,F'_2,\cdots,F'_n$ 和一附加平面力偶系 $M_1=M_O(F_1),M_2=M_O(F_2),\cdots,M_n=M_O(F_n)$,如图 2.2b 所示,按照式(1.6)和式(1.11)将平面汇交力系与平面力偶系分别合成,可得到一个力 F'_R 与一个力偶 M_O,如图 2.2c 所示。

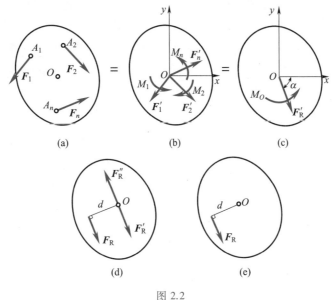

图 2.2

平面汇交力系各力的矢量和为

$$F'_R = \sum F' = \sum F \tag{2.1}$$

F'_R 称为原力系的主矢。在平面直角坐标系 Oxy 中,有

$$\left.\begin{array}{l} F'_{Rx} = \sum F_x \\ F'_{Ry} = \sum F_y \end{array}\right\} \tag{2.2}$$

$$\left.\begin{array}{l} F'_R = \sqrt{(F'_{Rx})^2 + (F'_{Ry})^2} = \sqrt{\left(\sum F_x\right)^2 + \left(\sum F_y\right)^2} \\ \tan\alpha = \left|\dfrac{\sum F_y}{\sum F_x}\right| \end{array}\right\} \tag{2.3}$$

式中 F'_{Rx},F'_{Ry},F_x,F_y 分别为主矢与各力在 x 轴,y 轴上的投影;F'_R 为主矢的大小;夹角 $\alpha(F'_R,x)$ 为锐角;F'_R 的指向由 $\sum F_y$ 和 $\sum F_x$ 的正负号决定。

附加平面力偶系的合成结果为合力偶,其合力偶矩为

$$M_O = M_1 + M_2 + \cdots + M_n = \sum M_O(F) = \sum M_i \tag{2.4}$$

M_O 称为原力系对简化中心 O 点的主矩。

主矢 F'_R 等于原力系中各力的矢量和,其作用线通过简心,它的大小和方向与简心的位置无关;主矩 M_O 等于原力系中各力对简心力矩的代数和,在一般情况下主矩与简心的位置有关。原力系与主矢和主矩的联合作用等效。

2.1.2 简化结果的讨论

平面任意力系向一点简化,一般可得一力(主矢)和一力偶(主矩),但这并不是简化的最终结果。当主矢和主矩出现不同值时,力系简化的最终结果将会是表 2.1 所列的情形。

表 2.1 平面任意力系简化结果

主矢 F'_R	主矩 M_O	简化结果	说 明
$F'_R \neq 0$	$M_O \neq 0$	合力 F_R	$F_R = F'_R$,F_R 的作用线与简心 O 点的距离为 $d = \dfrac{\lvert M_O \rvert}{F_R}$ (如图 2.2d,e 所示,由力的平移定理逆定理得到)
	$M_O = 0$	合力 F_R	$F_R = F'_R$,F_R 的作用线通过简心 O 点
$F'_R = 0$	$M_O \neq 0$	合力偶 M_O	$M_O = \sum M_O(F)$,主矩 M_O 与简心 O 点的位置无关
	$M_O = 0$	力系平衡	平面任意力系平衡的必要和充分条件为 $$\left.\begin{array}{r} F'_R = 0 \\ M_O = 0 \end{array}\right\}$$ (2.5)

例 2.1 一端固定于墙内的管线受力情况及尺寸如图 2.3a 所示,已知 $F_1 = 600\ \text{N}$,$F_2 = 100\ \text{N}$,$F_3 = 400\ \text{N}$。试分析力系向固定端 A 点的简化结果,并求该力系的合力。

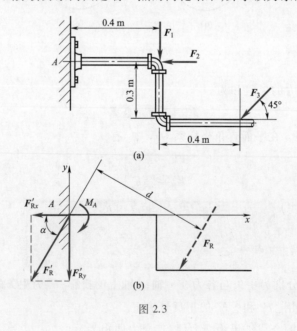

图 2.3

解 以固定端 A 点为简心,由式(2.2),式(2.3),式(2.4)求得力系在 A 点的主矢与主矩分别为

$$F'_{Rx} = \sum F_x = -F_2 - F_3 \cos 45° = -100\text{ N} - 400\text{ N} \times \cos 45°$$
$$= -382.8\text{ N}$$

$$F'_{Ry} = \sum F_y = -F_1 - F_3 \sin 45° = -600\text{ N} - 400\text{ N} \times \sin 45°$$
$$= -882.8\text{ N}$$

$$F'_R = \sqrt{(F'_{Rx})^2 + (F'_{Ry})^2} = \sqrt{(-382.8\text{ N})^2 + (-882.8\text{ N})^2}$$
$$= 962.2\text{ N}$$

$$\tan \alpha = \left| \frac{\sum F_y}{\sum F_x} \right| = \left| \frac{-882.8\text{ N}}{-382.8\text{ N}} \right| = 2.306\,2, \quad \alpha = 66.56°$$

由于 F'_{Rx}, F'_{Ry} 均为负值,所以主矢 F'_R 指向第三象限。

$$M_A = \sum M_A(F) = M_A(F_1) + M_A(F_2) + M_A(F_3)$$
$$= -F_1 \times 0.4\text{ m} + 0 + (-F_3 \sin 45° \times 0.8\text{ m} - F_3 \cos 45° \times 0.3\text{ m})$$
$$= -600\text{ N} \times 0.4\text{ m} - 400\text{ N} \times \sin 45° \times 0.8\text{ m} - 400\text{ N} \times \cos 45° \times 0.3\text{ m}$$
$$= -551.1\text{ N} \cdot \text{m}$$

由以上计算结果知,力系向固定端 A 点简化,所得主矢 F'_R 的大小为 962.2 N,F'_R 与水平轴 x 的夹角为 66.56°,并指向第三象限;主矩 M_A 的大小为 551.1 N · m,顺时针转向。如图 2.3b 所示。

根据力的平移定理的逆定理,可得到力系的合力 F_R(图2.3b)。合力 F_R 与主矢 F'_R 的大小相等,方向相同,作用线与 A 点的垂直距离为

$$d = \frac{|M_A|}{F_R} = \frac{|M_A|}{F'_R} = |-551.1\text{ N} \cdot \text{m}| / 962.2\text{ N} = 0.57\text{ m}$$

§2.2 平面力系的平衡方程及其应用

2.2.1 平面任意力系的平衡方程

由表 2.1 中式(2.5)得知,平面任意力系平衡的充分和必要条件为主矢与主矩同时为零,即

$$\begin{cases} F'_R = \sqrt{(\sum F_x)^2 + (\sum F_y)^2} = 0 \\ M_O = \sum M_O(F) = 0 \end{cases}$$

故有

$$\left. \begin{array}{l} \sum F_x = 0 \\ \sum F_y = 0 \\ \sum M_O(F) = 0 \end{array} \right\} \qquad (2.6)$$

式(2.6)称为平面任意力系的平衡方程基本形式。它表明平面任意力系平衡的解析充要条件为:力系中各力在平面内两个任选坐标轴上投影的代数和均等于零,各力对平面内任意一点之矩的代数和也等于零。式(2.6)最多能够求得包括力的大小和方向在内的 3 个未知量。

平面任意力系平衡方程除了式(2.6)的基本形式外,还有以下其他两种形式:

二矩式平衡方程	三矩式平衡方程
$\left.\begin{array}{l}\sum F_x = 0(或 \sum F_y = 0)\\ \sum M_A(\boldsymbol{F}) = 0\\ \sum M_B(\boldsymbol{F}) = 0\end{array}\right\}$ (2.7)	$\left.\begin{array}{l}\sum M_A(\boldsymbol{F}) = 0\\ \sum M_B(\boldsymbol{F}) = 0\\ \sum M_C(\boldsymbol{F}) = 0\end{array}\right\}$ (2.8)
其中两点连线 AB 不能与投影轴 x(或 y)垂直	其中 A,B,C 三点不共线

解具体问题时可根据已知条件和便于解题的原则选用某一种形式。

2.2.2 解题步骤与方法

1. 确定研究对象,画出受力图

应将已知力和未知力共同作用的物体作为研究对象,取出分离体画受力图。

2. 选取投影坐标轴和矩心,列平衡方程

列平衡方程前应先确定力的投影坐标轴和矩心的位置。若受力图上有两个未知力相互平行,可选垂直于此二力的直线为投影轴;若无两未知力相互平行,则选两未知力的交点为矩心;若有两正交未知力,则分别选取两未知力所在直线为投影坐标轴,选两未知力的交点为矩心。恰当选取坐标轴和矩心,可使单个平衡方程中未知量的个数减少,便于求解。

3. 求解未知量,讨论结果

将已知条件代入平衡方程式中,联立方程求解未知量。必要时可对影响求解结果的因素进行讨论;还可以另选一不独立的平衡方程,对某一解答进行验算。

例 2.2 如图 2.4a 所示。已知:悬臂梁长 $l = 2$ m,$F = 100$ N,求固定端 A 处的约束力。

解 (1)取梁为分离体,画受力图。

梁受到 B 端已知力 F 和固定端 A 点的约束力 F_{Ax},F_{Ay},约束力偶 M_A 作用,约束力的方向、约束力偶的转向先假设,如图 2.4b 所示。这是平面任意力系。

(2)建立直角坐标系 Axy,列平衡方程:

$$\sum F_x = 0, \quad F_{Ax} - F\cos 30° = 0 \qquad (a)$$

$$\sum F_y = 0, \quad F_{Ay} - F\sin 30° = 0 \qquad (b)$$

$$\sum M_A(\boldsymbol{F}) = 0, \quad M_A - Fl\sin 30° = 0 \qquad (c)$$

(3)求解未知量。

将已知条件 $F = 100$ N,$l = 2$ m 分别代入平衡方程式(a),(b),(c),解得

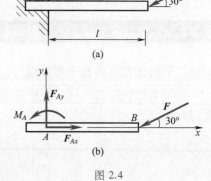

图 2.4

$$F_{Ax} = F\cos 30° = 100 \text{ N} \times \cos 30° = 86.6 \text{ N}$$

$$F_{Ay} = F\sin 30° = 100 \text{ N} \times \sin 30° = 50.0 \text{ N}$$

$$M_A = Fl\sin 30° = 100 \text{ N} \times 2 \text{ m} \times \sin 30° = 100 \text{ N} \cdot \text{m}$$

计算结果为正,说明各未知力的实际方向均与假设方向相同。若计算结果为负,则未知力的实际方向与假设方向相反。

例 2.3 悬臂吊车如图 2.5a 所示,横梁 AB 长 $l = 2.5$ m,自重 $G_1 = 1.2$ kN;拉杆 CD 倾斜角 $\alpha = 30°$,自重不计;电葫芦连同重物共重 $G_2 = 7.5$ kN。当电葫芦在图示位置时平衡,$a = 2$ m,试求拉杆的拉力和铰链 A 的约束力。

解 (1)选取横梁 AB 为研究对象,画受力图。

作用于横梁 AB 上的力有重力 $\boldsymbol{G}_1$（在横梁中点）、载荷 $\boldsymbol{G}_2$、拉杆的拉力 $\boldsymbol{F}_{CD}$ 和铰链 A 点的约束力 $\boldsymbol{F}_{Ax}$ 和 $\boldsymbol{F}_{Ay}$，如图 2.5b 所示。

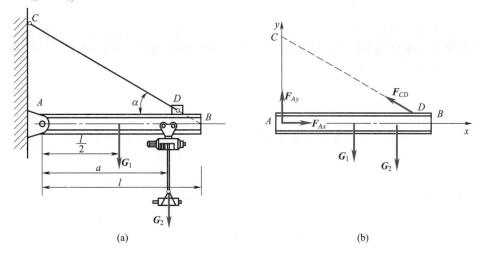

图 2.5

（2）建立直角坐标系 Axy，列平衡方程：

$$\sum F_x = 0, \quad F_{Ax} - F_{CD}\cos\alpha = 0 \tag{a}$$

$$\sum F_y = 0, \quad F_{Ay} - G_1 - G_2 + F_{CD}\sin\alpha = 0 \tag{b}$$

$$\sum M_A(\boldsymbol{F}) = 0, \quad F_{CD}l\sin\alpha - G_1\frac{l}{2} - G_2 a = 0 \tag{c}$$

（3）求解未知量，分析讨论。

将已知条件 $G_1 = 1.2$ kN，$G_2 = 7.5$ kN，$l = 2.5$ m，$a = 2$ m，$\alpha = 30°$ 代入平衡方程式（c），解得

$$F_{CD} = \frac{1}{l\sin\alpha}\left(G_1\frac{l}{2} + G_2 a\right) = \frac{1}{2.5 \text{ m} \times \sin 30°}\left(1.2 \times 10^3 \text{ N} \times\right.$$

$$\left.\frac{2.5 \text{ m}}{2} + 7.5 \times 10^3 \text{ N} \times 2 \text{ m}\right) = 13.2 \times 10^3 \text{ N} = 13.2 \text{ kN（拉力）}$$

将 F_{CD} 值代入式（a）解得 $F_{Ax} = F_{CD}\cos\alpha = 13.2$ kN$\times\cos 30° = 11.43$ kN

将 F_{CD} 值代入式（b）解得 $F_{Ay} = G_1 + G_2 - F_{CD}\sin\alpha = 1.2$ kN$+7.5$ kN-13.2 kN$\times\sin 30° = 2.1$ kN

分析讨论：

① 若取 B 为矩心，列出力矩方程：

$$\sum M_B(\boldsymbol{F}) = 0, \quad -F_{Ay}l + G_1\frac{l}{2} + G_2(l-a) = 0 \tag{d}$$

代替式（b），同样可得到 $F_{Ay} = 2.1$ kN。此时，平面一般力系的平衡方程变为式（2.7），即二矩式（满足 AB 连线与 x 轴不垂直的条件）。

② 若再取 C 为矩心，列出力矩方程：

$$\sum M_C(\boldsymbol{F}) = 0, \quad F_{Ax}l\tan\alpha - G_1\frac{l}{2} - G_2 a = 0 \tag{e}$$

代替式（a），同样可得到 $F_{Ax} = 11.43$ kN。此时，平面任意力系的平衡方程变为式（2.8），即三矩式（满足 A，B，C 三点不在一条直线上的条件）。

从以上分析可知,只要便于解题,可以采用平面任意力系三种平衡方程形式的任一种。

2.2.3　平面特殊力系的平衡方程

1. 平面汇交力系的平衡方程

由于平面汇交力系中各力作用线汇交于一点,显然 $M_O = \sum M_O(\boldsymbol{F}) \equiv 0$,于是得其平衡的必要和充分条件为:力系中各力在两个坐标轴上投影的代数和分别等于零。即

$$\left.\begin{array}{l} \sum F_x = 0 \\ \sum F_y = 0 \end{array}\right\} \tag{2.9}$$

式(2.9)称为平面汇交力系的平衡方程,最多可求解包括力的大小和方向在内的 2 个未知量。

2. 平面力偶系的平衡方程

按式(1.11)平面力偶系简化结果为一合力偶,所以平面力偶系平衡的充要条件为:力偶系中各力偶矩的代数和等于零。即

$$M = \sum M_i = 0 \tag{2.10}$$

式(2.10)称为平面力偶系的平衡方程,此方程只能求解 1 个未知量。

3. 平面平行力系的平衡方程

若力系中各力的作用线与 y(或 x)轴平行,显然式(2.6)中 $\sum F_x \equiv 0$(或 $\sum F_y \equiv 0$),则力系独立的平衡方程为

$$\left.\begin{array}{l} \sum F_y = 0 \,(\text{或} \sum F_x = 0) \\ \sum M_O(\boldsymbol{F}) = 0 \end{array}\right\} \tag{2.11}$$

式(2.11)表明平面平行力系平衡的充要条件为:力系中各力在与力平行的坐标轴上投影的代数和为零,各力对任意点之矩的代数和也为零。

平面平行力系的平衡方程另一种形式为二矩式,即

$$\left.\begin{array}{l} \sum M_A(\boldsymbol{F}) = 0 \\ \sum M_B(\boldsymbol{F}) = 0 \end{array}\right\} \quad (A,B \text{ 连线不与各力 } \boldsymbol{F} \text{ 平行}) \tag{2.12}$$

下面通过举例说明各种平面特殊力系平衡方程的应用。

例 2.4　如图 2.6a 所示,已知定滑轮一端悬挂一物体,重 $G = 500$ N,另一端施加一倾斜角为 30° 的拉力 F_T,在图示位置平衡。求定滑轮支座 O 处的约束力。

解　(1) 选滑轮与重物的组合体为研究对象,画受力图。

将定滑轮支座反力设为 F_R,其方位角为 α,如图 2.6b 所示,按三力平衡汇交定理,滑轮受平面汇交力系作用。

(2) 建立直角坐标系 Oxy,列平衡方程并求解:

$$\sum F_x = 0, \quad F_R \cos \alpha - F_T \cos 30° = 0$$

$$\sum F_y = 0, \quad F_R \sin \alpha - F_T \sin 30° - G = 0$$

其中,因定滑轮平衡,绳索拉力与物体重力相等,即

$$G = F_T = 500 \text{ N}$$

解得

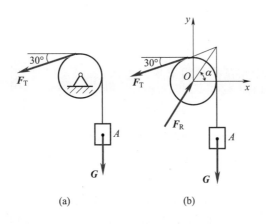

图 2.6

$$F_R = \sqrt{3}\,G = \sqrt{3} \times 500 \text{ N} = 866 \text{ N}$$

$$\tan\alpha = \frac{1 + \sin 30°}{\cos 30°} = 1.732, \quad \alpha = 60°$$

因为 F_R 为正值,所以 F_R 的假设方向与实际方向一致,指向第一象限,与 x 轴的夹角为 $60°$。如将定滑轮支座的约束力用 F_{Ox},F_{Oy} 表示,则可按平面任意力系平衡方程式(2.6)求解。

例 2.5 图 2.7a 所示为一夹具中的连杆增力机构,主动力 F 作用于滑块 A,夹紧工件时连杆 AB 与水平线间的夹角 $\alpha = 15°$。试求夹紧力 F_N 与主动力 F 的比值(摩擦不计)。

解 本题中,连杆 AB 自重不计,是二力杆。分别取滑块 A,B 为研究对象,画受力图,如图 2.7b,c 所示。两物体均受平面汇交力系作用,若求 F_N 与 F 的比值,可设 F 为已知,求出 F_N,即可得到二者关系。

对滑块 A $\sum F_y = 0$, $-F + F_R\sin\alpha = 0$

$$F_R = F/\sin\alpha$$

对滑块 B

$$\sum F_x = 0, \quad F_R'\cos\alpha - F_N = 0$$

$$F_R' = F_R$$

$$F_N = F_R'\cos\alpha = F_R\cos\alpha = F\cot\alpha$$

于是

$$F_N/F = \cot\alpha = \cot 15° = 3.73$$

图 2.7

分析讨论:从 $F_N/F = \cot\alpha$ 的关系式可看出,当 α 愈小时,夹紧力与主动力的比值愈大。

例 2.6 用多孔钻床在一水平放置的工件上同时钻四个直径相同的孔(图 2.8a),设每个钻头作用在工件上的切削力偶矩的大小为 $M_1 = M_2 = M_3 = M_4 = 15$ N·m。问此时工件受到的总切削力偶矩为多大？若不计摩擦，加工时用两个螺钉 A，B 固定工件，试求螺钉受力。

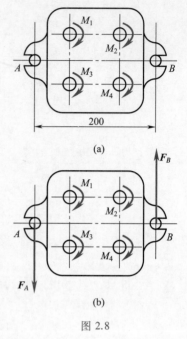

(a)

解 （1）求总切削力偶矩。

作用于工件上的四个切削力偶组成平面力偶系，据式 (1.11) 求得工件所受总切削力偶矩为

$$M_总 = \sum M_i = -M_1 - M_2 - M_3 - M_4$$
$$= -4 \times 15 \text{ N} \cdot \text{m} = -60 \text{ N} \cdot \text{m}$$

负号表示合力偶矩的方向为顺时针。

（2）求螺钉 A 和 B 受力。

取工件为研究对象，画受力图（图 2.8b）。工件上的主动力为 4 个力偶；约束力为 F_A 和 F_B，分别由螺钉 A，B 作用。因力偶只能与力偶平衡，因此 F_A 与 F_B 必组成一个力偶，距离 $AB = 200$ mm 为此力偶的力偶臂，则 F_A 与 F_B 的作用线必垂直于 AB 连线，如图所示方向。因工件在平面力偶系作用下处于平衡状态，由式 (2.10) 可得

(b)

图 2.8

$$\sum M_i = 0, \quad M_总 + M(F_A, F_B) = 0$$

$$-60 \text{ N} \cdot \text{m} + F_A \times 200 \times 10^{-3} \text{ m} = 0$$

$$F_A = F_B = 300 \text{ N} \quad (F_A, F_B \text{ 方向如图所示})$$

螺钉 A，B 受力是工件上点 A，B 受力 F_A，F_B 的反作用力。

例 2.7 图 2.9a 为某石油厂的卧式密闭容器结构简图。设容器总重量（包括自重、物料重等）沿筒体轴向均匀分布，集度为 $q = 20$ kN/m，容器两端端部折算重力为 $G = 10$ kN，力矩为 $M = 800$ kN $\cdot$ m，容器鞍座结构可简化为一端为固定铰链支座，另一端为活动铰链支座，容器力学计算简图如图 2.9b 所示。试求支座 A，B 的约束力。

解 （1）取容器整体为研究对象，画受力图如图 2.9c 所示。因容器水平方向不受力作用，固定铰链支座 A 处用一个力 F_A 表示。

图中载荷 q 表示一种连续分布于物体上的载荷，称为**分布载荷**，q 的值称为**载荷集度**，表示载荷在单位作用长度上的力。若 $q =$ 常数，则称为**均布载荷**。列平衡方程时，常将均布载荷简化为一个集中力 F，其大小为 $F = ql$（l 为载荷作用长度），作用线通过作用长度的中点。

（2）选取坐标系 Axy，列平衡方程。

容器在平面平行力系作用下平衡，且力系中各力的作用线平行于 y 轴，则平衡方程为

$$\sum F_y = 0, \quad -G - F - G + F_A + F_B = 0 \tag{a}$$

$$\sum M_A(F) = 0, \quad G \times 1.5 \text{ m} - M - F \times 9 \text{ m} +$$
$$F_B \times 18 \text{ m} + M - G \times 19.5 \text{ m} = 0 \tag{b}$$

式中 $G = 10$ kN，$M = 800$ kN $\cdot$ m，$F = q \times 20$ m $= 20 \times 10^3$ N/m $\times 20$ m $= 400 \times 10^3$ N $= 400$ kN。

（3）求解未知量。

联立式 (a)，(b)，解得

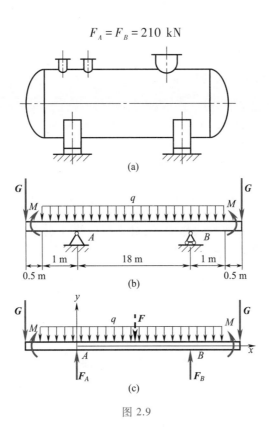

$$F_A = F_B = 210 \text{ kN}$$

(a)

(b)

(c)

图 2.9

例 2.8 图 2.10a 所示为塔式起重机简图。已知:机身重 $G = 700$ kN,重心与机架中心线距离为 4 m,最大起重量 $G_1 = 200$ kN,最大吊臂长为 12 m,轨距为 4 m,平衡块重 G_2,G_2 的作用线至机身中心线距离为 6 m。试求保证起重机满载和空载时不翻倒的平衡块重。若平衡块重为750 kN,试分别求出满载和空载时,轨道对机轮的法向约束力。

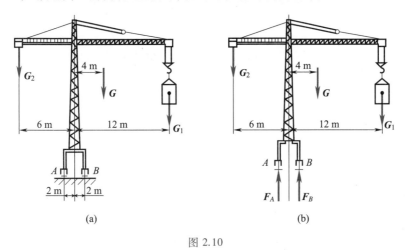

(a)   (b)

图 2.10

解 选起重机为研究对象,画受力图如图 2.10b 所示。

(1)求平衡块重。

① 满载时($G_1 = 200$ kN)。

若平衡块过轻,则会使机身绕 B 点向右翻倒,因此须配一定重量的平衡块。临界状态时,A 点悬空,$F_A = 0$,平衡块重应为 $G_{2\min}$。

由

$$\sum M_B(\boldsymbol{F}) = 0, \quad G_{2\min} \times (6+2) \text{ m} - G \times 2 \text{ m} - G_1 \times (12-2) \text{ m} = 0$$

解得

$$G_{2\min} = 425 \text{ kN}$$

② 空载时($G_1 = 0$)。

此时与满载情况不同,在平衡块作用下,机身可能绕 A 点向左翻倒。临界状态时,B 点悬空,$F_B = 0$,平衡块重应为 $G_{2\max}$。

$$\sum M_A(\boldsymbol{F}) = 0, \quad G_{2\max} \times (6-2) \text{ m} - G \times (4+2) \text{ m} = 0$$

解得

$$G_{2\max} = 1\,050 \text{ kN}$$

由以上计算可知,为保证起重机安全,平衡块重必须满足下列条件:

$$425 \text{ kN} < G_2 < 1\,050 \text{ kN}$$

(2)求 $G_2 = 750$ kN 时,轮轨对机轮的约束力。

① 满载时($G_1 = 200$ kN)。

起重机受力是平面平行力系,采用二矩式,有

$$\sum M_A(\boldsymbol{F}) = 0, \quad G_2 \times (6-2) \text{ m} - G \times (2+4) \text{ m} + F_B \times 4 \text{ m} - G_1 \times (12+2) \text{ m} = 0$$

$$\sum M_B(\boldsymbol{F}) = 0, \quad G_2 \times (6+2) \text{ m} - F_A \times 4 \text{ m} - G \times 2 \text{ m} - G_1 \times (12-2) \text{ m} = 0$$

解之得

$$F_A = 650 \text{ kN}, \quad F_B = 1\,000 \text{ kN}$$

② 空载时($G_1 = 0$)。

$$\sum M_A(\boldsymbol{F}) = 0, \quad G_2 \times (6-2) \text{ m} - G \times (2+4) \text{ m} + F_B \times 4 \text{ m} = 0$$

$$\sum M_B(\boldsymbol{F}) = 0, \quad G_2 \times (6+2) \text{ m} - F_A \times 4 \text{ m} - G \times 2 \text{ m} = 0$$

解之得

$$F_A = 1\,150 \text{ kN}, \quad F_B = 300 \text{ kN}$$

讨论:采用二矩式时,投影平衡方程可作验证用。

① 满载时($G_1 = 200$ kN)。

$$\sum F_y = 0, \quad F_A + F_B - G_2 - G_1 - G = 0$$

$$(650 + 1\,000 - 750 - 200 - 700) \text{ kN} = 0 \quad (\text{等式成立})$$

② 空载时($G_1 = 0$)。

$$\sum F_y = 0, \quad F_A + F_B - G_2 - G = 0$$

$$(1\ 150 + 300 - 750 - 700)\ \mathrm{kN} = 0 \quad (\text{等式成立})$$

§2.3 静定与超静定问题 物系的平衡

2.3.1 静定与超静定问题的概念

前面所介绍的物体平衡计算问题中,所求解未知量的个数均未超过其相应的独立平衡方程个数,可求得唯一解,力学中称此类问题为**静定问题**。如图 2.11a,b,c 所示均属静定问题。静力学只研究静定问题。

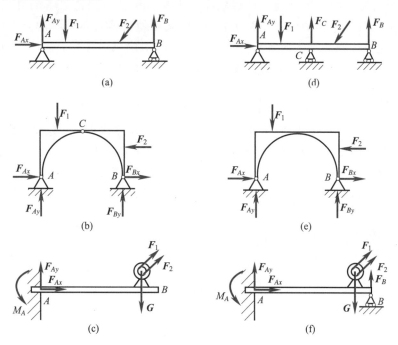

图 2.11

工程中多数构件与结构,为了提高其安全可靠性,常采用增加约束的方法,从而使所受未知力的个数增加,超过了相应的独立平衡方程的个数。对此类问题,仅用静力学平衡方程不能求得全部未知力,力学中称此类问题称为**超静定问题**。如图 2.11d,e,f 所示情况均属超静定问题。求解超静定问题必须考虑物体受力后产生的变形,建立变形协调方程,然后才能解出全部未知力。具体解法将在第二篇材料力学第 4 章、第 8 章中介绍。

2.3.2 物系的平衡

若干个物体以一定的约束方式组合在一起即成**物体系统**,简称**物系**。对静定的物系平衡问题,由于系统内的每个物体或某一局部也都处于平衡状态,这时,既可选择整个物系为研究对象,也可选择某一局部的几个物体,或单个物体为研究对象,作用于研究对象上的力系都满足平衡方程,所有未知力均可以通过平衡方程求得。

为了简化计算过程,必须有序地选取研究对象。对简单的静定物系平衡问题,可按下列步骤进行:

(1)在具体求解前,画出系统整体、局部及每个物体的分离体受力图。

(2)分析各受力图。可能出现三类情况:一是有的受力图上未知力的个数等于或少于相应的独立平衡方程个数,这类受力图是可解的;二是有的受力图上未知力的个数多于相应的独立平衡方程个数,但仍可求出部分未知力。如受平面任意力系作用的分离体上有 4 个未知力,其中 3 个未知力汇交于一点(或相互平行),取交点为矩心(或取投影轴垂直于三力),列出力矩平衡方程(或投影平衡方程),即可求出第四个未知力,这类受力图是局部可解的;三是所有受力图的未知力暂时都无法求解,这类受力图是暂不可解的。

(3)在分析受力的基础上确定求解顺序。先从可解的或局部可解的分离体着手,求出某些未知力。将已求出的未知力视为已知力,从而使其他暂不可解的分离体转化为可解的分离体,这样按题意可依次解出待求的未知力。对物系中各受力图均为暂不可解的,则应选取包含两个相同未知力的分离体,列出平衡方程联立求解,从而同样达到转化暂不可解分离体的目的。

下面举例说明物系平衡问题的解法。

例 2.9 一静定多跨梁由梁 AB 和梁 BC 用中间铰 B 连接而成,支承和载荷情况如图 2.12a 所示。已知 $F=20$ kN,$q=5$ kN/m,$\alpha=45°$。求支座 A,C 和中间铰 B 处的约束力。

解 分别画出梁 BC,梁 AB 及系统整体的受力图(图 2.12b,c,d)。经分析可知,梁 BC 的受力图是可解的。求出 F_{NC},F_{Bx} 和 F_{By} 后,因 F_{Bx},F_{By} 和 F'_{Bx},F'_{By} 是作用力与反作用力,从而使梁 AB 的受力图从暂不可解的转化为可解的,于是,可按下列顺序求解本题:

(1)取梁 BC 为研究对象(图 2.12b),列平衡方程:

$$\sum F_x = 0, \quad F_{Bx} - F_{NC}\sin\alpha = 0$$

$$\sum F_y = 0, \quad F_{By} - F + F_{NC}\cos\alpha = 0$$

$$\sum M_B(\boldsymbol{F}) = 0, \quad -F \times 1\ \text{m} + F_{NC}\cos\alpha \times 2\ \text{m} = 0$$

解得

$$F_{NC} = \frac{F}{2\cos\alpha} = \frac{20\ \text{kN}}{2 \times \cos 45°} = 14.14\ \text{kN}$$

$$F_{Bx} = F_{NC}\sin\alpha = 14.14\ \text{kN} \times \sin 45° = 10\ \text{kN}$$

$$F_{By} = F - F_{NC}\cos\alpha = 20\ \text{kN} - 14.14\ \text{kN} \times \cos 45° = 10\ \text{kN}$$

(2)取梁 AB 为研究对象(图 2.12c),列平衡方程:

$$\sum F_x = 0, \quad F_{Ax} - F'_{Bx} = 0$$

$$\sum F_y = 0, \quad F_{Ay} - q \times 2\ \text{m} - F'_{By} = 0$$

$$\sum M_A(\boldsymbol{F}) = 0, \quad M_A - q \times 2\ \text{m} \times 1\ \text{m} - F'_{By} \times 2\ \text{m} = 0$$

将 $F'_{Bx} = F_{Bx} = 10$ kN,$F'_{By} = F_{By} = 10$ kN 代入方程,解得

$$F_{Ax} = 10\ \text{kN}, \quad F_{Ay} = 20\ \text{kN}, \quad M_A = 30\ \text{kN} \cdot \text{m}$$

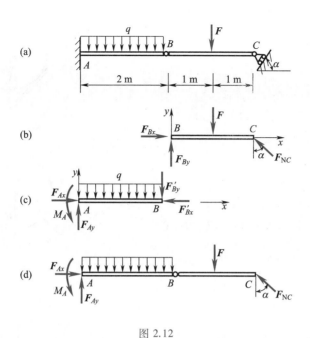

图 2.12

求出 F_{NC}、F_{Bx}、F_{By}后,再取系统整体为研究对象(图 2.12d),同样可求出 A 处的约束力。

例 2.10 等腰三角支架由杆 AB 与杆 BC 铰接而成,如图2.13a所示。在支架上搁置一重 $G=2$ kN的圆筒,不计杆重。求铰链 A,B,C 处的约束力。

解 分别画出整体支架、圆筒和杆 AB 的受力图(图 2.13c,b,d)。可见,圆筒的受力图是可解的;对整体支架的受力图,虽然在铰链 A,C 处各有 2 个未知约束力,表面上未知力的个数超过了平衡方程个数,似乎是暂时不可解的,但因有 3 个未知力汇交于一点,若对 A 点列出力矩方程 $\sum M_A(\boldsymbol{F})=0$,可解出 F_{Cy};同理,若对 C 点列出力矩方程 $\sum M_C(\boldsymbol{F})=0$,可解出 F_{Ay},故属于局部可解;求解 B 铰处的约束力,必须取杆 AB(或 BC)为研究对象,其受 5 个力作用,全部未知,但通过圆筒和整体支架的平衡解出 F_{ND}(或 F_{NE}),F_{Ay}(或 F_{By})后,则符合可解条件。所以,取分离体、画受力图的先后顺序如图 2.13b,c,d 所示,具体求解如下:

(1)取圆筒为研究对象(图 2.13b)。

$$\sum F_x=0, \quad F_{ND}-G\cos 45°=0$$

解得

$$F_{ND}=G\cos 45°=2 \text{ kN}\times\cos 45°=1.414 \text{ kN}$$

由对称关系得

$$F_{NE}=F_{ND}=1.414 \text{ kN}$$

(2)取整体支架为研究对象(图 2.13c)。

$$\sum M_A(\boldsymbol{F})=0,$$

$$F_{Cy}\overline{AC}-G\frac{\overline{AC}}{2}=0$$

解得

$$F_{Cy} = \frac{G}{2} = 1 \ \text{kN}$$

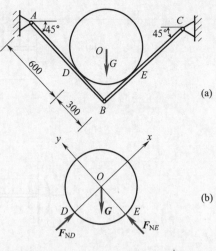

(a)

由对称关系得

$$F_{Ay} = F_{Cy} = 1 \ \text{kN}$$

（3）取杆 AB 为研究对象（图 2.13d）。

$$\sum F_x = 0, \quad F_{Ax} - F'_{ND}\cos 45° + F_{Bx} = 0$$

$$\sum F_y = 0, \quad F_{Ay} - F'_{ND}\sin 45° - F_{By} = 0$$

$$\sum M_B(\boldsymbol{F}) = 0$$

$$-F_{Ax}\overline{AB}\sin 45° - F_{Ay}\overline{AB}\cos 45° + F'_{ND}\overline{BD} = 0$$

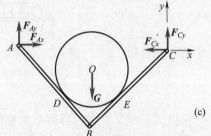

(b)

将 $F'_{ND} = F_{ND} = 1.414 \ \text{kN}$ 代入方程，解得

$$F_{Ax} = -0.33 \ \text{kN}, \quad F_{Bx} = 1.33 \ \text{kN}, \quad F_{By} = 0$$

（4）最后将 $F_{Ax} = -0.33 \ \text{kN}$ 赋予图 2.13c，则有

$$\sum F_x = 0, \quad F_{Ax} - F_{Cx} = 0$$

得

$$F_{Cx} = F_{Ax} = -0.33 \ \text{kN}$$

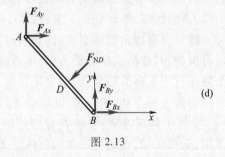

(c)

例 2.11　曲柄滑块机构如图 2.14a 所示。设曲柄 OB 在水平位置时机构平衡，滑块所受工作阻力为 $\boldsymbol{F}$。已知 $\overline{AB} = l$，$\overline{OB} = r$，不计滑块和杆件自重。试求作用于曲柄上的力偶矩 M 和支座 O 处的约束力。

(d)

图 2.13

解　对于这类运动机构，一般可以按照力的传递顺序，依次取研究对象。例如对本题，因连杆 AB 为二力杆，所以，可取滑块 A 为研究对象，待求出连杆 AB 的约束力后，再取曲柄 OB 为研究对象。

（1）首先取滑块 A 为研究对象，画受力图（图 2.14b）。滑块受平面汇交力系作用，由平衡方程：

$$\sum F_y = 0, \quad F - F_{AB}\cos \alpha = 0$$

解得

$$F_{AB} = \frac{F}{\cos \alpha}$$

（2）以曲柄 OB 为研究对象，画受力图（图 2.14c）。曲柄受平面任意力系作用，列平衡方程：

$$\sum F_x = 0, \quad F_{Ox} - F'_{AB}\sin \alpha = 0$$

$$\sum F_y = 0, \quad F_{Oy} + F'_{AB}\cos \alpha = 0$$

$$\sum M_O(\boldsymbol{F}) = 0, \quad M - F'_{AB}\cos \alpha \ \overline{OB} = 0$$

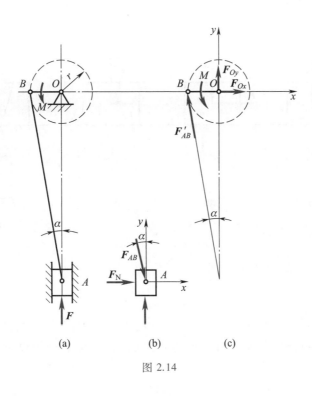

图 2.14

其中

$$F'_{AB} = F_{AB}, \quad \sin \alpha = \frac{r}{l}, \quad \cos \alpha = \frac{\sqrt{l^2 - r^2}}{l}$$

解得

$$F_{Ox} = F'_{AB} \sin \alpha = \frac{Fr}{\sqrt{l^2 - r^2}}, \quad F_{Oy} = -F'_{AB} \cos \alpha = -F$$

$$M = F'_{AB} \cos \alpha \, \overline{OB} = Fr$$

§2.4 考虑摩擦时的平衡问题

摩擦是一种普遍存在的现象。当摩擦对物体的受力情况影响较小，为了计算方便可忽略不计。但在工程上有些摩擦是不能忽略的。

按照接触物体之间可能会相对滑动或相对滚动，摩擦可分为滑动摩擦和滚动摩擦。

2.4.1 滑动摩擦

如图 2.15a 所示，物体置于粗糙平面上，在重力 G 与法向约束力 F_N 作用下处于平衡状态，物体与水平面间无滑动趋势，不产生摩擦。

当在物体上施加一水平推力 F_P 后（图 2.15b），物体与水平面间有相对滑动趋势，物体接触表面产生阻碍运动的摩擦力 F_f，称为**静滑动摩擦力**，简称**静摩擦力**。随着水平推力 F_P 的增大，物体仍处于静止，静摩擦力也在增大。当水平推力 F_P 增大到某一数值时，物体处于将动未动的**临界状态**。此时静摩擦力达到最大值 F_{fm}，其大小与接触表面的法向约束力 F_N 成正比，即

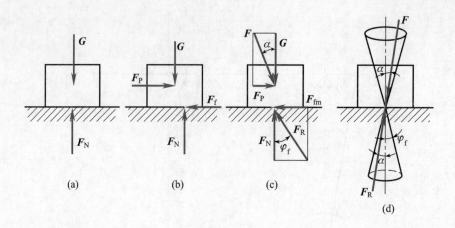

图 2.15

$$F_{\text{fm}} = f_s F_N \qquad\qquad (2.13)$$

这就是库仑摩擦定律。式中,F_{fm} 称为最大静摩擦力;比例常数 f_s 称为静滑动摩擦因素,其大小取决于相互接触物体表面的材料性质和表面状况(如表面粗糙度、润滑情况以及温度、湿度等)。

当水平推力 F_P 进一步增大,物体进入相对滑动状态,此时物体接触表面仍有阻碍运动的摩擦力 F'_f,称为动滑动摩擦力,简称动摩擦力,其大小由下式决定:

$$F'_f = f F_N \qquad\qquad (2.14)$$

式中,比例常数 f 称为动摩擦因素,与接触物体表面的材料性质和表面状况有关。一般 $f_s > f$,这说明推动物体从静止到开始滑动比较费力,一旦物体滑动起来,要维持物体继续滑动就省力些了。当精度要求不高时,可视为 $f_s \approx f$。部分常用材料的 f_s 及 f 值见表 2.2。

表 2.2 常见材料的滑动摩擦因数

材料名称	摩 擦 因 数			
	静摩擦因数(f_s)		动摩擦因数(f)	
	无润滑剂	有润滑剂	无润滑剂	有润滑剂
钢-钢	0.15	0.1~0.12	0.15	0.05~0.10
钢-铸铁	0.3		0.18	0.05~0.15
钢-青铜	0.15	0.1~0.15	0.15	0.1~0.15
钢-橡胶	0.9		0.6~0.8	
铸铁-铸铁		0.18	0.15	0.07~0.12
铸铁-青铜			0.15~0.2	0.07~0.15
铸铁-皮革	0.3~0.5	0.15	0.6	0.15
铸铁-橡胶			0.8	0.5
青铜-青铜		0.10	0.2	0.07~0.10
木-木	0.4~0.6	0.10	0.2~0.5	0.07~0.15

2.4.2 摩擦角与自锁现象

当物体尚未达到临界状态时,此时物体受到接触面的总约束力为法向约束力 F_N 与切向约束力(摩擦力 F_f)的合力,称为**全约束力**。当物体处于临界状态时,摩擦力为 F_{fm},全约束力为

$$F_R = F_N + F_{fm} \tag{2.15}$$

全约束力 F_R 与接触面公法线间的夹角称为**摩擦角**,用 φ_f 表示,如图 2.15c 所示,并有

$$\tan \varphi_f = \frac{F_{fm}}{F_N} = \frac{f_s F_N}{F_N} = f_s \tag{2.16}$$

式(2.16)说明,摩擦角也是表示材料摩擦性质的物理量。它表示全约束力 F_R 能够偏离接触面法线方向的范围,若物体与支承面的摩擦因数在各个方向都相同,则这个范围在空间就形成一个锥体,称为**摩擦锥**,如图 2.15d 所示。全约束力 F_R 的作用线不会超出摩擦锥的范围。

将重力 G 与水平推力 F_P 合成为主动力 F,主动力 F 与接触面公法线间的夹角为 α。由图 2.15c,d 可见,主动力 F 的值无论怎样增大,只要 $\alpha \leqslant \varphi$,即 F 的作用线在摩擦锥范围内,约束面必产生一个与之等值、共线、反向的全约束力 F_R 与之相平衡,而全约束力 F_R 的切向静滑动摩擦力分量永远小于或等于最大静摩擦力 F_{fm},物体处于静止状态,这种现象称为**自锁**。

故物体的自锁条件为

$$\alpha \leqslant \varphi_f \tag{2.17}$$

螺旋千斤顶作为起重机械,要求被升起的重物在任何位置上都能保持平衡,实现自锁。它的螺纹和丝杆可看成是物块放在斜面上,螺旋升角 α 即为斜面倾角(图 2.16),所以,螺旋千斤顶的螺旋升角 α 必须小于摩擦角 φ_f,即 $\alpha < \varphi_f$。

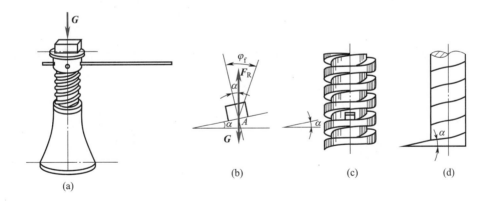

图 2.16

2.4.3 考虑摩擦时物体的平衡问题

考虑滑动摩擦时物体平衡问题的分析方法与不考虑摩擦时的区别在于:画受力图时,要考虑物体接触面上的静摩擦力。因摩擦对物体的运动起阻碍作用,静摩擦力总是作用于接触面(点),沿接触处的公切线,其方向与物体相对滑动趋势方向相反。而静摩擦力的大小与物体所处的状态有关:物体未达到将动未动的临界状态时,静摩擦力 F_f 仅由平衡

方程决定;达到将动未动的临界状态时,静摩擦力既满足平衡方程,同时又有补充方程库仑摩擦定律 $F_{fm}=f_s F_N$。

由于静摩擦力的变化范围为 $0 \leqslant F_f \leqslant F_{fm}$,所以物体平衡时的解答也有一个变化范围值,称为平衡范围。

例 2.12　一重量为 G 的物体放在倾角为 α 的斜面上,如图 2.17a 所示。若静摩擦因数为 f_s,摩擦角为 $\varphi_f (\alpha > \varphi_f)$。试求使物体保持静止的水平推力 F 的大小。

解　因为斜面倾角 $\alpha > \varphi_f$,物体处于非自锁状态,当物体上没有其他力作用时,物体将沿斜面下滑。当作用在物体上的水平推力 F 太小时,不足以阻止物体的下滑;若 F 过大时,又可能使物体沿斜面上滑。因此欲使物体静止,力 F 的大小需在某一范围内,即

$$F_{min} \leqslant F \leqslant F_{max}$$

（1）求 F_{min}。

F_{min} 为使物体不致下滑时所需的力 F 之最小值,此时物体处于下滑临界状态,受力情况如图 2.17b 所示。

列平衡方程:

$$\sum F_x = 0, \quad F_{min}\cos\alpha - G\sin\alpha + F_{fm} = 0$$
$$\sum F_y = 0, \quad F_N - F_{min}\sin\alpha - G\cos\alpha = 0$$

列补充方程:

$$F_{fm} = f_s F_N = F_N \tan\varphi_f$$

解得

$$F_{min} = \frac{\sin\alpha - f_s\cos\alpha}{\cos\alpha + f_s\sin\alpha}G = \frac{\sin\alpha - \tan\varphi_f\cos\alpha}{\cos\alpha + \tan\varphi_f\sin\alpha}G = G\tan(\alpha - \varphi_f)$$

（2）求 F_{max}。

F_{max} 为使物体不致上滑时所需的力 F 之最大值,此时物体处于上滑临界状态,受力情况如图 2.17c 所示。

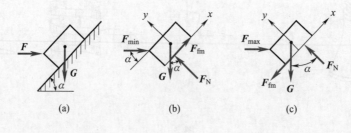

图 2.17

列平衡方程:

$$\sum F_x = 0, \quad F_{max}\cos\alpha - G\sin\alpha - F_{fm} = 0$$
$$\sum F_y = 0, \quad F_N - F_{max}\sin\alpha - G\cos\alpha = 0$$

列补充方程:

$$F_{fm} = f_s F_N = F_N \tan\varphi_f$$

解得

$$F_{max} = \frac{\sin\alpha + f_s\cos\alpha}{\cos\alpha - f_s\sin\alpha}G = \frac{\sin\alpha + \tan\varphi_f\cos\alpha}{\cos\alpha - \tan\varphi_f\sin\alpha}G = G\tan(\alpha + \varphi_f)$$

综合以上结果可知,使得物体保持静止的水平推力 **F** 的大小应满足下列条件:

$$G\tan(\alpha - \varphi_f) \leqslant F \leqslant G\tan(\alpha + \varphi_f)$$

本题也可用全约束力 F_R 来表示斜面的约束力,同样得到上述结果。

例 2.13 图 2.18a 所示为一凸轮滑道机构,在推杆上端 C 点有载荷 **F** 作用。凸轮上有主动力偶矩 M 作用。设推杆与滑道间的静摩擦因数为 f_s;凸轮与推杆间有良好的润滑作用,摩擦不计;尺寸 a,d 为已知,推杆横截面尺寸不计。为使推杆在图示位置不被卡住,试写出滑道长度 b 的计算式。

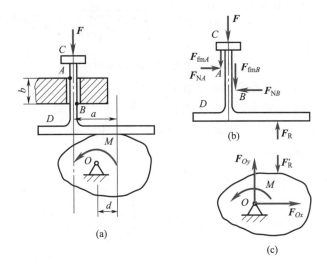

图 2.18

解 设在图示位置凸轮机构处于向上推动时平衡的临界状态。此时,推杆只有 A,B 两点与滑道接触,且受到最大静摩擦力 F_{fm} 作用。

分别取推杆和凸轮为研究对象,画受力图,如图 2.18b,c 所示。列平衡方程:

$$\sum F_x = 0, \qquad F_{NA} - F_{NB} = 0$$

$$\sum F_y = 0, \qquad -F - F_{fmA} - F_{fmB} + F_R = 0$$

$$\sum M_A(\boldsymbol{F}) = 0, \qquad -F_{NB}b + F_R a = 0$$

$$\sum M_O(\boldsymbol{F}) = 0, \qquad M - F_R' d = 0$$

列补充方程:

$$\begin{cases} F_R = F_R' \\ F_{fmA} = f_s F_{NA} \\ F_{fmB} = f_s F_{NB} \end{cases}$$

解得

$$b = \frac{2af_{s}M}{M - dF}$$

结果说明,该机构不发生自锁的条件为

$$b > \frac{2af_{s}M}{M - dF}$$

2.4.4 滚动摩擦简介

在搬运重物时,若在重物底下垫上辊轴,则比直接将重物放在地面上推或拉要省力得多,这说明用辊轴的滚动来代替箱底的滑动,所受到的阻力要小。车辆用轮子"行走",机器中用滚动轴承,都是为了减少摩擦阻力(图2.19)。

将一重为 G 的轮子放在地面上,在轮心 O 处作用水平微小拉力 F(图2.20a)。假设轮子和地面均为刚体,则接触点为 A。显然轮子上各力对 A 点的力矩不平衡,轮子将会发生滚动,这与事实不符。只有当拉力达到一定数值时,轮子才开始滚动,这说明地面对轮子有阻止

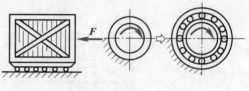

图 2.19

滚动的力偶存在,其原因是轮子和地面不是刚体,均要产生变形,变形后轮子与地面接触上的约束力分布如图2.20b所示。

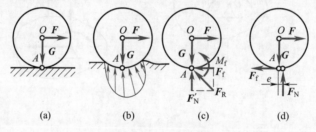

(a)　　　(b)　　　(c)　　　(d)

图 2.20　滚动摩擦

将这些平面分布约束力向 A 点简化,可得到一个作用在 A 点的力 F_{R} 和一个力偶 M_{f},此力偶起着阻碍滚动的作用,称为**滚动摩擦力偶矩**。将力 F_{R} 进一步分解为法向约束力 F_{N}' 和滑动摩擦力 F_{f}(图2.20c),并将法向约束力 F_{N}' 和滚动摩擦力偶矩 M_{f} 进一步按力的平移定理的逆定理进行合并,即可得到约束力 F_{N},其作用线向滚动方向偏移一段距离 e(图2.20d)。当轮子处临界状态时,滚动摩擦力偶矩和距离 e 均为最大值,并有

$$M_{f,max} = e_{max}F_{N} = \delta F_{N} \tag{2.18}$$

滚动摩擦力偶矩最大值 $M_{f,max}$ 与两个相互接触物体间的法向约束力 F_{N} 成正比,该结论称为**滚动摩擦定律**,比例常数 δ 称为**滚动摩擦系数**,单位为长度单位。该系数与物体接触表面的材料性质和表面状况有关。受载后,材料硬些,接触面的变形就小些,滚动摩擦系数 δ 也会小些。自行车轮胎气足时骑车省力,火车轨道用钢轨、轮子用铁轮都是增加硬度、减小滚动摩擦力偶的例子。

小 结

（1）力系简化的主要依据是力的平移定理。

（2）平面任意力系向一点简化的结果是：

一个主矢 $F'_R = \sum F$，作用线通过简心，大小、方向与简心位置无关；一个主矩 $M_O = \sum M_O(F)$，一般与简心位置有关。

其最后结果可能出现三种情况：合力、力偶、平衡。

（3）平面任意力系的平衡方程有三种形式：

① 基本形式：$\sum F_x = 0$，$\sum F_y = 0$，$\sum M_O(F) = 0$。

② 二矩式：$\sum F_x = 0$（或 $\sum F_y = 0$），$\sum M_A(F) = 0$，$\sum M_B(F) = 0$ [连线 AB 不能与 x 轴（或 y 轴）垂直]。

③ 三矩式：$\sum M_A(F) = 0$，$\sum M_B(F) = 0$，$\sum M_C(F) = 0$（A,B,C 三点不共线）。

无论哪种形式，平面任意力系只能有 3 个独立的平衡方程，求解 3 个未知量。

（4）平面特殊力系的平衡方程如下表：

平面力偶系	平面汇交力系	平面平行力系
$\sum M = 0$	$\sum F_x = 0$ $\sum F_y = 0$	$\sum F_y = 0$，$\sum M_O(F) = 0$（各力与 y 轴平行）或 $\sum M_A(F) = 0$，$\sum M_B(F) = 0$（连线 AB 不能与各力平行）

（5）求解物系平衡问题的注意点：

① 首先确定题给的物体平衡问题是静定的，还是超静定的。虽然静力学只研究静定问题，但学会判断超静定问题对今后的学习有益，也是必要的。

② 正确画出系统整体、局部及每个物体的分离体受力图。要判断出物系中有无二力杆、二力构件，要注意各受力图之间彼此是否协调，是否符合作用与反作用定律。

③ 具体求解前要比较解题方案。一般应从可解的和局部可解的分离体着手，求出部分未知力后，使其他暂不可解的转化为可解的分离体，依次解出待求未知力；若所有分离体都是暂不可解的，则应按题意选取包含两个相同未知力的分离体列方程联立求解。对运动机构，可按力的传递顺序依次取研究对象。

在列方程时，尽可能避免出现不必要求解的未知力。

（6）求解考虑摩擦时的平衡问题时，可将滑动摩擦力作为未知约束力对待。应会判断物体在主动力作用下的运动趋势，从而决定静摩擦力的方向；在列平衡方程时要考虑静摩擦力的变化有一个范围，从而引起答案也是一个有范围的值；只有在判断物体已处于将动未动的临界状态的前提下，才能应用补充方程 $F_{fm} = f_s F_N$，求得的答案也是临界值，否则，只能应用平衡条件来决定静摩擦力的大小。

思考题

2.1 一平面力系向一点简化后得一力偶，若选择另一简心简化力系，结果又会怎样？

2.2　试用力系向已知点简化的方法说明图 2.21 所示的力 F 和力偶 (F_1, F_2) 对于轮的作用有何不同？在轮轴支承 A 和 B 处的约束力有何不同？设 $F_1 = F_2 = F/2$，轮的半径为 r。

2.3　设一平面任意力系中有 4 个未知量，而平衡方程只有 3 个，能否在平面中再选择一坐标系或一矩心，列出投影方程或力矩方程，用这两组方程将 4 个未知量求解出来？

2.4　均质刚体 AB 重为 G，由三根杆支撑，如图 2.22 所示，杆重不计，刚体保持平衡。若需求出 A 和 B 处的约束力，应怎样选取投影轴和矩心？

2.5　图 2.23 所示力系作用于刚体，且满足 $\sum F_x = 0, \sum M_A(F) = 0, \sum M_B(F) = 0$，刚体能否平衡？

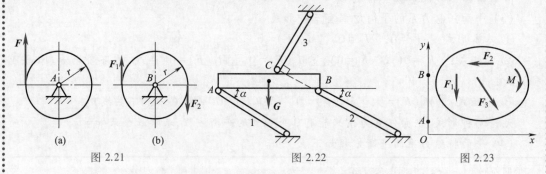

图 2.21　　　　　　　　　　图 2.22　　　　　　　　图 2.23

2.6　分析图 2.24 中所示结构哪些为静定结构，哪些为超静定结构？

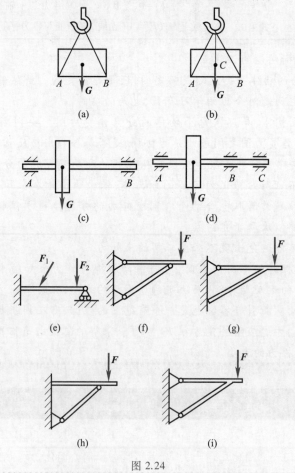

图 2.24

2.7　如图 2.25 所示,物体重力 $G = 100$ N,与水平面间的摩擦因数 $f_s = 0.3$:(a)问当水平力 $F = 10$ N 时,物体受多大的摩擦力?(b)当 $F = 30$ N 时,物体受多大的摩擦力?(c)当 $F = 50$ N 时,物体受多大的摩擦力?

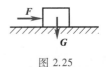

图 2.25

2.8　汽车行驶时,车轮与地面间存在哪种摩擦力?汽车的发动机经一系列机构驱动后轴的车轮转动,分析作用于前后轮上的摩擦力的方向和作用。

习　题

2.1　分析图示平面任意力系向 O 点简化的结果。已知:$F_1 = 100$ N,$F_2 = 150$ N,$F_3 = 200$ N,$F_4 = 250$ N,$M = 5$ N·m。

2.2　图示起重吊钩,若吊钩 O 点处所承受的力偶矩最大值为 5 kN·m,则起吊重力不能超过多少?

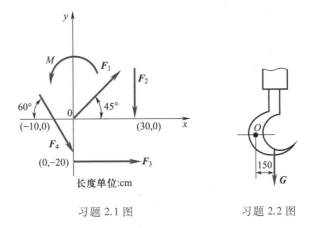

习题 2.1 图　　　　　　习题 2.2 图

2.3　图示三角支架由杆 AB,AC 铰接而成,在 A 处作用有重力 G,分别求出图中三种情况下杆 AB,AC 所受的力(不计杆自重)。

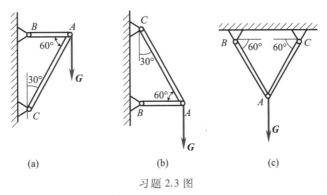

(a)　　　　　　　(b)　　　　　　　(c)

习题 2.3 图

2.4　图示圆柱 A 的重力为 G,在中心上系有两绳 AB 和 AC,绳分别绕过光滑的滑轮 B 和 C,并分别悬挂重力为 G_1 和 G_2 的物体,设 $G_2 > G_1$。试求平衡时的 α 角和水平面 D 对圆柱的约束力。

2.5　图示翻罐笼由滚轮 A,B 支承,已知翻罐笼连同煤车共重 $G = 3$ kN,$\alpha = 30°$,$\beta = 45°$,求滚轮 A,B 所受的压力 F_{NA} 和 F_{NB}。有人认为 $F_{NA} = G\cos \alpha$,$F_{NB} = G\cos \beta$,对不对?为什么?

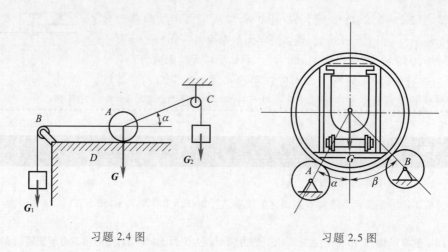

习题 2.4 图　　　　　　　　　　　习题 2.5 图

2.6　图示简易起重机用钢丝绳吊起重力 $G=2$ kN 的重物,不计杆件自重、摩擦及滑轮大小,A,B,C 三处简化为铰链连接;求杆 AB 和 AC 所受的力。

2.7　相同的两圆管置于斜面上,并用一铅垂挡板 AB 挡住,如图所示。每根圆管重 4 kN,求挡板所受的压力。若改用垂直于斜面的挡板,这时压力有何变化?

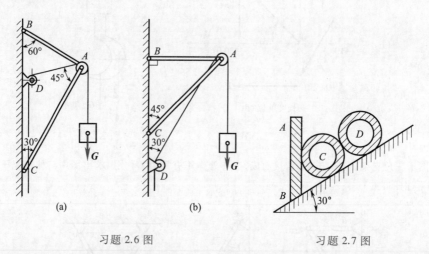

(a)　　　　　　　　(b)

习题 2.6 图　　　　　　　　　　习题 2.7 图

2.8　构件的支承及载荷情况如图所示,求支座 A,B 处的约束力。

2.9　电动机的功率是通过联轴器传递给工作轴的,联轴器是电动机转轴与工作机械转动轴的连接部件,它由两个法兰盘和连接两者的螺栓所组成。四根螺栓 A、B、C、D 均匀分布在同一圆周上,圆周直径 $D=200$ mm。已知电动机轴传给联轴器的力偶矩 $M=2.5$ kN·m,设每根螺栓所受的力大小相等,即 $F_1=F_2=F_3=F_4=F$。试求螺栓受力 F。

2.10　铰链四连杆机构 $OABO_1$ 在图示位置平衡,已知 $\overline{OA}=0.4$ m,$\overline{O_1B}=0.6$ m,作用在曲柄 OA 上的力偶矩 $M_1=1$ N·m,不计杆重,求力偶矩 M_2 的大小及连杆 AB 所受的力。

2.11　上料小车如图所示。车和料共重 $G=240$ kN,C 为重心,$a=1$ m,$b=1.4$ m,$e=1$ m,$d=1.4$ m,$\alpha=55°$,求钢绳拉力 F 和轨道 A,B 的约束力。

2.12　厂房立柱的一端用混凝土砂浆固定在杯形基础中,其上受力 $F=60$ kN,风荷 $q=2$ kN/m,自重 $G=40$ kN,$a=0.5$ m,$h=10$ m,试求立柱 A 端的约束力。

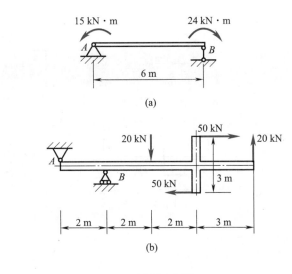

习题 2.8 图

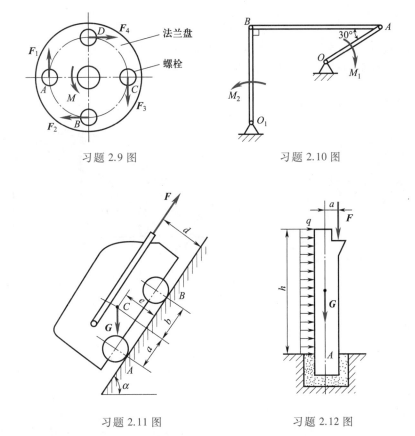

习题 2.9 图　　　　　　　　习题 2.10 图

习题 2.11 图　　　　　　　习题 2.12 图

2.13 试求图中各梁的支座约束力。已知 $F = 6$ kN,$q = 2$ kN/m,$M = 2$ kN · m,$l = 2$ m,$a = 1$ m。

2.14 水塔固定在支架 A,B,C,D 上,如图所示。水塔总重力 $G = 160$ kN,风载 $q = 16$ kN/m。为保证水塔平衡,试求 A,B 间的最小距离。

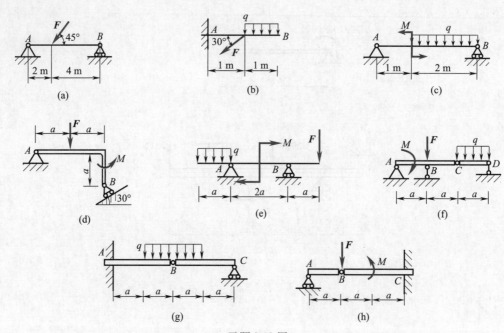

习题 2.13 图

2.15 图示汽车起重机车体重力 $G_1 = 26$ kN，吊臂重力 $G_2 = 4.5$ kN，起重机旋转及固定部分重力 $G_3 = 31$ kN。设吊臂在起重机对称面内，试求汽车的最大起重量 G。

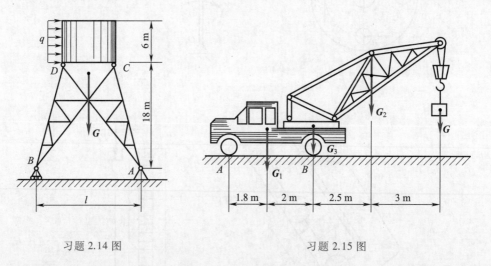

习题 2.14 图　　　　　　　　　习题 2.15 图

2.16 汽车地秤如图所示，BCE 为整体台面，杠杆 AOB 可绕 O 轴转动，B、C、D 三点均为光滑铰链连接，已知砝码重 G_1，尺寸 l、a。不计其他构件自重，试求汽车自重 G_2。

2.17 驱动力偶矩 M 使锯床转盘旋转，并通过连杆 AB 带动锯弓往复运动，如图所示。设锯条的切削阻力 $F = 5$ kN，试求驱动力偶矩及 O、C、D 三处的约束力。

2.18 图示为小型推料机的简图。电动机转动曲柄 OA，靠连杆 AB 使推料板 O_1C 绕轴 O_1 转动，便把料推到运输机上。已知装有销钉 A 的圆盘重 $G_1 = 200$ N，杆 AB 自重不计，推料板 O_1C 重 $G = 600$ N。设料作用于推料板 O_1C 上 B 点的力 $F = 1\,000$ N，且与板垂直，$\overline{OA} = 0.2$ m，$\overline{O_1B} = 0.4$ m，$\alpha = 45°$。若在图示位置机构处于平衡，求作用曲柄 OA 上之力偶矩 M 的大小。

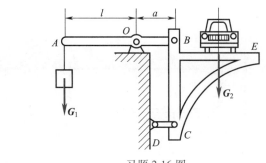

习题 2.16 图

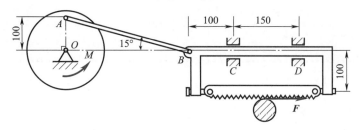

习题 2.17 图

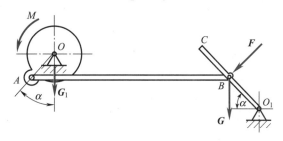

习题 2.18 图

2.19 梯子 AB 重为 $G = 200$ N，靠在光滑墙上，梯子长为 $l = 3$ m，已知梯子与地面间的静摩擦因数为 0.25，今有一重为 650 N 的人沿梯子向上爬，若 $\alpha = 60°$，求人能够达到的最大高度。

2.20 砖夹宽 280 mm，爪 AHB 和 $BCED$ 在 B 点处铰接，尺寸如图所示。被提起的砖重为 G，提举力 F 作用在砖夹中心线上。若砖夹与砖之间的静摩擦因数 $f_s = 0.5$，则尺寸 b 应为多大，才能保证砖被夹住不滑掉（砖夹的质量不计）？

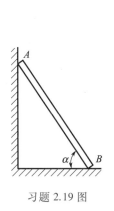

习题 2.19 图

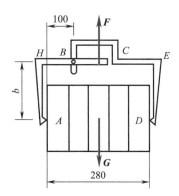

习题 2.20 图

2.21　制动装置如图所示。已知圆轮上转矩为 M，几何尺寸 a,b,c 及圆轮同制动块 K 间的静摩擦因数 f_s。试求制动所需的最小力 F 的大小。

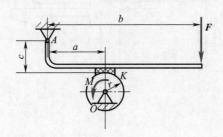

习题 2.21 图

第 3 章

3

空 间 力 系

力系中各力的作用线不在同一平面内,该力系称为空间力系。按力系各力作用线的分布情况,空间力系可分为**空间汇交力系、空间平行力系**和**空间任意力系**,如图 3.1 所示各构件均为受空间力系作用的情况。

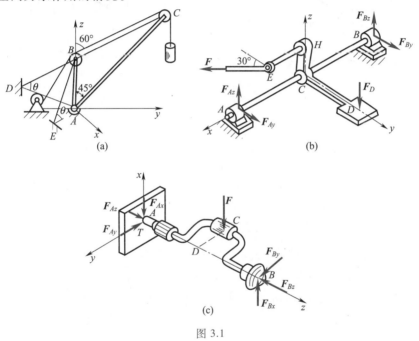

图 3.1

本章将介绍力在空间直角坐标轴上的投影、力对轴之矩的概念与运算方法、空间力系的平衡计算、物体重心的概念及重心位置的求解方法。

§3.1 力在空间直角坐标轴上的投影

力在空间坐标轴上的投影的概念与力在平面坐标轴上的投影的概念相同。力在空间坐标轴上的投影有两种运算方法:**直接投影法**和**二次投影法**。

3.1.1 直接投影法

若已知力 F 的大小,力 F 的作用线与在图 3.2 空间直角坐标系三个坐标轴的夹角 α,β,γ,由几何关系可直接得到力 F 在空间直角坐标轴上的投影 F_x,F_y,F_z 分别为

55

$$
\left.\begin{aligned}
F_x &= F\cos\alpha \\
F_y &= F\cos\beta \\
F_z &= F\cos\gamma
\end{aligned}\right\}
\tag{3.1}
$$

与平面的情况相同,规定当力的起点投影至终点投影的连线方向与坐标轴正向一致时取正号;反之,取负号。

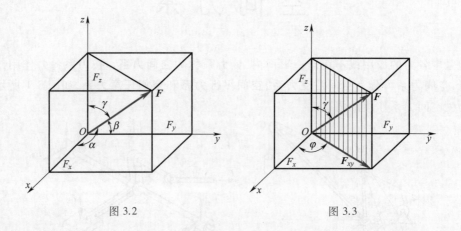

图 3.2 图 3.3

3.1.2 二次投影法

如图 3.3 所示,若已知力 F 的大小、F 的作用线与坐标轴 z 的夹角 γ、力 F 与 z 轴决定的平面与 x 轴的夹角为 φ,则可先将力 F 分别投影至 z 轴和坐标平面 Oxy 上,得到 z 轴上的投影 F_z 和平面上的投影 F_{xy};然后,再将 F_{xy} 分别投影至 x 轴和 y 轴,得到轴上投影 F_x,F_y。此过程需要经过两次投影才能得到结果,因此称为二次投影法。二次投影法的过程可列式如下:

$$
F\Rightarrow
\begin{cases}
F_z = F\cos\gamma \\
F_{xy} = F\sin\gamma \Rightarrow
\begin{cases}
F_x = F_{xy}\cos\varphi = F\sin\gamma\cos\varphi \\
F_y = F_{xy}\sin\varphi = F\sin\gamma\sin\varphi
\end{cases}
\end{cases}
\tag{3.2}
$$

应当指出:力在轴上的投影是代数量,而力在平面上的投影为矢量。这是因为力在平面上投影的方向必须用矢量来表示。

若 i,j,k 分别为坐标轴 x,y,z 上的 3 个单位矢量,则空间力矢量的表达式为

$$
F = F_x + F_y + F_z = F_x i + F_y j + F_z k
\tag{3.3}
$$

其中,F_x,F_y,F_z 分别表示力矢 F 在空间直角坐标轴 x,y,z 方向上的 3 个分量;F_x,F_y,F_z 分别表示力矢 F 在坐标轴 x,y,z 上的 3 个投影。

反之,若已知力 F 在三个坐标轴上的投影 F_x,F_y,F_z,也可求出力 F 的大小和方向。即

$$F = \sqrt{F_x^2 + F_y^2 + F_z^2}$$

$$\cos \alpha = \frac{F_x}{\sqrt{F_x^2 + F_y^2 + F_z^2}}$$

$$\cos \beta = \frac{F_y}{\sqrt{F_x^2 + F_y^2 + F_z^2}}$$ (3.4)

$$\cos \gamma = \frac{F_z}{\sqrt{F_x^2 + F_y^2 + F_z^2}}$$

$\cos \alpha$, $\cos \beta$, $\cos \gamma$ 称为力 $\boldsymbol{F}$ 的方向余弦。

3.1.3 合力投影定理

设有一空间汇交力系 $\boldsymbol{F}_1$, $\boldsymbol{F}_2$, $\cdots$, $\boldsymbol{F}_n$，利用力的平行四边形法则，可将其逐步合成为一个合力矢 $\boldsymbol{F}_\mathrm{R}$，且有

$$\boldsymbol{F}_\mathrm{R} = \boldsymbol{F}_1 + \boldsymbol{F}_2 + \cdots + \boldsymbol{F}_n = \sum \boldsymbol{F}$$ (3.5)

由力矢量表达式(3.3)与式(3.5)不难得出

$$F_{\mathrm{R}x} = \sum F_x, \quad F_{\mathrm{R}y} = \sum F_y, \quad F_{\mathrm{R}z} = \sum F_z$$ (3.6)

空间汇交力系的合力在某一轴上的投影，等于力系中各力在同一轴上投影的代数和，式(3.6)称为空间力系的合力投影定理。

例 3.1 在边长 $a = 50$ mm，$b = 100$ mm，$c = 150$ mm 的六面体上，作用有三个空间力，如图 3.4 所示。$F_1 = 6$ kN，$F_2 = 10$ kN，$F_3 = 20$ kN。试计算各力在三个坐标轴上的投影。

解 力 $\boldsymbol{F}_1$ 与 z 轴平行，故直接投影即可得到

$$F_{1x} = 0, F_{1y} = 0, F_{1z} = 6 \text{ kN}$$

力 $\boldsymbol{F}_2$ 与坐标平面 Oyz 平行，故直接投影即可得到

$$F_{2x} = 0$$

$$F_{2y} = -F_2 \cos \beta = -F_2 \frac{b}{\sqrt{a^2 + b^2}}$$

$$= -10 \times 10^3 \text{ N} \times \frac{0.1 \text{ m}}{\sqrt{(0.05 \text{ m})^2 + (0.1 \text{ m})^2}}$$

$$= -8.94 \times 10^3 \text{ N} = -8.94 \text{ kN}$$

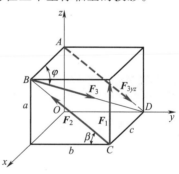

图 3.4

$$F_{2z} = F_2 \sin \beta = F_2 \frac{a}{\sqrt{a^2 + b^2}}$$

$$= 10 \times 10^3 \text{ N} \times \frac{0.05 \text{ m}}{\sqrt{(0.05 \text{ m})^2 + (0.1 \text{ m})^2}}$$

$$= 4.47 \times 10^3 \text{ N} = 4.47 \text{ kN}$$

力 $\boldsymbol{F}_3$ 为空间力，所在平面 $ABCD$ 与坐标平面 Oyz 相垂直，故应用二次投影法求解。首先将力 $\boldsymbol{F}_3$ 在与平面 $ABCD$ 平行的 x 轴上和平面 Oyz 上投影，得到

$$F_{3x} = - F_3 \cos \varphi = - F_3 \frac{c}{\sqrt{a^2 + b^2 + c^2}}$$

$$= - 20 \times 10^3 \text{N} \times \frac{0.15 \text{ m}}{\sqrt{(0.05 \text{ m})^2 + (0.1 \text{ m})^2 + (0.15 \text{ m})^2}}$$

$$= - 16.04 \times 10^3 \text{ N} = - 16.04 \text{ kN}$$

$$F_{3yz} = F_3 \sin \varphi = F_3 \frac{\sqrt{a^2 + b^2}}{\sqrt{a^2 + b^2 + c^2}}$$

$$= 20 \times 10^3 \text{ N} \times \frac{\sqrt{(0.05 \text{ m})^2 + (0.1 \text{ m})^2}}{\sqrt{(0.05 \text{ m})^2 + (0.1 \text{ m})^2 + (0.15 \text{ m})^2}}$$

$$= 11.95 \times 10^3 \text{ N} = 11.95 \text{ kN}$$

再将力 $\boldsymbol{F}_{3yz}$ 投影至 y 轴和 z 轴上，得

$$F_{3y} = F_{3yz} \cos \beta$$

$$= 11.95 \times 10^3 \text{ N} \times \frac{0.1 \text{ m}}{\sqrt{(0.05 \text{ m})^2 + (0.1 \text{ m})^2}}$$

$$= 1.14 \times 10^3 \text{ N} = 1.14 \text{ kN}$$

$$F_{3z} = - F_{3yz} \sin \beta$$

$$= - 11.95 \times 10^3 \text{ N} \times \frac{0.05 \text{ m}}{\sqrt{(0.05 \text{ m})^2 + (0.1 \text{ m})^2}}$$

$$= - 0.57 \times 10^3 \text{ N} = - 0.57 \text{ kN}$$

§3.2 力对轴之矩

3.2.1 力对轴之矩的概念

分析作用于门上的力 $\boldsymbol{F}$ 对门的作用效应。如图 3.5 所示，将空间力 $\boldsymbol{F}$ 在作用点 A 处分解为平行于 z 轴的力 $\boldsymbol{F}_z$ 和在垂直于 z 轴的平面内的分力 $\boldsymbol{F}_{xy}$。由经验可知，$\boldsymbol{F}_z$ 不能使门转动，只有分力 $\boldsymbol{F}_{xy}$ 才能使门绕 z 轴转动。若分力 $\boldsymbol{F}_{xy}$ 所在平面与 z 轴的交点为 O，则力 $\boldsymbol{F}_{xy}$ 对门轴之矩可用力 $\boldsymbol{F}_{xy}$ 对 O 点之矩来计算。设 O 点到力 $\boldsymbol{F}_{xy}$ 的作用线的距离为 d，于是

$$M_z(\boldsymbol{F}) = M_z(\boldsymbol{F}_{xy}) = M_O(\boldsymbol{F}_{xy}) = \pm F_{xy} d \tag{3.7}$$

力使物体绕一轴转动效应的度量称为力对该轴之矩，简称力对轴之矩。它等于力在与轴垂直的平面上的分力对轴与平面交点之矩（图 3.6），记作 $M_z(\boldsymbol{F})$。下标 z 表示取矩的轴，力对轴之矩的单位为 N·m。

力对轴之矩为代数量，正负号用右手螺旋法则判定：如图 3.7 所示，将右手手心朝向转动轴并握住它，四指指尖与物体转动方向一致，伸开拇指，若拇指指向与转轴正向一致，则力对该轴之矩为正；反之，为负。或者从转轴的正端看过去，逆时针转向的力矩为正，顺时针转向的力矩为负。

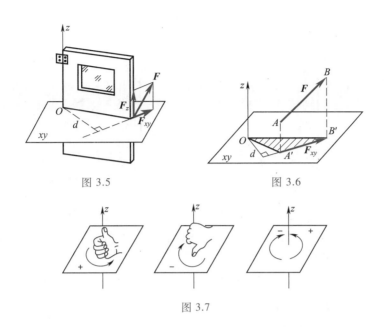

图 3.5   图 3.6

图 3.7

根据上述结论,当力的作用线与轴相交或平行时,力对轴之矩等于零。也就是说,力的作用线与轴共面时,力不能使物体绕该轴转动。

3.2.2 合力矩定理

合力矩定理在空间问题中的表述为:空间力系的合力 F_R 对某一轴之矩等于力系中各分力对同一轴之矩的代数和。表达式为

$$\left.\begin{array}{l} M_x(F_R) = M_x(F_1) + M_x(F_2) + \cdots + M_x(F_n) = \sum M_x(F) \\ M_y(F_R) = M_y(F_1) + M_y(F_2) + \cdots + M_y(F_n) = \sum M_y(F) \\ M_z(F_R) = M_z(F_1) + M_z(F_2) + \cdots + M_z(F_n) = \sum M_z(F) \end{array}\right\} \tag{3.8}$$

例 3.2 曲拐轴受力如图 3.8a 所示,已知 $F = 600$ N。求:1) 力 F 在 x, y, z 轴上的投影;2) 力 F 对 x, y, z 轴之矩。

解 (1) 计算力的投影。

为求力在指定坐标轴上的投影,根据已知条件,应用二次投影法求解(图 3.8b)。在 A 点建立与 $Oxyz$ 相平行的直角坐标系 $Ax'y'z'$。

先将力 F 向 $Ax'y'$ 平面和 Az' 轴投影,得到 F_{xy} 和 F_z;再将 F_{xy} 向 x', y' 轴投影,便得到 F_x 和 F_y。于是有

$$F_x = F_{xy}\cos 45° = F\cos 60° \times \cos 45°$$
$$= 600 \text{ N} \times 0.5 \times 0.707 = 212 \text{ N}$$
$$F_y = F_{xy}\sin 45° = F\cos 60° \times \sin 45°$$
$$= 600 \text{ N} \times 0.5 \times 0.707 = 212 \text{ N}$$
$$F_z = F\sin 60° = 600 \text{ N} \times 0.866 = 520 \text{ N}$$

(2) 计算力对轴之矩。

先将力 F 在作用点处沿 x, y, z 方向分解,得到 3 个分量 F_x, F_y, F_z(图 3.8b),它们的大小

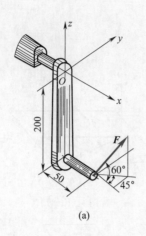
(a)

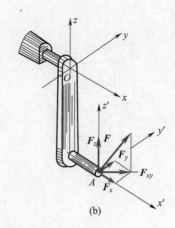
(b)

图 3.8

分别等于投影 F_x, F_y, F_z 的大小。

根据合力矩定理,可求得力 F 对原指定的 x, y, z 三轴之矩如下:

$$M_x(\boldsymbol{F}) = M_x(\boldsymbol{F}_x) + M_x(\boldsymbol{F}_y) + M_x(\boldsymbol{F}_z)$$
$$= 0 + F_y \times 0.2 \text{ m} + 0 = 212 \text{ N} \times 0.2 \text{ m} = 42.4 \text{ N} \cdot \text{m}$$

$$M_y(\boldsymbol{F}) = M_y(\boldsymbol{F}_x) + M_y(\boldsymbol{F}_y) + M_y(\boldsymbol{F}_z)$$
$$= -F_x \times 0.2 \text{ m} - 0 - F_z \times 0.05 \text{ m}$$
$$= -212 \text{ N} \times 0.2 \text{ m} - 520 \text{ N} \times 0.05 \text{ m} = -68.4 \text{ N} \cdot \text{m}$$

$$M_z(\boldsymbol{F}) = M_z(\boldsymbol{F}_x) + M_z(\boldsymbol{F}_y) + M_z(\boldsymbol{F}_z)$$
$$= 0 + F_y \times 0.05 \text{ m} + 0 = 212 \text{ N} \times 0.05 \text{ m}$$
$$= 10.6 \text{ N} \cdot \text{m}$$

§3.3 空间力系的平衡方程及其应用

与平面任意力系相同,可依据力的平移定理,将空间任意力系简化,找到与其等效的主矢 $\boldsymbol{F}'_R$ 和主矩 $\boldsymbol{M}_O$,当两者同时为零时,刚体处于平衡状态,此时所对应的平衡条件应为

$$\left. \begin{array}{l} \sum F_x = 0, \ \sum F_y = 0, \ \sum F_z = 0 \\ \sum M_x(\boldsymbol{F}) = 0, \ \sum M_y(\boldsymbol{F}) = 0, \ \sum M_z(\boldsymbol{F}) = 0 \end{array} \right\} \qquad (3.9)$$

即空间任意力系平衡的必要和充分条件是:力系中各力在三个坐标轴上投影的代数和以及各力对三轴之矩的代数和都必须分别等于零。式(3.9)称为空间任意力系的平衡方程。

式(3.9)是解决空间力系平衡问题的基本方程。由此方程组最多可解出 6 个未知量。

由式(3.9)可得出空间任意力系的特殊情况下的平衡方程式如下:

空间汇交力系		空间平行力系(设各力与 z 轴平行)	
$\left. \begin{array}{l} \sum F_x = 0 \\ \sum F_y = 0 \\ \sum F_z = 0 \end{array} \right\}$	(3.10)	$\left. \begin{array}{l} \sum F_z = 0 \\ \sum M_x(\boldsymbol{F}) = 0 \\ \sum M_y(\boldsymbol{F}) = 0 \end{array} \right\}$	(3.11)

求解空间力系的平衡问题的基本方法与步骤同平面力系问题相同。即

（1）确定研究对象,取分离体,画受力图。

（2）确定力系类型,列出平衡方程。

（3）代入已知条件,求解未知量。

正确地取出分离体,画受力图是解决问题的关键,表3.1列出了空间常见约束类型及约束力的表示法。

表 3.1　空间常见约束及其约束力的表示

约束类型	简化符号	约束力表示
球铰 	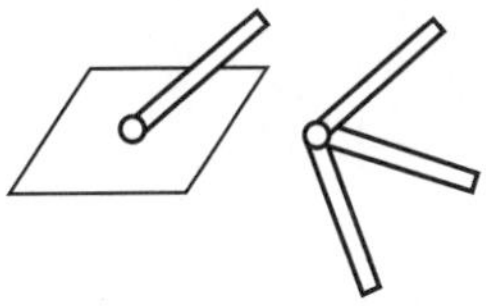	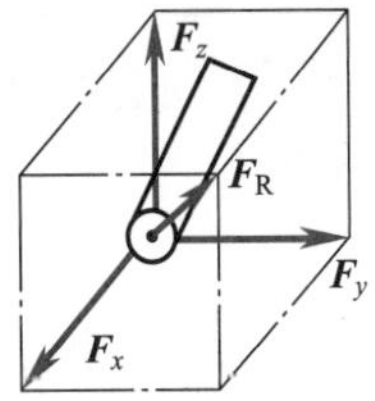
向心轴承 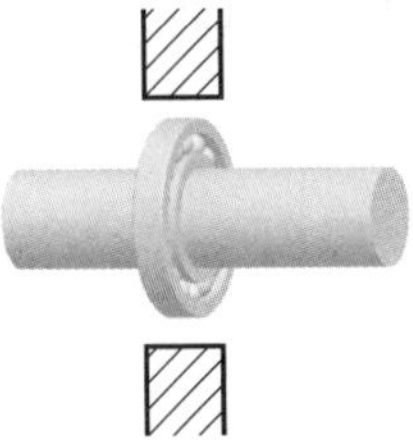	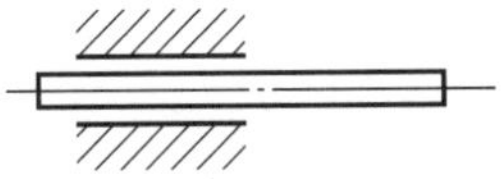	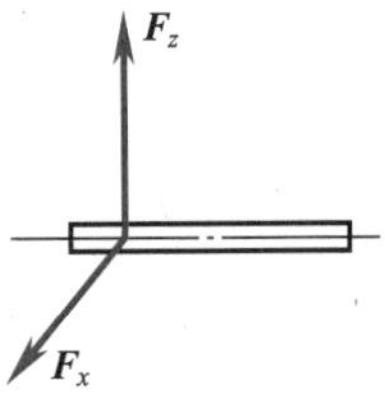
向心推力轴承 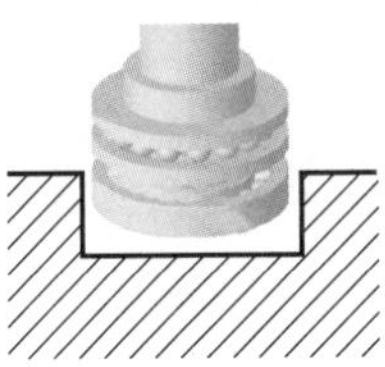	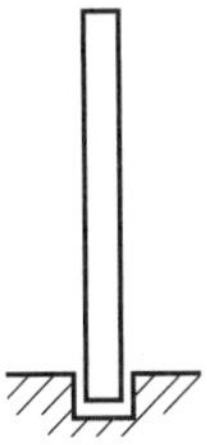	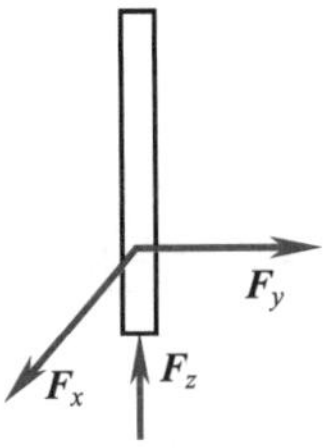
空间固定端 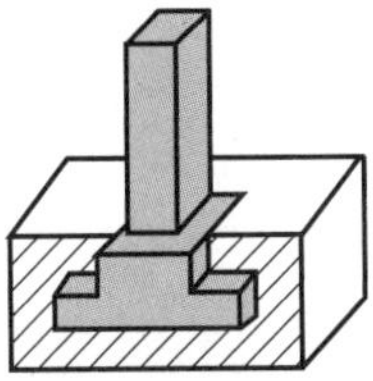	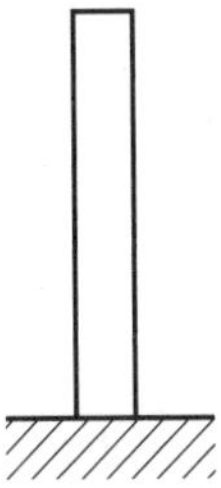	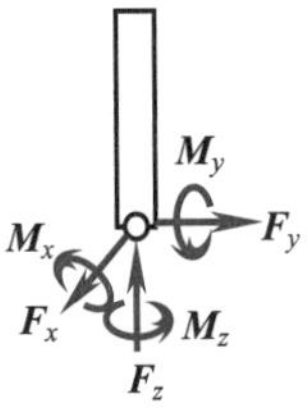

例 3.3　三角吊架由球铰结构连接而成,如图 3.9a 所示。悬挂物体重为 $G = 100$ kN,吊架三根杆与吊索的夹角均为 $30°$,与地面的夹角均为 $60°$,不计杆自重,$\triangle ADC$ 为正三角形。试求三杆

受力。

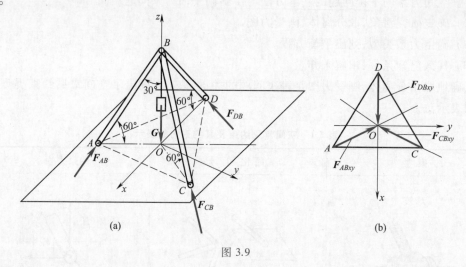

图 3.9

解 取三角吊架及重物为研究对象,与平面中间铰类似,三杆均为二力杆,画受力图(为方便分析力的空间关系,将受力图画在原结构图上),如图 3.9a 所示。力 $G, F_{AB}, F_{CB}, F_{DB}$ 组成空间汇交力系。

选取坐标系 $Oxyz$,各力在 Oxy 平面内的投影图如图 3.9b 所示,列平衡方程,由式(3.10)得

$$\sum F_x = 0, \quad -F_{AB}\cos 60°\sin 30° - F_{CB}\cos 60°\sin 30° + F_{DB}\cos 60° = 0$$

$$\sum F_y = 0, \quad F_{AB}\cos 60°\cos 30° - F_{CB}\cos 60°\cos 30° = 0$$

$$\sum F_z = 0, \quad F_{AB}\cos 30° + F_{CB}\cos 30° + F_{DB}\cos 30° - G = 0$$

解得

$$F_{AB} = F_{CB} = F_{DB} = \frac{G}{3\cos 30°} = 38.5 \text{ kN}$$

三杆受力均为压力,可称为压杆。

例 3.4 三轮推车如图 3.10 所示,若已知载荷 $G = 1.5$ kN,$\overline{AH} = \overline{BH} = 0.5$ m,$\overline{CH} = 1.5$ m,$\overline{EH} = 0.3$ m,$\overline{ED} = 0.5$ m。试求地面对推车三轮 A, B, C 的压力。

解 (1)以推车整体为研究对象,取分离体,画受力图。

如图 3.10 所示,推车受已知载荷 G、地面对推车三轮的未知压力 F_{NA}, F_{NB}, F_{NC} 作用保持平衡,各力的作用线相互平行,构成空间平行力系。

(2)根据各力的作用线方向与几何位置,建立空间直角坐标系 $Hxyz$(H 点为坐标原点)。

(3)列平衡方程求解:

$$\sum F_z = 0, \quad F_{NA} + F_{NB} + F_{NC} - G = 0$$

$$\sum M_x(\boldsymbol{F}) = 0, \quad F_{NC}\overline{CH} - G\overline{DE} = 0$$

$$\sum M_y(\boldsymbol{F}) = 0, \quad -F_{NA}\overline{AH} + F_{NB}\overline{BH} + G\overline{EH} = 0$$

解得

$$F_{NA} = 0.95 \text{ kN}, \quad F_{NB} = 0.05 \text{ kN}, \quad F_{NC} = 0.5 \text{ kN}$$

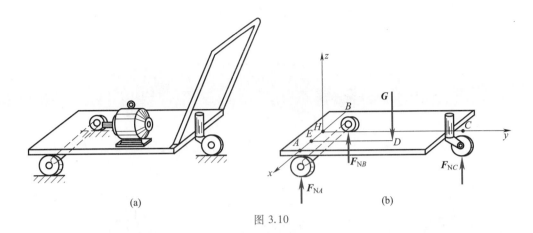

图 3.10

若选用 A 点或 B 点为坐标原点,可使方程简化,便于计算,请读者自己完成。

例 3.5 一车床的主轴如图 3.11a 所示,齿轮 C 的节圆直径为 200 mm,卡盘 D 夹住一直径为 100 mm 的工件,A 为向心推力轴承,B 为向心轴承。切削时工件匀速转动,车刀给工件的切削力 $F_x = 466$ N,$F_y = 352$ N,$F_z = 1\,400$ N,齿轮 C 在啮合处受力为 F,作用在齿轮的最前点(图 3.11b)。不考虑主轴及其附件的重量与摩擦,试求力 F 的大小及 A,B 处的约束力。

解 选取主轴及工件为研究对象,画受力图(图 3.11b)。向心轴承 B 的约束力为 F_{Bx} 和 F_{Bz},向心推力轴承 A 处约束力为 F_{Ax},F_{Ay},F_{Az}。主轴及工件共受 9 个力作用,为空间任意力系。对于空间力系的解法有两种:一是直接应用空间力系平衡方程求解,如例 3.3、例 3.4。第二种方法是将空间力系转化为平面力系求解。本题分别用两种方法求解。

方法一:如图 3.11b,c 所示,据式(3.9)可写出:

$$\sum F_x = 0, \quad F_{Ax} + F_{Bx} - F_x - F\sin 20° = 0$$

$$\sum F_y = 0, \quad F_{Ay} - F_y = 0$$

$$\sum F_z = 0, \quad F_{Az} + F_{Bz} + F_z - F\cos 20° = 0$$

$$\sum M_x(\boldsymbol{F}) = 0, \quad F_{Bz} \times 0.2 \text{ m} + F_z \times 0.3 \text{ m} + F \times \cos 20° \times 0.05 \text{ m} = 0$$

$$\sum M_y(\boldsymbol{F}) = 0, \quad -F_z \times 0.05 \text{ m} + F \times \cos 20° \times 0.1 \text{ m} = 0$$

$$\sum M_z(\boldsymbol{F}) = 0, \quad -F \times \sin 20° \times 0.05 \text{ m} - F_{Bx} \times 0.2 \text{ m} + F_x \times 0.3 \text{ m} - F_y \times 0.05 \text{ m} = 0$$

解得

$$F_{Ax} = 174 \text{ N}, \quad F_{Ay} = 352 \text{ N}, \quad F_{Az} = 1\,575 \text{ N}$$

$$F_{Bx} = 547 \text{ N}, \quad F_{Bz} = -2\,275 \text{ N}, \quad F = 745 \text{ N}$$

直接利用空间力系平衡方程求解时,关键在于正确地计算出力在轴上的投影和力对轴之矩。

方法二:首先将图 3.11b 中空间力系分别投影到三个直角坐标平面内,如图 3.11d,e,f 所示。然后分别写出各投影平面上的力系相应的平衡方程式,再联立解出未知量。步骤如下:

(1) 在 Axz 平面内,如图 3.11d 所示。

由

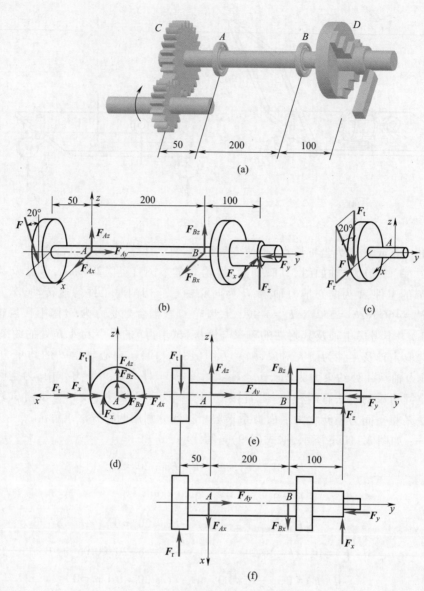

图 3.11

$$\sum M_A(\boldsymbol{F})=0, \quad F_t\times0.1\ \text{m}-F_z\times0.05\ \text{m}=0$$

将 $F_t=F\cos 20°$ 代入得

$$F=745\ \text{N}$$

（2）在 Ayz 平面内，如图 3.11e 所示。

由

$$\sum M_A(\boldsymbol{F})=0, \quad F_t\times0.05\ \text{m}+F_{Bz}\times0.2\ \text{m}+F_z\times0.3\ \text{m}=0$$

将 $F_t=F\cos 20°$ 代入，得

$$F_{Bz}=-2\ 275\ \text{N}$$

由

$$\sum F_z = 0, \quad -F_t + F_{Az} + F_{Bz} + F_z = 0$$

得

$$F_{Az} = 1\,575 \text{ N}$$

由

$$\sum F_y = 0, \quad F_{Ay} - F_y = 0$$

得

$$F_{Ay} = 352 \text{ N}$$

（3）在 Axy 平面内,如图 3.11f 所示。

由 $\sum M_A(\boldsymbol{F}) = 0, -F_r \times 0.05 \text{ m} - F_{Bx} \times 0.2 \text{ m} + F_x \times 0.3 \text{ m} - F_y \times 0.05 \text{ m} = 0$,将 $F_r = F\sin 20°$ 代入,

得

$$F_{Bx} = 547 \text{ N}$$

由

$$\sum F_x = 0, \quad -F_r + F_{Ax} + F_{Bx} - F_x = 0$$

得

$$F_{Ax} = 174 \text{ N}$$

用方法二解题时,关键在于正确地将空间力系投影到三个坐标平面上,再按平面力系平衡方程求解,该方法比较适用于受力较多的轴类构件。

§3.4 重心

3.4.1 重心的概念

重心问题是日常生活和工程实际中经常遇到的问题,例如:骑自行车时需要不断地调整重心的位置,才不致翻倒;体操运动员和杂技演员在表演时,需要保持重心的平稳,才能做出高难度动作;对塔式起重机来说,重心位置也很重要,需要选择合适的配重,才能在满载和空载时不致翻倒,起吊重物时,吊钩必须与物体重心在一条垂线上,才能保持安全、平稳;高速旋转的飞轮或轴类工件,若重心位置偏离轴线,则会引起强烈振动,甚至破坏。总之,掌握重心的有关知识,在工程实践中是很有用处的。

所谓重力就是地球对物体的吸引力。若将物体想象成由无数微小的部分组合而成,这些微小的部分可视为质量微元,则每个微元都受重力作用,这些重力对物体而言近似地组成了空间平行力系。该力系的合力即为物体的重力,合力的作用点即为物体的**重心**。无论物体怎样放置,重心总是通过一个确定点。

3.4.2 重心坐标公式

将一重力为 $\boldsymbol{G}$ 的物体放在空间直角坐标系 $Oxyz$ 中,设物体的重心 C 点坐标为 (x_c, y_c, z_c),如图 3.12 所示。

将物体分割成 n 个微元,每个微元所受重力分别为 $G_1, G_2, \cdots, G_n$,组成空间平行力系,各微元重心的坐标分别为 $(x_1, y_1, z_1), (x_2, y_2, z_2), \cdots, (x_n, y_n, z_n)$。由于物体重力 $\boldsymbol{G}$ 是各微元

重力 $G_1, G_2, \cdots, G_n$ 的合力。根据合力矩定理,对 y 轴

$$M_y(\boldsymbol{G}) = \sum_{i=1}^{n} M_y(\boldsymbol{G}_i)$$

即

$$G x_C = G_1 x_1 + G_2 x_2 + \cdots + G_n x_n = \sum G_i x_i$$

则

$$\boxed{x_C = \frac{\sum G_i x_i}{G}} \qquad (3.12a)$$

式中

$$G = \sum G_i$$

同理对 x 轴用合力矩定理可得

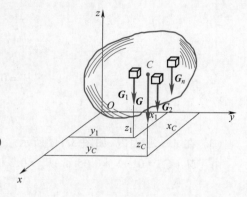

图 3.12

$$\boxed{y_C = \frac{\sum G_i y_i}{G}} \qquad (3.12b)$$

将坐标系连同物体绕 y 轴转 90°,使 x 轴竖直向上,重心位置不变,再对 y 轴应用合力矩定理可得

$$\boxed{z_C = \frac{\sum G_i z_i}{G}} \qquad (3.12c)$$

式(3.12a),式(3.12b),式(3.12c)称为物体重心坐标公式。

若将 $G = mg$,$G_i = m_i g$ 代入以上三式,并消去 g,可得

$$\boxed{\left. \begin{aligned} x_C &= \frac{\sum m_i x_i}{m} \\ y_C &= \frac{\sum m_i y_i}{m} \\ z_C &= \frac{\sum m_i z_i}{m} \end{aligned} \right\}} \qquad (3.13)$$

式中 $m = \sum m_i$,式(3.13)称为物体质心(物体质量中心)坐标公式。

若物体为均质的,设其密度为 ρ,总体积为 V,微元的体积为 V_i,则 $G = \rho g V$,$G_i = \rho g V_i$,代入式(3.12)三式,得

$$\boxed{\left. \begin{aligned} x_C &= \frac{\sum V_i x_i}{V} \\ y_C &= \frac{\sum V_i y_i}{V} \\ z_C &= \frac{\sum V_i z_i}{V} \end{aligned} \right\}} \qquad (3.14)$$

式中 $V = \sum V_i$,可见,均质物体的重心,只与物体的形状有关,而与物体的重力无关,因此均质物体的重心也称为形心。

在均匀重力场中,均质物体的重心、质心、形心的位置重合。

如果物体是均质等厚平板,通过消去式(3.14)中的板厚,则有

$$x_C = \frac{\sum A_i x_i}{A}$$
$$y_C = \frac{\sum A_i y_i}{A} \tag{3.15}$$

式(3.15)称为**平面图形形心坐标公式**,A,A_i 分别为物体平面图形总面积和各微元的面积。

在式(3.15)中,显然 $\sum x_i A_i = x_C A$,$\sum y_i A_i = y_C A$。关系式 $S_y = \sum x_i A_i$,$S_x = \sum y_i A_i$ 分别称为平面图形对 y 轴,x 轴的**静矩**或**截面一次矩**。

当 $S_y = 0$ 时,$x_C = 0$;当 $S_x = 0$ 时,$y_C = 0$。

即平面图形对某轴的静矩为零时,该轴必通过图形的形心。反之,若轴通过平面图形的形心,则该面积对轴的静矩必为零。此结论将在第二篇弯曲应力中用到。

3.4.3 重心位置的求法

1. 对称法

凡是具有对称面、对称轴或对称中心的简单形状的均质物体,其重心一定在它的对称面、对称轴或对称中心上。

若物体有两个对称面,则重心必在两对称面的交线上;若物体有两根对称轴,则重心必在两轴的交点上。例如,圆球中心是对称点,也就是其重心或形心;矩形、圆形、工字钢截面、空心砖等都有两根对称轴,其交点即为重心;T 形钢、槽形钢截面都有对称轴,它们的重心一定在对称轴上,如图 3.13 所示。

2. 实验法

对于形状复杂,不便于利用公式计算的物体,常用实验法确定其重心位置,常用的实验法有悬挂法和称重法。

(1)悬挂法。对于平板形物体或具有对称面的薄零件,可将其悬挂于任一点 A,根据二力平衡条件,重心必在过悬挂点 A 的铅垂线上,固定此线位置(图 3.14a)。再选一悬挂点 D,重复以上过程,得到两条铅垂线的交点 C 即为物体重心(图 3.14b)。为精确起见,可再选一两个悬挂点进行实验。

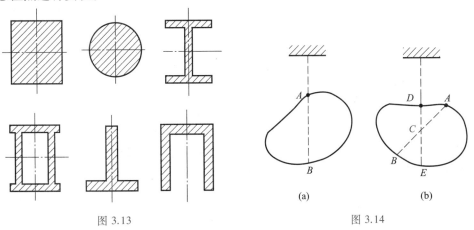

图 3.13   图 3.14

（2）称重法。对于体积庞大或形状复杂的零件以及由许多构件所组成的机械,常用称重法测定其重心的位置。例如,用称重法测定连杆重心位置。如图 3.15 所示,连杆本身具有两个互相垂直的纵向对称面,其重心必在这两个对称平面的交线 AB 上。将连杆一端支在固定点 A 处,另一端支承于磅秤 B 上,并使中心线 AB 处于水平。设连杆重力为 G,重心 C 点与左端点 A 相距为 x_C,量出两支点间的距离 l,由磅秤读出 B 端约束力 F_B,则由

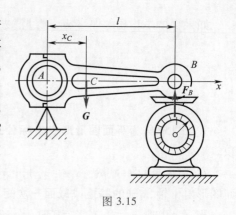

图 3.15

$$\sum M_A(\boldsymbol{F}) = 0, \quad F_B l - G x_C = 0$$

得

$$x_C = \frac{F_B}{G} l$$

3. 分割法

（1）积分法。在计算几何形体的形心时,可将式（3.12）三式写成定积分形式

$$\left. \begin{aligned} x_C &= \frac{\int_G x \,\mathrm{d}G}{G} \\ y_C &= \frac{\int_G y \,\mathrm{d}G}{G} \\ z_C &= \frac{\int_G z \,\mathrm{d}G}{G} \end{aligned} \right\} \tag{3.16}$$

式中 $G = \int \mathrm{d}G$。同理,可写出物体质心、体积形心、面积形心坐标积分计算公式。用积分公式计算物体重心的方法称为积分法。从工程手册中可查得用此法求出的常用基本几何形体的形心位置计算式,表 3.2 列出了其中几个最常用的图形。

表 3.2　常用图形形心位置表

图　形	形心位置	图　形	形心位置
三角形 （三角形图，标注 h、C、y_C、$b/2$、b）	$y_C = h/3$ $A = bh/2$	扇形 （扇形图，标注 r、O、α、C、x_c）	$x_c = \dfrac{2r\sin\alpha}{3\alpha}$ 面积 $A = r^2\alpha$ 半圆 $\alpha = \pi/2$ $x_c = 4r/3\pi$

续表

图 形	形心位置	图 形	形心位置
抛物线	$x_c = l/4$ $y_c = 3h/10$ 面积 $A = hl/3$	梯形	$y_c = \dfrac{h(a+2b)}{3(a+b)}$ 面积 $A =$ $h(a+b)/2$

（2）组合法。工程中的零部件往往是由几个简单基本图形（如圆形、矩形、三角形等）组合而成的,在计算它们的形心时,可先将其分割为几块形心位置已知或可查表的基本图形,然后利用形心计算公式（3.14）和（3.15）求出整体的形心位置。此法称为**组合法**。

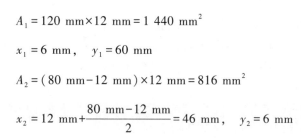

图 3.16

例 3.6 热轧不等边角钢的横截面近似简化图形如图 3.16 所示,求该截面形心的位置（图中尺寸单位为 mm）。

解 方法一：根据图形的组合情况,可将该截面分割成两个矩形 Ⅰ,Ⅱ,C_1 和 C_2 分别为两矩形的形心。

取坐标系 Oxy 如图所示,则矩形 Ⅰ,Ⅱ 的面积和形心坐标分别为

$$A_1 = 120 \text{ mm} \times 12 \text{ mm} = 1\ 440 \text{ mm}^2$$

$$x_1 = 6 \text{ mm}, \quad y_1 = 60 \text{ mm}$$

$$A_2 = (80 \text{ mm} - 12 \text{ mm}) \times 12 \text{ mm} = 816 \text{ mm}^2$$

$$x_2 = 12 \text{ mm} + \frac{80 \text{ mm} - 12 \text{ mm}}{2} = 46 \text{ mm}, \quad y_2 = 6 \text{ mm}$$

由式（3.15）可求得

$$x_C = \frac{\sum A_i x_i}{A} = \frac{A_1 x_1 + A_2 x_2}{A_1 + A_2}$$

$$= \frac{1\ 440 \text{ mm}^2 \times 6 \text{ mm} + 816 \text{ mm}^2 \times 46 \text{ mm}}{1\ 440 \text{ mm}^2 + 816 \text{ mm}^2} = 20.5 \text{ mm}$$

$$y_C = \frac{\sum A_i y_i}{A} = \frac{A_1 y_1 + A_2 y_2}{A_1 + A_2}$$

$$= \frac{1\ 440 \text{ mm}^2 \times 60 \text{ mm} + 816 \text{ mm}^2 \times 6 \text{ mm}}{1\ 440 \text{ mm}^2 + 816 \text{ mm}^2} = 40.5 \text{ mm}$$

即所求截面形心 C 点的坐标为（20.5 mm，40.5 mm）。

方法二：将例 3.6 中图形视为在一块长 120 mm，宽 80 mm 的矩形图形上去掉了长 108 mm，宽 68 mm 的矩形后所形成的图形。现将原矩形设为 Ⅰ，去掉的矩形设为 Ⅱ，如图 3.17 所示，取坐标系 Oxy，两个矩形的面积及坐标分别为

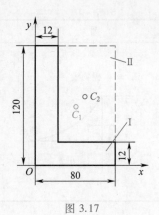

图 3.17

$$A_1 = 80 \text{ mm} \times 120 \text{ mm} = 9\ 600 \text{ mm}^2$$

$$x_1 = 40 \text{ mm}, y_1 = 60 \text{ mm}$$

$$A_2 = -108 \text{ mm} \times 68 \text{ mm} = -7\ 344 \text{ mm}^2$$

$$x_2 = 12 \text{ mm} + \frac{80 \text{ mm} - 12 \text{ mm}}{2} = 46 \text{ mm}$$

$$y_2 = 12 \text{ mm} + \frac{120 \text{ mm} - 12 \text{ mm}}{2} = 66 \text{ mm}$$

由式（3.15）可求得

$$x_C = \frac{\sum A_i x_i}{A} = \frac{A_1 x_1 + A_2 x_2}{A_1 + A_2}$$

$$= \frac{9\ 600 \text{ mm}^2 \times 40 \text{ mm} - 7\ 344 \text{ mm}^2 \times 46 \text{ mm}}{9\ 600 \text{ mm}^2 - 7\ 344 \text{ mm}^2} = 20.5 \text{ mm}$$

$$y_C = \frac{\sum A_i y_i}{A} = \frac{A_1 y_1 + A_2 y_2}{A_1 + A_2}$$

$$= \frac{9\ 600 \text{ mm}^2 \times 60 \text{ mm} - 7\ 344 \text{ mm}^2 \times 66 \text{ mm}}{9\ 600 \text{ mm}^2 - 7\ 344 \text{ mm}^2} = 40.5 \text{ mm}$$

由于将去掉部分的面积作为负值，方法二又称负面积法。

🔍 小　结

（1）力在空间直角坐标轴上的投影计算。

直接投影法：已知力 F 的大小及其与 x,y,z 轴间的夹角分别为 α,β,γ，则有

$$F_x = F\cos \alpha, \quad F_y = F\cos \beta, \quad F_z = F\cos \gamma$$

二次投影法：将力 F 先分别投影到某一坐标平面上以及与该坐标平面相垂直的坐标轴上，然后将在坐标平面上的投影矢量再投影至该平面的两个坐标轴上，得到另外两个投影。

合力投影定理：力系合力在轴上的投影等于各分力在同一轴上的投影之代数和。

即　　$F_{Rx} = \sum F_x, \quad F_{Ry} = \sum F_y, \quad F_{Rz} = \sum F_z$

（2）力使物体绕一轴的转动效应的度量称为力对该轴之矩。它等于力在与转轴垂直的平面上的分力对轴与平面交点之矩。力对轴之矩为代数量，正负号用右手螺旋法则判定。

合力矩定理：空间力系的合力 F_R 对某一轴之矩等于力系中各分力对同一轴之矩的代数

和。计算空间力对轴之矩,一般采用合力矩定理。

(3) 空间力系平衡方程如下表:

空间任意力系		空间汇交力系	空间平行力系（设各力作用线与 z 轴平行）
$\sum F_x = 0$	$\sum M_x(\boldsymbol{F}) = 0$	$\sum F_x = 0$	$\sum F_z = 0$
$\sum F_y = 0$	$\sum M_y(\boldsymbol{F}) = 0$	$\sum F_y = 0$	$\sum M_x(\boldsymbol{F}) = 0$
$\sum F_z = 0$	$\sum M_z(\boldsymbol{F}) = 0$	$\sum F_z = 0$	$\sum M_y(\boldsymbol{F}) = 0$

求解空间力系的平衡问题有两种基本方法:

① 直接用各力系的平衡方程求解。这要求力的投影、力对轴之矩计算正确无误。

② 空间问题平面化。将物体与力系投影到三个直角坐标平面上,化为三个平面力系,然后按平面力系解法求解。此法关键在于投影要正确。比较适用于受力较多的轴类构件。

(4) 物体重心与形心计算。

① 物体重心、质心与形心的计算公式均由合力矩定理导出,在地球表面的均质物体三心重合。

② 对于均质对称物体,重心必在对称中心、对称平面或对称轴上。

③ 对于基本图形的形心可由积分法求得,在各工程手册中均能查到。

对于由几个基本图形组合而成的图形可用组合法计算形心坐标,其公式为 $x_C = \dfrac{\sum A_i x_i}{A}$,$y_C = \dfrac{\sum A_i y_i}{A}$(其中 $A = \sum A_i$)。若遇到去掉部分的面积,以负值代入,此方法称为负面积法。

思考题

3.1 为什么力(矢量)在轴上的投影是代数量,而在平面上的投影为矢量?

3.2 在什么情况下力对轴之矩为零? 如何判断力对轴之矩的正负号?

3.3 空间力系的求解方法有两种,即空间求法和平面求法。用空间一般力系的平衡方程最多可求解 6 个未知量;将空间力系平面化后,每个投影平面中可列出 3 个平衡方程,一共得 9 个方程,能否说用平面法可求出空间力系中的 9 个未知量? 为什么?

3.4 解空间任意力系平衡问题时,应怎样选取坐标轴,使所列方程简单,便于求解?

3.5 一容器内装有液体,如图 3.18 所示。当容器由竖放改为斜放时,其重心位置是否变化? 若容器内充满液体亦将其由竖放改为斜放,其重心是否发生变化?

3.6 将物体沿着过重心的平面切开,两边是否等重?

图 3.18

3.7 试说明静矩 $S_y = 0$,$S_x \neq 0$ 时,x,y 轴与物体形心位置的关系;若 y 轴为均质物体的对称轴,则必有 $S_x = 0$,对吗?

习 题

3.1 图示空间三力 $F_1 = 500$ N，$F_2 = 1\ 000$ N，$F_3 = 700$ N，求此三力在 x，y，z 轴上的投影，并写出三力的矢量表达式。

3.2 半径为 r 的斜齿轮，其上作用有力 F，如图所示。已知角 α 和角 β，求力 F 沿坐标轴的投影及力 F 对 y 轴之矩。

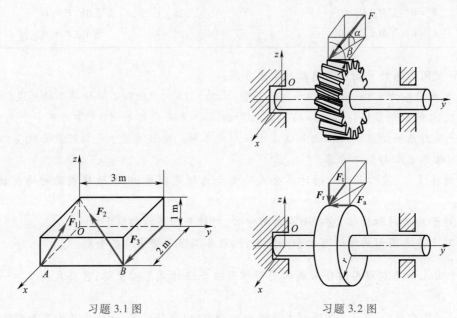

习题 3.1 图　　　　　　习题 3.2 图

3.3 铅垂力 $F = 500$ N，作用于曲柄上，如图所示，求该力对于各坐标轴之矩。

3.4 图示空间构架由 AD，BD，CD 三杆用球铰链连接而成。如在 D 处悬挂 $G = 10$ kN 的重物，试求 A，B，C 三铰链的约束力(不计各杆自重)。

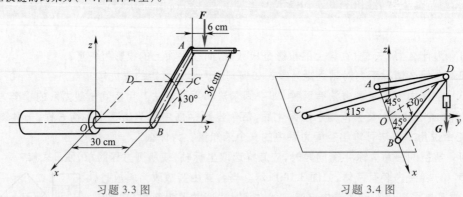

习题 3.3 图　　　　　　习题 3.4 图

3.5 简易起重机如图所示。已知 $\overline{AD} = \overline{BD} = 1$ m，$\overline{CD} = 1.5$ m，$\overline{CM} = 1$ m，$\overline{ME} = 4$ m，$\overline{MS} = 0.5$ m，机身重力为 $G_1 = 100$ kN，起吊物体重力为 $G_2 = 10$ kN。试求 A，B，C 三轮对地面的压力。

3.6 图示变速箱中间轴装有两直齿圆柱齿轮，其节圆半径 $r_1 = 100$ mm，$r_2 = 72$ mm，啮合点分别在两齿轮的最高与最低位置，两齿轮压力角 $\alpha = 20°$，在齿轮 1 上的圆周力 $F_{t1} = 1.58$ kN。试求当轴平衡时作用于齿轮 2 上的圆周力 F_{t2} 与 A，B 处轴承约束力。

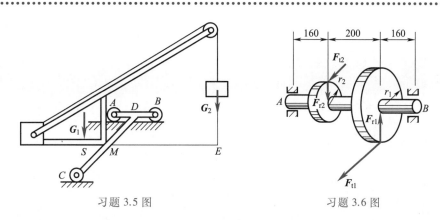

习题 3.5 图   习题 3.6 图

3.7 传动轴如图所示。胶带轮直径 $D = 400\ \text{mm}$，胶带拉力 $F_1 = 2\,000\ \text{N}$，$F_2 = 1\,000\ \text{N}$，胶带拉力与水平线夹角为 $15°$；圆柱直齿轮的节圆直径 $d = 200\ \text{mm}$，齿轮压力 F_n 与铅垂线成 $20°$。试求轴承约束力和齿轮压力 F_n。

3.8 试求图中阴影线平面图形的形心坐标。

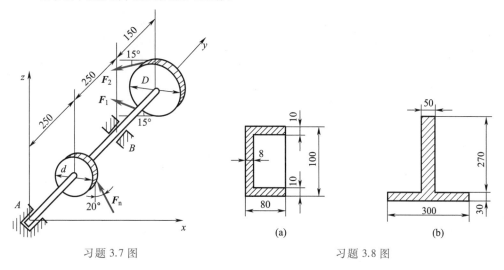

习题 3.7 图   习题 3.8 图

3.9 试求图示图形的形心。已知 $R = 100\ \text{mm}$，$r_2 = 30\ \text{mm}$，$r_3 = 17\ \text{mm}$。

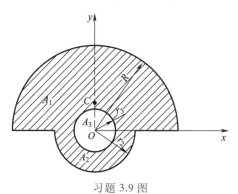

习题 3.9 图

第二篇

材 料 力 学

各种工程结构和机构都是由若干构件组成的。当构件工作时,都要承受载荷作用,为确保构件能正常工作,构件必须满足以下要求:

(1)有足够的强度,保证构件在载荷作用下不发生破坏。例如起吊重物的钢索不能被拉断。构件这种抵抗破坏的能力称为**强度**。

(2)有一定的刚度,保证构件在载荷作用下不产生影响其正常工作的变形。例如车床主轴的变形不能过大,否则会影响其加工零件的精度。构件这种抵抗变形的能力称为**刚度**。

(3)有足够的稳定性,保证构件不会失去原有的平衡形式而丧失工作能力。例如细长直杆所受轴向压力不能太大,否则会突然变弯或折断。构件这种保持其原有几何形状平衡状态的能力称为**稳定性**。

构件的强度、刚度和稳定性与构件材料的力学性能有关,不同的材料具有不同的力学性能。材料力学的任务就是:在保证构件既安全又经济的前提下,为构件选择合适的材料、确定合理的截面形状和尺寸,提供必要的理论基础、计算方法和实验技术。在保证足够的强度、刚度和稳定性的前提下,构件所能承受的最大载荷称为**构件的承载能力**。

材料力学研究的对象均为变形固体。它们在载荷作用下要发生变形。变形固体的变形可分为弹性变形和塑性变形。载荷卸除后能消失的变形称为**弹性变形**;载荷卸除后不能消失的变形称为**塑性变形**。为便于材料力学问题的理论分析,对变形固体做如下假设:

(1)**连续性假设**　认为构成变形固体的物质无空隙地充满固体所占的几何空间。

(2)**均匀性假设**　认为变形固体内部各点处的力学性能完全相同。

(3)**各向同性假设**　认为变形固体在任意一点处沿各个方向都具有相同的力学性能。

材料力学研究的变形主要是构件的小变形。**小变形**是指构件的变形量远小于其原始尺寸的变形。因而在研究构件的平衡和运动时，可忽略变形量，仍按原始尺寸进行计算。

工程中常见的构件有杆、板、块、壳等。材料力学主要研究杆件。**杆件**是指长度方向尺寸远大于其他两个方向尺寸的构件。如一般的传动轴、梁和柱等均属于杆件。杆内各横截面形心的连线称为**轴线**。轴线为直线的杆称为**直杆**。轴线为曲线的杆称为**曲杆**。材料力学的研究对象主要是直杆。

在不同的载荷作用下，杆件变形的形式各异。归纳起来，杆件变形的基本形式有以下四种：① 轴向拉伸或压缩，如图Ⅱ.1a；② 剪切，如图Ⅱ.1b；③ 扭转，如图Ⅱ.1c；④ 弯曲，如图Ⅱ.1d。其他复杂的变形可归结为上述基本变形的组合。

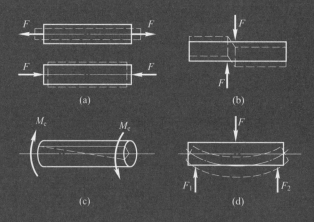

图Ⅱ.1

4

轴向拉伸与压缩

§4.1 轴向拉伸与压缩的概念与实例

在工程实际中,许多杆件承受拉力和压力的作用。如图 4.1 所示的起重机吊架,忽略自重,AB,BC 两杆均为二力杆;BC 杆在通过轴线的拉力作用下沿杆轴线发生拉伸变形;AB 杆在通过轴线的压力作用下沿杆轴线发生压缩变形。其受力特点是:杆件承受外力的作用线与杆件轴线重合;变形特点是:杆件沿轴线方向伸长或缩短。这种变形形式称为轴向拉伸或压缩,简称拉伸或压缩。这类杆件称为拉杆或压杆,如内燃机中的连杆、压缩机中的活塞杆等。图 4.2 为拉杆和压杆的计算简图。

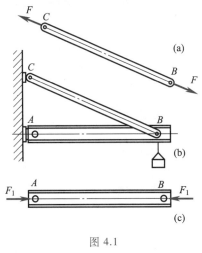

图 4.1

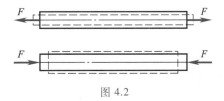

图 4.2

§4.2 截面法、轴力与轴力图

4.2.1 内力的概念

为了维持杆件各部分之间的联系,保持一定的形状和尺寸,杆件内部各部分之间必定存在着相互作用的力,该力称为内力。在外部载荷作用下,杆件内部各部分之间相互作用的内力也随之改变,这个因外部载荷作用而引起的杆件内力的改变量,称为附加内力。在材料力学中,附加内力简称内力。它的大小及其在杆件内部的分布规律随外部载荷的改变而变化,并与构件的强度、刚度和稳定性等问题密切相关。内力的大小超过一定的限度,杆件将不能正常工作。内力分析是材料力学的基础。

4.2.2 截面法、轴力与轴力图

为了求图 4.3a 所示两端受轴向拉力 F 的直杆任一横截面1—1上的内力,可假想用与直杆轴线垂直的平面在 1—1 截面处将杆件截开;取左段为研究对象,用分布内力的合力 F_N 来替代右段对左段的作用(图 4.3b);建立平衡方程,可得 $F_N = F$。以上三步求内力的这种方法称为截面法。由于外力 F 的作用线沿着杆的轴线,内力 F_N 的作用线也必通过杆的轴线,故轴向拉伸或压缩时杆件的内力称为轴力。轴力的正负由杆件的变形确定。为保证无论取左段还是右段作研究对象所求得的同一个横截面上轴力的正负号相同,对轴力的正负号规定如下:轴力的方向与所在横截面的外法线方向一致时,轴力为正;反之为负。由此可知,当杆件受拉时轴力为正,杆件受压时轴力为负。在轴力方向未知时,轴力一般按正向假设。若最后求得的轴力为正号,则表示实际轴力方向与假设方向一致,轴力为拉力;若为负号,则表示轴力为压力。

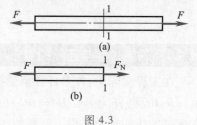

图 4.3

在实际问题中,直杆各横截面上的轴力 F_N 是横截面位置坐标 x 的函数。即

$$F_N = F_N(x)$$

用平行于杆件轴线的 x 坐标表示各横截面的位置,垂直于杆轴线的 F_N 坐标表示对应横截面上的轴力,这样画出的函数图形称为轴力图。

例 4.1 直杆 AD 受力如图 4.4 所示。已知 $F_1 = 16 \text{ kN}$,$F_2 = 10 \text{ kN}$,$F_3 = 20 \text{ kN}$,试画出直杆 AD 的轴力图。

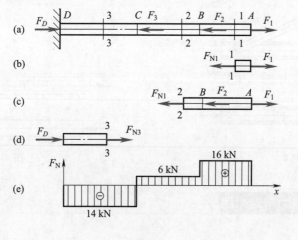

图 4.4

解 (1)计算 D 端支座反力。由整体受力图建立平衡方程:

$$\sum F_x = 0, \quad F_D + F_1 - F_2 - F_3 = 0$$

$$F_D = F_2 + F_3 - F_1 = 10 \text{ kN} + 20 \text{ kN} - 16 \text{ kN} = 14 \text{ kN}$$

(2)分段计算轴力。由于在横截面 B 和 C 上作用有外力,故将杆分为三段。用截面法截取如图 4.4b,c,d 所示的研究对象后,由平衡方程分别求得

$$F_{N1} = F_1 = 16 \text{ kN}$$

$$F_{N2} = F_1 - F_2 = 16 \text{ kN} - 10 \text{ kN} = 6 \text{ kN}$$

$$F_{N3} = -F_D = -14 \text{ kN}$$

式中，F_{N3} 为负值，表明 3-3 横截面上的轴力 F_{N3} 的实际方向与图中所假设的方向相反，应为压力。

（3）画轴力图。根据所求得的轴力值，画出轴力图如图 4.4e 所示。由轴力图可以看出，$F_{N,\max} = 16 \text{ kN}$，发生在 AB 段内。

§4.3　横截面上的应力

4.3.1　应力的概念

确定了轴力后，还不能解决杆件的强度问题。例如，用同一材料制成粗细不等的两根直杆，在相同的拉力作用下，虽然两杆轴力相同，但随着拉力的增大，横截面小的杆件必然先被拉断。这说明杆件的强度不仅与轴力的大小有关，而且还与横截面面积的大小有关。下面引入应力的概念。

研究图 4.5a 所示杆件，在截面 m—m 上任一点 O 的周围取微面积 ΔA，设在微面积 ΔA 上分布内力的合力为 ΔF，则 ΔF 与 ΔA 的比值称为微面积 ΔA 上的平均应力，用 p_m 表示，即

$$p_m = \frac{\Delta F}{\Delta A}$$

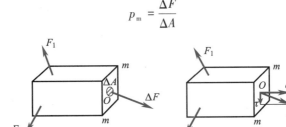

图 4.5

一般情况下，内力在截面上的分布并不均匀，为了更精确地描述内力的分布情况，令微面积 ΔA 趋近于零，由此所得平均应力 p_m 的极限值用 p 表示：

$$p = \lim_{\Delta A \to 0} \frac{\Delta F}{\Delta A} = \frac{\mathrm{d}F}{\mathrm{d}A}$$

p 称为 O 点处的应力，它是一个矢量，通常将其分解为与截面垂直的分量正应力 σ 和与截面相切的分量切应力 τ（图 4.5b）。

在我国法定计量单位中，应力的单位为 Pa，1 Pa = 1 N/m^2。在工程实践中，还常采用 MPa 和 GPa 来表示应力，其值为 1 MPa = 10^6 Pa，1 GPa = 10^9 Pa。

4.3.2　横截面上的正应力

欲求横截面上的应力，必须研究横截面上轴力的分布规律。为此对杆进行拉伸或压缩实验，观察其变形。

取一等截面直杆，在杆上画两条与杆轴线垂直的横向线 ab 和 cd，并在平行线 ab 和 cd 之

间画与杆轴线平行的纵向线(图4.6a),然后沿杆的轴线作用拉力 F,使杆件产生拉伸变形。
在此期间可以观察到:横向线 ab 和 cd 在杆件变形过程中始终为直线,位置平移到了 $a'b'$ 和
$c'd'$,仍垂直于杆轴线;各纵向线伸长量相同,横向线收缩量也相同。

　　根据对上述现象的分析,可做如下假设:拉伸杆件变形前为平面的横截面,变形后仍为
平面,仅沿轴线产生了平移,仍与杆的轴线垂直,这个假设称为平面假设。设想杆件是由无
数条纵向纤维组成的,根据平面假设,在任意两个横截面之间的各条纤维的伸长量相同,即
变形相同。由材料的均匀性、连续性假设可以推断:内力在横截面上的分布是均匀的,即横
截面上各点处的应力大小相等,其方向与横截面上轴力 F_N 一致,垂直于横截面,为正应力,
如图 4.7b 所示。其计算公式为

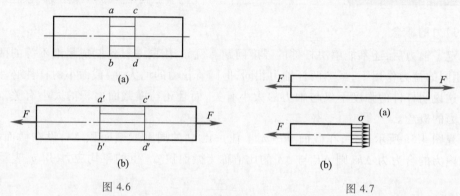

图 4.6　　　　　　　　　　　　　　　图 4.7

$$\sigma = \frac{F_N}{A} \tag{4.1}$$

式中,A 为杆的横截面面积。正应力的正负号与轴力的正负号一致,即拉应力为正,压应力
为负。

　　例 4.2　一直杆中段正中开槽(图4.8a),此杆承受轴向载荷 $F = 20$ kN 的作用,如图所
示。已知 $h = 25$ mm,$h_0 = 10$ mm,$b = 20$ mm。试求杆内的最大正应力。

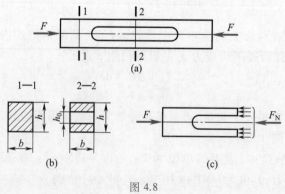

图 4.8

　　解　(1)计算轴力。用截面法求得杆中各横截面上的轴力均为

$$F_N = -F = -20 \text{ kN}$$

　　(2)计算最大正应力。由于整个杆件轴力相同,最大正应力发生在面积较小的横截面

上,即开槽部分横截面上(图 4.8b)。开槽部分的横截面面积 A_2 为

$$A_2 = (h - h_0) b = (25 \text{ mm} - 10 \text{ mm}) \times 20 \text{ mm} = 300 \text{ mm}^2$$

则杆件内的最大正应力 $\sigma_{\max}$ 为

$$\sigma_{\max} = \frac{F_N}{A_2} = -\frac{20 \times 10^3 \text{ N}}{300 \times 10^{-6} \text{ m}^2} = -66.7 \times 10^6 \text{ Pa} = -66.7 \text{ MPa}$$

负号表示最大应力为压应力。

§4.4 轴向拉压杆的变形 胡克定律

下面研究轴向拉压杆的变形问题。

4.4.1 纵向线应变和横向线应变

设原长为 l,直径为 d 的圆截面直杆,承受轴向拉力 F 后,变形到图 4.9 虚线所示的位置。杆件的纵向长度由 l 变为 l_1,横向尺寸由 d 变为 d_1,则杆的纵向绝对变形为

$$\Delta l = l_1 - l$$

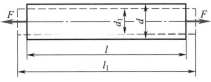

图 4.9

横向绝对变形为

$$\Delta d = d_1 - d$$

为了消除杆件原尺寸对变形大小的影响,用单位长度内杆的变形即线应变来衡量杆件的变形程度。与上述两种绝对变形相对应的纵向线应变为

$$\varepsilon = \frac{\Delta l}{l} \tag{4.2}$$

横向线应变为

$$\varepsilon' = \frac{\Delta d}{d} \tag{4.3}$$

线应变表示的是杆件的相对变形,它是一个量纲为一的量。线应变 $\varepsilon, \varepsilon'$ 的正负号分别与 $\Delta l, \Delta d$ 的正负号一致。

实验表明:当应力不超过某一限度时,横向线应变 ε' 和纵向线应变 ε 之间存在正比关系,且符号相反。即

$$\varepsilon' = -\nu \varepsilon \tag{4.4}$$

式中,比例常数 ν 称为材料的横向变形系数,或称为泊松比。

4.4.2 胡克定律

轴向拉伸和压缩实验表明:当杆横截面上的正应力不超过某一限度时,正应力 σ 与相应的纵向线应变 ε 成正比。即

$$\sigma = E\varepsilon \tag{4.5}$$

式(4.5)称为胡克定律。常数 E 称为材料的弹性模量。对同一材料,E 为常数。弹性模量具有和应力相同的单位,常用 GPa 表示。

若将式 $\sigma = \dfrac{F_N}{A}$ 和 $\varepsilon = \dfrac{\Delta l}{l}$ 代入式(4.5),则得胡克定律的另一表达式

$$\Delta l = \frac{F_N l}{EA} \tag{4.6}$$

式(4.6)表明:当杆横截面上的正应力不超过某一限度时,杆的绝对变形 Δl 与轴力 F_N、杆长 l 成正比,而与横截面面积 A、材料的弹性模量 E 成反比。EA 越大,杆件变形越困难;EA 越小,杆件变形越容易。它反映了杆件抵抗拉伸(压缩)变形的能力,EA 称为杆的抗拉(压)刚度。

弹性模量 E 和泊松比 ν 都是表征材料弹性的常数,由实验测定。几种常用材料的 E 和 ν 值见表 4.1。

表 4.1　常用材料的 E 和 ν 值

材料名称	E/GPa	ν
碳钢	196～216	0.24～0.28
合金钢	186～206	0.25～0.30
灰铸铁	78.5～157	0.23～0.27
铜及铜合金	72.6～128	0.31～0.42
铝合金	70	0.33

例 4.3　阶梯状直杆受力如图 4.10a 所示,试求整个杆的总变形量。已知其横截面面积分别为 $A_{CD} = 300 \text{ mm}^2$,$A_{AB} = A_{BC} = 500 \text{ mm}^2$,弹性模量 $E = 200 \text{ GPa}$。

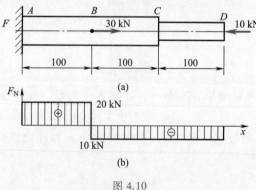

图 4.10

解　(1)作轴力图。用截面法求得 CD 段和 BC 段的轴力 $F_N^{CD} = F_N^{BC} = -10 \text{ kN}$,$AB$ 段的轴力为 $F_N^{AB} = 20 \text{ kN}$,画出杆的轴力图(图 4.10b)。

(2)计算各段杆的变形量。应用胡克定律分别求出各段杆的变形量为

$$\Delta l_{AB} = \frac{F_N^{AB} l_{AB}}{EA_{AB}} = \frac{20 \times 10^3 \text{ N} \times 0.1 \text{ m}}{200 \times 10^9 \text{ Pa} \times 500 \times 10^{-6} \text{ m}^2} = 2 \times 10^{-5} \text{ m}$$

$$\Delta l_{BC} = \frac{F_N^{BC} l_{BC}}{EA_{BC}} = \frac{-10 \times 10^3 \text{ N} \times 0.1 \text{ m}}{200 \times 10^9 \text{ Pa} \times 500 \times 10^{-6} \text{ m}^2} = -1 \times 10^{-5} \text{ m}$$

$$\Delta l_{CD} = \frac{F_N^{CD} l_{CD}}{EA_{CD}} = \frac{-10 \times 10^3 \text{ N} \times 0.1 \text{ m}}{200 \times 10^9 \text{ Pa} \times 300 \times 10^{-6} \text{ m}^2} = -1.67 \times 10^{-5} \text{ m}$$

（3）计算杆的总变形量。杆的总变形量等于各段变形量之和

$$\Delta l = \Delta l_{AB} + \Delta l_{BC} + \Delta l_{CD} = (2 - 1 - 1.67) \times 10^{-5} \text{ m} = -0.006\ 7 \text{ mm}$$

计算结果为负,说明杆的总变形为压缩变形。

§4.5　材料在轴向拉压时的力学性能

材料的力学性能是指材料在外力作用下在强度和变形方面所表现的性能。它是强度计算和选用材料的重要依据。材料的力学性能一般是通过各种试验方法来确定。本节只讨论在常温和静载条件下材料在轴向拉压时的力学性能。所谓常温就是指室温;静载是指平稳缓慢加载。

4.5.1　拉伸试验和应力−应变曲线

轴向拉伸试验是研究材料力学性能最常用的方法。为便于比较试验结果,需按照国家标准加工成标准试样。常用的圆截面拉伸标准试样如图 4.11 所示,试样中间等直杆部分为试验段,其长度 l 称为标距;试样较粗的两端是装夹部分;标距 l 与直径 d 之比常取 $l/d = 10$。其他形状截面的标准试样可参阅有关国家标准。

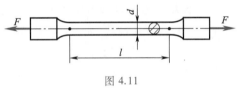

图 4.11

拉伸试验在万能试验机上进行。试验时将试样装在夹头中,然后开动机器加载。试样受到由零逐渐增加的拉力 F 的作用,同时发生伸长变形,直至试样断裂为止。试验机上一般附有自动绘图装置,在试验过程中能自动绘出载荷 F 和相应的伸长变形 Δl 的关系曲线,此曲线称为拉伸图或 F−Δl 曲线(图 4.12a)。

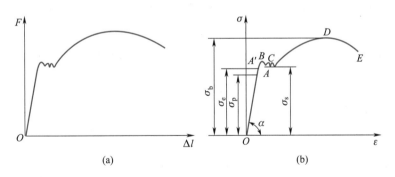

(a)　　　　　　　　　(b)

图 4.12

拉伸图的形状与试样的尺寸有关。为了消除试样横截面尺寸和长度的影响,将载荷 F 除以试样原来的横截面面积 A,得到应力 σ;将变形 Δl 除以试样原长 l,得到应变 ε,这样得到的曲线称为应力−应变曲线(σ−ε 曲线)。σ−ε 曲线的形状与 F−Δl 曲线相似(图 4.12b)。

4.5.2　低碳钢拉伸时的力学性能

低碳钢是工程上广泛使用的金属材料,它在拉伸时表现出来的力学性能具有典型性。

图 4.12a,b 分别是低碳钢圆截面标准试样拉伸时的 $F-\Delta l$ 曲线和 $\sigma-\varepsilon$ 曲线。由图可知,整个拉伸过程大致可分为 4 个阶段,分别说明如下:

1. 线弹性阶段

图 4.12b 中 OA 为一直线段,说明该段内应力和应变成正比,满足胡克定律。直线部分的最高点 A 所对应的应力值 σ_p,称为比例极限。低碳钢的比例极限 $\sigma_p = 190 \sim 200$ MPa。弹性模量 E 为直线 OA 的斜率,$E = \sigma/\varepsilon = \tan \alpha$。

当应力超过比例极限后,图中的 AA' 段已不是直线,胡克定律不再适用。但当应力值不超过 A' 点所对应的应力 σ_e 时,如将外力卸去,试样的变形也随之全部消失,为弹性变形,σ_e 称为弹性极限。比例极限和弹性极限的概念不同,但实际上 A 点和 A' 点非常接近,工程上对两者不做严格区分。

2. 屈服阶段

当应力超过弹性极限后,图上出现接近水平的小锯齿形波动段 BC,这说明此时应力虽有小的波动,但基本保持不变,而应变却迅速增加,材料暂时失去了抵抗变形的能力。这种应力变化不大而变形显著增加的现象称为材料的屈服。BC 段对应的过程为屈服阶段;屈服阶段的最低应力值较为稳定,其值 σ_s 称为材料的屈服点应力。低碳钢的屈服点应力 $\sigma_s = 220 \sim 240$ MPa。在抛光试样的表面可以看到有与轴线大约成 45° 的条纹,称为滑移线。如图 4.13a 所示。

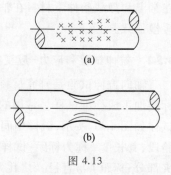

图 4.13

3. 强化阶段

屈服阶段后,材料抵抗变形的能力有所恢复,在图上表现为 $\sigma-\varepsilon$ 曲线自 C 点开始又继续上升,直到最高点 D 为止。这种材料又恢复抵抗变形能力的现象称为材料的强化;CD 段对应的过程称为材料的强化阶段。曲线最高点 D 所对应的应力值用 σ_b 表示,称为材料的抗拉强度,它是材料所能承受的最大应力。低碳钢的抗拉强度 $\sigma_b = 370 \sim 460$ MPa。

4. 缩颈阶段

应力达到抗拉强度后,在试样较薄弱的横截面处发生急剧的局部收缩,出现缩颈现象,如图 4.13b 所示。从试验机上则看到试样所受拉力逐渐降低,最终被拉断。这一阶段为缩颈阶段,在 $\sigma-\varepsilon$ 曲线上为一段下降曲线 DE。

试样拉断后,弹性变形消失,但塑性变形保留下来了。工程中常用试样拉断后残留的塑性变形来表示材料的塑性性能。常用的塑性指标有两个:伸长率 δ 和断面收缩率 ψ,分别为

$$\delta = \frac{l_1 - l}{l} \times 100\% \tag{4.7}$$

$$\psi = \frac{A - A_1}{A} \times 100\% \tag{4.8}$$

式中 l 是标距原长,l_1 是拉断后标距的长度;A 为试样初始横截面积,A_1 为拉断后缩颈处的最小横截面积(图 4.14)。

工程上通常把伸长率 $\delta \geqslant 5\%$ 的材料称为塑性材料,如钢材、铜和铝等;把 $\delta < 5\%$ 的材料称为脆性材料,如铸铁、砖石等。低碳钢的伸长率 $\delta = 20\% \sim 30\%$,断面收缩率 $\psi = 60\% \sim 70\%$,是

很好的塑性材料。另外,当应力增大到屈服点应力 σ_s 时,材料出现了明显的塑性变形;抗拉强度 σ_b 则表示材料抵抗破坏的最大能力,故 σ_s 和 σ_b 是衡量塑性材料强度的两个重要指标。

实验表明,如果将试样拉伸到超过屈服点应力 σ_s 后的任一点,例如图 4.15 中的 F 点,然后缓慢地卸载。这时可以发现,卸载过程中试样的应力和应变保持直线关系,沿着与 OA 几乎平行的直线 FG 回到 G 点,而不是沿原来的加载曲线回到 O 点。OG 是试样残留下来的塑性应变,GH 表示消失的弹性应变。如果卸载后接着重新加载,则 σ-ε 曲线将基本上沿着卸载时的直线 GF 上升到 F 点,F 点以后的曲线仍与原来的 σ-ε 曲线相同。由此可见,将试样拉到超过屈服点应力后卸载,然后重新加载时,材料的比例极限有所提高,而塑性变形有所减小,这种现象称为**冷作硬化**。工程中常用冷作硬化来提高某些构件的承载能力,例如预应力钢筋、钢丝绳等。若要消除冷作硬化,需经过退火处理。

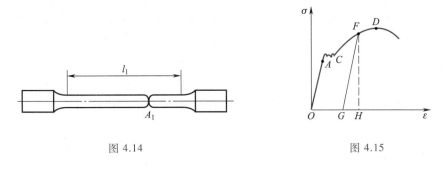

图 4.14   图 4.15

4.5.3 其他材料在拉伸时的力学性能

其他金属材料的拉伸试验和低碳钢拉伸试验做法相同,但材料所显示出来的力学性能有差异。图 4.16 给出了锰钢、硬铝、退火球墨铸铁和 45 钢的应力-应变曲线。这些都是塑性材料。但前三种材料没有明显的屈服阶段。对于没有明显屈服阶段的塑性材料,工程上规定,取对应于试样产生 0.2% 的塑性应变时的应力值为材料的**规定非比例伸长应力**,以 $\sigma_{p\,0.2}$ 表示(图4.17)。

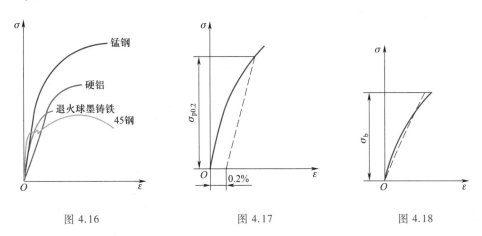

图 4.16   图 4.17   图 4.18

图 4.18 为灰铸铁拉伸时的 σ-ε 曲线。由图可见,曲线没有明显的直线部分,既无屈服阶段,也无缩颈现象;断裂时应变通常很小,断口垂直于试样轴线。因铸铁构件在实际使用的应力范围内,其 σ-ε 曲线的曲率很小,实际计算时常近似地以图 4.18 中的虚直线代替,即

认为应力和应变近似地满足胡克定律。铸铁的伸长率 δ 通常只有 $0.5\%\sim0.6\%$，是典型的脆性材料。抗拉强度 σ_b 是脆性材料唯一的强度指标。

4.5.4 材料压缩时的力学性能

金属材料的压缩试样，一般做成短圆柱体，为避免压弯，其高度为直径的 $1.5\sim3$ 倍；非金属材料，如水泥等，常用立方体形状的试样。

图 4.19 为低碳钢压缩时的 $\sigma\text{-}\varepsilon$ 曲线，虚线代表拉伸时的 $\sigma\text{-}\varepsilon$ 曲线。可以看出，在弹性阶段和屈服阶段两曲线是重合的。这表明，低碳钢在压缩时的比例极限 σ_p、弹性极限 σ_e、弹性模量 E 和屈服点应力 σ_s 等，都与拉伸时基本相同。进入强化阶段后，两曲线逐渐分离，压缩曲线上升。由于应力超过屈服点后，试样越压越扁，横截面面积不断增大，因此，一般无法测出低碳钢材料的抗压强度极限。对塑性材料一般不做压缩试验。

铸铁压缩时的 $\sigma\text{-}\varepsilon$ 曲线如图 4.20 所示，虚线为拉伸时的 $\sigma\text{-}\varepsilon$ 曲线。可以看出，铸铁压缩时的 $\sigma\text{-}\varepsilon$ 曲线也没有直线部分，因此压缩时也只是近似地满足胡克定律。铸铁压缩时的**抗压强度** σ_{bc} 比抗拉强度 σ_b 高出 $4\sim5$ 倍，塑性变形也较拉伸时明显增加，其破坏形式为沿 $45°$ 左右的斜面剪断。对于其他脆性材料，如硅石、水泥等，其抗压能力也显著地高于抗拉能力。一般脆性材料价格较便宜，因此工程上常用脆性材料做承压构件。

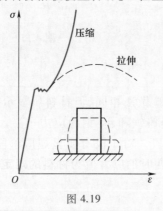

图 4.19

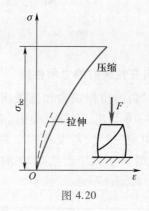

图 4.20

几种常用材料的力学性能见表4.2。

表 4.2 几种常用材料的力学性能

材料名称或牌号	屈服点应力 σ_s/MPa	抗拉强度 σ_b/MPa	伸长率 δ/%	断面收缩率 ψ/%
Q235A 钢	$216\sim235$	$373\sim461$	$25\sim27$	—
35 钢	$216\sim314$	$432\sim530$	$15\sim20$	$28\sim45$
45 钢	$265\sim353$	$530\sim598$	$13\sim16$	$30\sim40$
40Cr	$343\sim785$	$588\sim981$	$8\sim9$	$30\sim45$
QT600-2	412	538	2	—
HT150	—	拉 $98\sim275$ 压 637 弯 $206\sim461$	—	—

§4.6 轴向拉压杆的强度计算

4.6.1 极限应力 许用应力 安全因数

材料丧失正常工作能力即为**失效**。由塑性材料制成的构件,当应力达到屈服点应力 σ_s 时,虽未破坏,但已产生明显的塑性变形,影响其正常工作;脆性材料制成的构件,在外力作用下,变形很小就会突然断裂。因此,断裂和屈服都是因强度不足引起的失效。材料失效时的应力称为**极限应力**,用 σ_u 表示。对于塑性材料,取 $\sigma_u = \sigma_s$;对于脆性材料,拉伸时取 $\sigma_u = \sigma_b$,压缩时取 $\sigma_u = \sigma_{bc}$。

考虑到载荷估计的准确程度、应力计算方法的精确程度、材料的均匀程度以及构件的重要性等因素,为了保证构件安全可靠地工作,应使它的最大工作应力与材料失效时的极限应力之间留有适当的强度储备。一般把极限应力除以大于 1 的**安全因数** n,所得结果称为**许用应力**,用 $[\sigma]$ 表示。即

$$[\sigma] = \frac{\sigma_u}{n}$$

各种不同工作条件下构件安全因数 n 的选取,可从有关工程手册中查找。对于塑性材料,一般取 $n = 1.3 \sim 2.0$;对于脆性材料,一般取 $n = 2.0 \sim 3.5$。

4.6.2 拉(压)杆的强度条件

为了保证拉(压)杆安全正常地工作,必须使杆内的最大工作应力 σ_{max} 不超过材料的拉伸(或压缩)许用应力,即

$$\sigma_{max} \leq [\sigma] \tag{4.9}$$

上式(4.9)称为拉(压)杆的**强度条件**。对于拉伸与压缩许用应力不相同的材料,须分别校核最大拉应力、最大压应力的强度。对于等截面杆件,式(4.9)可写成

$$\sigma_{max} = \frac{F_{N,max}}{A} \leq [\sigma] \tag{4.10}$$

式中,$F_{N,max}$ 和 A 分别为危险截面上的轴力及其横截面面积。

利用强度条件,可以解决下列三类强度计算问题:

(1)校核强度。已知杆件的尺寸、所受载荷和材料的许用应力,根据式(4.9)校核杆件是否满足强度条件。

(2)设计截面。已知杆件所承受的载荷及材料的许用应力,确定杆件所需的最小横截面积 A。由式(4.10)得

$$A \geq \frac{F_{N,max}}{[\sigma]} \tag{4.11}$$

(3)确定承载能力。已知杆件的横截面尺寸及材料的许用应力,确定许用荷载。由式(4.10)确定杆件最大许用轴力

$$F_{N,max} \leq [\sigma]A \tag{4.12}$$

然后求出结构的许用载荷。

例 4.4　某机构的连杆直径 $d = 240$ mm,承受最大轴向外力 $F = 3\,780$ kN,连杆材料的许用应力 $[\sigma] = 90$ MPa。试校核连杆的强度;若连杆由圆形截面改成矩形截面,高与宽之比 $h/b = 1.4$,试设计连杆的尺寸 h 和 b。

解　(1) 求活塞杆的轴力。由题意可用截面法求得连杆的轴力为

$$F_N = F = 3\,780 \text{ kN}$$

(2) 校核圆截面连杆的强度。连杆横截面上的正应力为

$$\sigma = \frac{F_N}{A} = \frac{3\,780 \times 10^3 \text{ N}}{\pi \times (0.24 \text{ m})^2/4} = 83.6 \times 10^6 \text{ Pa} = 83.6 \text{ MPa} \leqslant [\sigma]$$

连杆的强度足够。

(3) 设计矩形截面连杆的尺寸。由式(4.11)

$$A = bh = 1.4b^2 \geqslant \frac{F_N}{[\sigma]} = \frac{3\,780 \times 10^3 \text{ N}}{90 \times 10^6 \text{ Pa}}$$

得

$b \geqslant 0.173$ m$,h \geqslant 0.242$ m。具体设计时可取整为 $b = 175$ mm$,h = 245$ mm。

例 4.5　图 4.21 所示三角形构架,AB 为直径 $d = 30$ mm 的钢杆,钢的许用应力 $[\sigma'] = 170$ MPa,BC 为尺寸 $b \times h = 60 \text{ mm} \times 120$ mm 的矩形截面木杆,木材的许用应力 $[\sigma''] = 10$ MPa,求该结构的 B 点竖直方向的许用载荷 $[F]$。

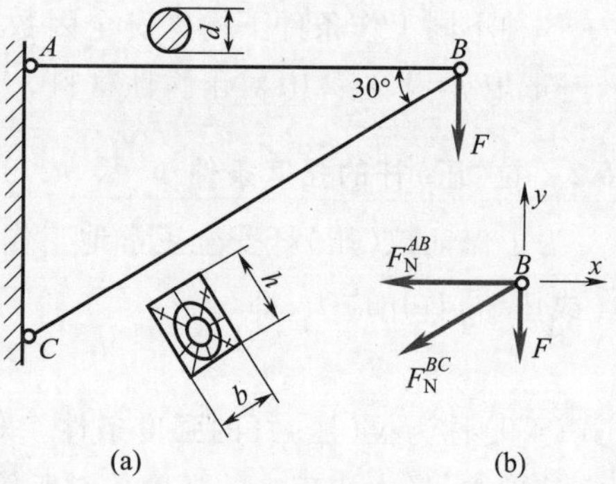

解　(1) 求两杆的轴力。两杆均为二力杆,分析节点 B 的平衡有

$$\sum F_x = 0, \quad -F_N^{AB} - F_N^{BC} \cos 30° = 0 \quad \text{(a)}$$

$$\sum F_y = 0, \quad -F_N^{BC} \sin 30° - [F] = 0 \quad \text{(b)}$$

由式(a),(b)可解得

图 4.21

$$F_N^{BC} = -2[F]\,(压力), \quad F_N^{AB} = \sqrt{3}[F]$$

(2) 求满足 AB 杆强度条件的许用载荷 $[F]$,即

$$\sigma' = \frac{F_N^{AB}}{A_{AB}} = \frac{\sqrt{3}[F]}{\pi \times (0.03 \text{ m})^2/4} \leqslant [\sigma'] = 170 \times 10^6 \text{ Pa}$$

解得

$$[F] \leqslant 69\,378 \text{ N} = 69.4 \text{ kN}$$

(3) 求满足杆 BC 强度条件的许用载荷 $[F]$,即

$$\sigma'' = \frac{F_N^{BC}}{A_{BC}} = \frac{2[F]}{0.06 \text{ m} \times 0.12 \text{ m}} \leqslant [\sigma''] = 10 \times 10^6 \text{ Pa}$$

解得

$$[F] \leqslant 36\,000 \text{ N} = 36 \text{ kN}$$

比较可知整个结构的许用载荷 $[F] = 36$ kN。

4.7.1 超静定的概念及其解法

在静力学中,当未知力的个数未超过其相应的独立平衡方程的个数时,由平衡方程可求解全部未知力,这类问题称为**静定问题**,相应的结构为**静定结构**。若未知力的个数超过了独立平衡方程的个数,仅由平衡方程无法确定全部未知力,这类问题称为**超静定问题**,相应的结构为**超静定结构**。未知力的个数与独立的平衡方程个数之差称为**超静定次数**。

超静定结构是根据特定工程的安全可靠性要求在静定结构上增加了一个或几个约束,从而使未知力的个数增加。这些在静定结构上增加的约束称为**多余约束**。多余约束的存在改变了结构的变形几何关系,因此建立变形协调的几何关系(即**变形协调方程**)是解决超静定问题的关键。下面举例说明。

例 4.6 等直杆 AB 受力和尺寸如图 4.22a,求杆 AB 两端所受的约束力。

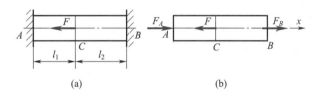

图 4.22

解 等直杆 AB 的 B 端如果没有约束,则是静定问题。视 B 端约束为多余约束,由于 B 端约束的存在,AB 杆的总变形量 $\Delta l_{AB} = 0$。由这个关系可建立变形协调方程。结合静力平衡方程和胡克定律即可解出 AB 两端的约束力。具体解题步骤如下:

(1)平衡方程。设杆 AB 两端的约束力 F_A 和 F_B 如图4.22b所示,则

$$\sum F_x = 0, \quad F_A + F_B - F = 0 \tag{a}$$

(2)变形协调方程。 $\quad \Delta l_{AB} = \Delta l_{AC} + \Delta l_{CB} = 0$

(3)胡克定律。

$$\Delta l_{AC} = \frac{F_N^{AC} l_{AC}}{EA} = \frac{-F_A l_1}{EA}, \quad \Delta l_{CB} = \frac{F_N^{CB} l_{CB}}{EA} = \frac{F_B l_2}{EA}$$

将上述两式代入变形协调方程,可得

$$-F_A l_1 + F_B l_2 = 0 \tag{b}$$

将式(a),(b)联立解得

$$F_A = \frac{l_2}{l_1 + l_2} F, \quad F_B = \frac{l_1}{l_1 + l_2} F$$

4.7.2 装配应力与温度应力介绍

所有构件在制造中都会有一些误差。这种误差,在静定结构中不会引起任何应力。而在超静定结构中因构件制造误差,装配时会引起应力。例如,图 4.23 所示的三杆桁架结构,杆 3 制造时短了 δ,为了能将三根杆装配在一起,必须将杆 3 拉长,杆 1,2 压短,这种强行装

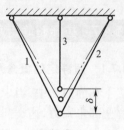

配会在杆 3 中产生拉应力,而在杆 1,2 中产生压应力。如误差 δ 较大,这种应力会达到很大的数值。这种由于装配而在杆内产生的应力,称为**装配应力**。装配应力是在载荷作用前结构中已经具有的应力,是一种初应力。在工程中,对于装配应力的存在,有时是不利的,应予以避免;有时却有意识地利用它,比如机械制造中的紧密配合和土木结构中的预应力钢筋混凝土等。

图 4.23

在工程实际中,杆件遇到温度的变化,其尺寸将有微小的变化。在静定结构中,由于杆件能自由变形,不会在杆内产生应力。但在超静定结构中,由于杆件受到相互制约而不能自由变形,这将使其内部产生应力。这种因温度变化而引起的杆内应力称为**温度应力**。温度应力也是一种初应力。在工程上常采用一些措施来降低或消除温度应力,例如蒸汽管道中的伸缩节,铁道两段钢轨间预先留有适当空隙,钢桥一端采用活动铰链支座等。

§4.8　压杆稳定的概念

在 4.6 节研究压杆的强度问题时,认为只要压杆满足强度条件,就能保证安全工作。这个结论对于短粗压杆是正确的,但对细长压杆就不适用了。例如,一根宽 30 mm,厚 2 mm,长 400 mm 的钢板条,其材料的许用应力 $[\sigma]$ = 160 MPa。按压缩强度条件计算,它的承载能力为

$$F \leqslant A[\sigma] = 0.03 \text{ m} \times 0.002 \text{ m} \times 160 \times 10^6 \text{ Pa}$$

$$= 9\,600 \text{ N} = 9.6 \text{ kN}$$

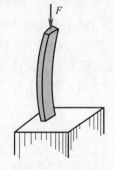

但实验发现,当压力还没有达到 70 N 时,它就开始弯曲,如图 4.24 所示;若压力继续增大,则弯曲变形急剧增加,最后折断,此时的压力远小于 9.6 kN。压杆之所以丧失工作能力,是由于它不能保持原来的直线状态造成的。由此可见,细长压杆的承载能力不是取决于它的压缩强度条件,而是取决于它保持直线平衡状态的能力。压杆丧失保持原有直线平衡状态的能力而破坏的现象称为**失稳**。

图 4.24

由于细长压杆失稳时杆件的工作压应力远低于许用压应力,且失稳现象又常常突然发生,这势必会导致一些难以预料的严重后果,甚至导致整个结构物的倒塌,因此必须高度重视细长压杆的稳定性问题。

👓　小　结

(1) 轴向拉(压)杆轴力和应力的计算。应用截面法可求出的轴向拉(压)杆的内力——轴力 F_N。轴向拉(压)杆件横截面上只有正应力 σ,且 σ 在横截面上均匀分布,其计算公式为

$$\sigma = \frac{F_N}{A}$$

在材料力学中,内力和应力的正负号均由杆件的变形确定。杆件受拉时,轴力为正,拉应力也为正。

(2) 直杆轴向拉(压)时的强度条件为

$$\sigma_{max} \leqslant [\sigma]$$

利用该式可以解决强度校核、设计截面和确定承载能力这三类强度计算问题。

(3) 轴向拉(压)杆的应力和应变的关系用胡克定律表示:当 $\sigma < \sigma_p$ 正应力没有超过比例极限时,有

$$\sigma = E\varepsilon, \quad \Delta l = \frac{F_N l}{EA}$$

纵向线应变 ε 和横向线应变 ε' 之间有如下关系

$$\varepsilon' = -\nu\varepsilon$$

(4) 以低碳钢为代表的塑性材料的拉伸应力-应变曲线可分为四个阶段:线弹性阶段、屈服阶段、强化阶段和缩颈阶段。低碳钢的强度指标有 σ_s 和 σ_b,塑性指标有 δ 和 ψ。

(5) 拉压超静定问题的解法:确定多余约束,建立平衡方程和变形协调方程,应用胡克定律联立求解。

(6) 因为 $1\ MPa = 10^6\ Pa = 10^6\ N/m^2 = 1\ N/mm^2$,在计算中,如取力的单位为 N,长度单位为 mm 时,应力的单位即为 MPa。

🤓 思考题

4.1 指出下列概念的区别:
① 内力与应力;② 变形与应变;③ 弹性变形与塑性变形;④ 极限应力与许用应力。

4.2 判断图 4.25 所示构件中哪些属于轴向拉伸或轴向压缩?

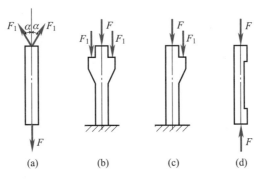

图 4.25

4.3 三种材料的 σ-ε 曲线如图 4.26 所示。试说明哪种材料的强度最高?哪种材料的塑性最好?在弹性范围内哪种材料的弹性模量最大?

4.4 两根不同材料制成的等截面直杆,承受相同的轴向拉力,它们的横截面积和长度都相

等。试说明:① 横截面上的应力是否相等? ② 强度是否相同? ③ 绝对变形是否相同? 为什么?

4.5　两根相同材料制成的拉杆如图 4.27 所示。试说明它们的绝对变形是否相同? 如不相同,哪根变形大? 另外,不等截面直杆的各段应变是否相同? 为什么?

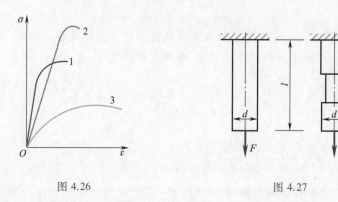

图 4.26　　　　　　　　　　　图 4.27

4.6　求解超静定问题的关键是什么?

习　题

4.1　试用截面法求各杆指定截面的轴力,并画出各杆的轴力图。

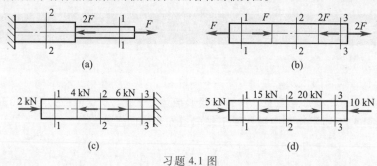

(a)　　　　　　　　(b)

(c)　　　　　　　　(d)

习题 4.1 图

4.2　圆截面钢杆长 $l = 3$ m,直径 $d = 25$ mm,两端受到 $F = 100$ kN 的轴向拉力作用时伸长 $\Delta l = 2.5$ mm。试计算钢杆横截面上的正应力 σ 和纵向线应变 ε。

4.3　阶梯状直杆受力如图所示。已知 AD 段横截面面积为 $A_{AD} = 1\,000$ mm^2,DB 段的横截面面积为 $A_{DB} = 500$ mm^2,材料的弹性模量 $E = 200$ GPa。求该杆的总变形量 Δl_{AB}。

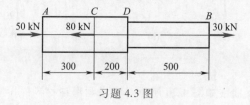

习题 4.3 图

4.4　圆截面阶梯状杆如图所示,受到 $F = 150$ kN 的轴向拉力作用。已知中间部分的直径 $d_1 = 30$ mm,两端部分的直径均为 $d_2 = 50$ mm,整个杆长 $l = 250$ mm,中间部分杆长 $l_1 = 150$ mm,$E = 200$ GPa。试求:① 各

92

部分横截面上的正应力 σ;② 整个杆的总伸长量。

习题 4.4 图

4.5 用一根灰口铸铁圆管作受压杆。已知材料的许用应力为 $[\sigma]=200$ MPa,轴向压力 $F=1\,000$ kN,管的外径 $D=130$ mm,内径 $d=100$ mm。试校核其强度。

4.6 用绳索吊起重物如图所示。已知 $F=20$ kN,绳索横截面面积 $A=12.6$ cm^2,许用应力 $[\sigma]=10$ MPa。试校核 $\alpha=45°$ 及 $\alpha=60°$ 两种情况下绳索的强度。

4.7 某悬臂吊车如图所示。最大起重载荷 $G=20$ kN,杆 BC 为 Q235A 圆钢,许用应力 $[\sigma]=120$ MPa。试按图示位置设计 BC 杆的直径 d(杆及悬臂自重不计)。

4.8 如图所示 AC 和 BC 两杆铰接于 C,并吊重物 G。已知杆 BC 许用应力 $[\sigma_1]=160$ MPa,杆 AC 许用应力 $[\sigma_2]=100$ MPa,两杆截面面积均为 $A=2$ cm^2。求所吊重物的最大重量。

4.9 三角支架结构如图所示。已知杆 AR 为钢杆,其横截面面积 $A_1=600$ mm^2,许用应力 $[\sigma_1]=140$ MPa;杆 BC 为木杆,横截面面积 $A_2=3\times10^4$ mm^2,许用压应力 $[\sigma_2]=3.5$ MPa。试求许用载荷 $[F]$。

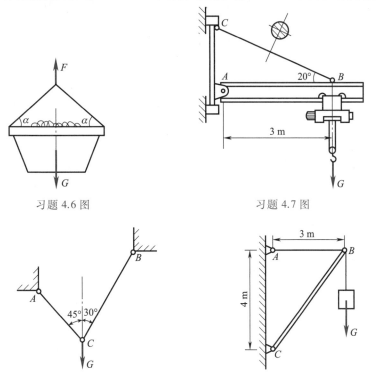

习题 4.6 图

习题 4.7 图

习题 4.8 图

习题 4.9 图

4.10 图示一板状试样,表面贴上纵向和横向的电阻应变片来测定试样的应变。已知 $b=4$ mm,$h=30$ mm,每增加 $\Delta F=3$ kN 的拉力时,测得试样的纵向应变 $\varepsilon=120\times10^{-6}$,横向应变 $\varepsilon'=-38\times10^{-6}$。试求材料的弹性模量 E 和泊松比 ν。

4.11 两端固定的等截面直杆件受力如图所示,求两端的支座反力。

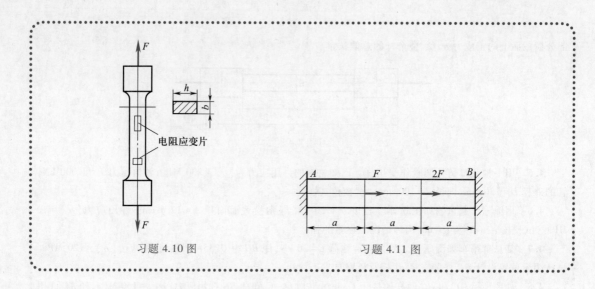

习题 4.10 图　　　　　　　　　习题 4.11 图

5

剪切与挤压

5.1.1 剪切的概念与实例

工程中常用的连接件,如销钉、键、螺栓、铆钉、焊缝等,都是构件承受剪切的实例。图5.1a所示的铆钉连接,当拉力 F 增加时,铆钉沿 m—m 截面发生相对移动(图 5.1c),甚至可能被切断。**剪切变形的受力特点是:构件受到一对大小相等、方向相反、作用线平行且相距很近的外力作用**。变形特点是:构件沿两个力作用线之间的截面发生相对移动。发生相对移动的面称为**剪切面**。剪切面上与截面相切的内力称为**剪力**,用 F_s 表示。只有一个剪切面的剪切变形称为**单剪**(图5.1d);有两个剪切面的剪切变形称为**双剪**(图 5.2)。

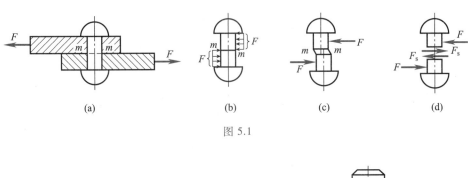

(a)　　　　　　(b)　　　　　(c)　　　　　(d)

图 5.1

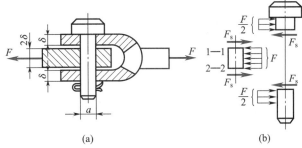

(a)　　　　　　　　　　(b)

图 5.2

5.1.2 挤压的概念与实例

连接件在发生剪切变形的同时,在传递力的接触面上也受到较大的压力作用,从而出现局部压缩变形,这种现象称为挤压。发生挤压的接触面称为挤压面。挤压面上的压力称为挤压力,用 F_{bs} 表示。如图 5.3 所示,上钢板孔左侧与铆钉上部左侧互相挤压,下钢板孔右侧与铆钉下部右侧互相挤压。当挤压力过大时,相互接触面处将产生局部显著的塑性变形,如铆钉孔被压成长圆孔。手扶拖拉机飞轮与轴连接的平键经常发生挤压破坏。

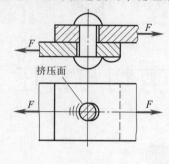

挤压面

图 5.3

§5.2　剪切与挤压的实用计算

5.2.1　剪切的实用计算

连接件发生剪切时剪切面上产生了切应力 τ,切应力在剪切面上的分布情况一般比较复杂,工程中为便于计算,通常认为切应力在剪切面上是均匀分布的。由此得切应力 τ 的计算公式为

$$\tau = \frac{F_S}{A}$$

式中,F_S 为剪切面上的剪力,A 为剪切面面积。

为保证连接件工作时安全可靠,要求切应力不超过材料的许用切应力。剪切的强度条件为

$$\tau = \frac{F_S}{A} \leqslant [\tau] \tag{5.1}$$

式中,$[\tau]$ 为材料的许用切应力。常用材料的许用切应力可从有关手册中查得。

5.2.2　挤压的实用计算

由挤压力引起的应力称为挤压应力,用 σ_{bs} 表示。在挤压面上挤压应力分布相当复杂,工程中也通常认为挤压应力在计算挤压面上均匀分布。由此得挤压应力 σ_{bs} 的计算公式为

$$\sigma_{bs} = \frac{F_{bs}}{A_{bs}}$$

式中,F_{bs} 为挤压面上的挤压力;A_{bs} 为计算挤压面积。当挤压面为平面时,计算挤压面积即为实际挤压面面积;当挤压面为圆柱面时,计算挤压面积等于半圆柱面的正投影面积,$A_{bs} = d\delta$(图5.4)。

为保证连接件具有足够的挤压强度而正常工作,其强度条件为

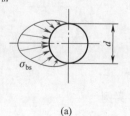

(a)　　　　　　(b)

图 5.4

$$\sigma_{bs} = \frac{F_{bs}}{A_{bs}} \leqslant [\sigma_{bs}] \qquad (5.2)$$

式中,$[\sigma_{bs}]$ 为材料的许用挤压应力。具体数据可从有关手册中查得。

例5.1 图5.5所示的钢板铆接件中,已知钢板的拉伸许用应力 $[\sigma_t] = 98$ MPa,挤压许用应力 $[\sigma'_{bs}] = 196$ MPa,钢板厚度 $\delta = 10$ mm,宽度 $b = 100$ mm;铆钉的许用切应力 $[\tau] = 137$ MPa,挤压许用应力 $[\sigma''_{bs}] = 314$ MPa,铆钉直径 $d = 20$ mm。钢板铆接件承受的载荷 $F = 23.5$ kN。试校核钢板和铆钉的强度。

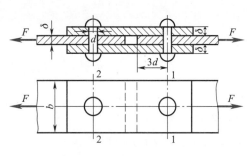

图5.5

解 (1)钢板的拉伸强度校核。钢板的最大拉应力发生在中间钢板圆孔处1—1和2—2横截面上。

$$\sigma_t = \frac{F_N}{A} = \frac{F}{(b-d)\delta} = \frac{23.5 \times 10^3 \text{ N}}{(100-20) \times 10^{-3} \text{ m} \times 10 \times 10^{-3} \text{ m}}$$
$$= 29.4 \times 10^6 \text{ Pa} = 29.4 \text{ MPa} < [\sigma_t]$$

钢板的拉伸强度是安全的。

(2)钢板的挤压强度校核。钢板的最大挤压应力发生在中间钢板孔与铆钉接触处,所受的挤压力 $F_{bs} = F$,实际挤压面为直径为 d、长为 δ 的半个圆柱面,计算挤压面积 $A_{bs} = d\delta$,则有

$$\sigma_{bs} = \frac{F_{bs}}{A_{bs}} = \frac{F}{d\delta} = \frac{23.5 \times 10^3 \text{ N}}{20 \times 10^{-3} \text{ m} \times 10 \times 10^{-3} \text{ m}}$$
$$= 117.5 \times 10^6 \text{ Pa} = 117.5 \text{ MPa} < [\sigma'_{bs}]$$

钢板的挤压强度是安全的。

(3)铆钉的剪切强度校核。铆钉有两个剪切面,每个剪切面上的剪力 $F_s = F/2$,每个剪切面面积等于铆钉的横截面面积,于是有

$$\tau = \frac{F_s}{A} = \frac{F/2}{\pi d^2/4} = \frac{2 \times 23.5 \times 10^3 \text{ N}}{3.14 \times (0.02 \text{ m})^2}$$
$$= 37.4 \times 10^6 \text{ Pa} = 37.4 \text{ MPa} < [\tau]$$

铆钉的剪切强度是安全的。

(4)铆钉的挤压强度校核。铆钉的挤压力和计算挤压面积与钢板相同,但铆钉的挤压许用应力比钢板高,钢板的挤压强度是安全的,则铆钉的挤压强度也是安全的。

综上所述,整个铆接件是安全的。

例5.2 如图5.6所示,冲床的最大冲力为 $F = 400$ kN,冲头材料的许用压应力 $[\sigma_c] = 440$ MPa,被冲剪钢板的抗剪强度 $\tau_b = 360$ MPa。求在最大冲力作用下所能冲剪的圆孔最小直径 d 和板最大厚度 δ。

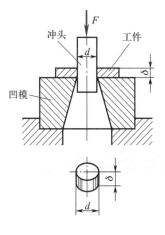

图5.6

解　（1）确定圆孔的最小直径 d。冲剪的孔径等于冲头的直径,冲头工作时需满足抗压强度条件,即

$$\sigma_c = \frac{F_N}{A} = \frac{4F}{\pi d^2} < [\sigma_c]$$

得

$$d \geqslant \sqrt{\frac{4F}{\pi[\sigma_c]}} = \sqrt{\frac{4 \times 400 \times 10^3 \text{ N}}{\pi \times 440 \times 10^6 \text{ Pa}}}$$

$$= 34 \times 10^{-3} \text{ m} = 34 \text{ mm}$$

取最小直径为 35 mm。

（2）确定钢板的最大厚度 δ。

冲剪时钢板剪切面上的剪力 $F_S = F$,剪切面的面积 $A = \pi d\delta$,为能冲剪成孔,须满足下列条件

$$\tau = \frac{F_S}{A} = \frac{F}{\pi d\delta} \geqslant \tau_b$$

得

$$\delta \leqslant \frac{F}{\pi d\tau_b} = \frac{400 \times 10^3 \text{ N}}{\pi \times 35 \times 10^{-3} \text{ m} \times 360 \times 10^6 \text{ Pa}}$$

$$= 10.1 \times 10^{-3} \text{ m} = 10.1 \text{ mm}$$

故取钢板的最大厚度为 10 mm。

例 5.3　两块钢板用电焊连接,如图 5.7 所示。作用在钢板上的拉力 $F = 300$ kN,焊缝高度 $h = 10$ mm,焊缝的许用切应力 $[\tau] = 100$ MPa。试求所需的焊缝长度 l。

解　电焊焊缝的横截面可认为是一个等腰直角三角形。焊缝破坏时,沿焊缝最小宽度 n—n 的纵截面被剪断。剪切面 n—n 上的剪力 $F_S = \frac{F}{2} = 150$ kN,剪切面面积 $A = lh\cos 45°$。由

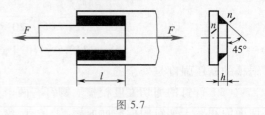

图 5.7

剪切强度条件:

$$\tau = \frac{F_S}{A} = \frac{150 \times 10^3 \text{ N}}{l \times 0.01 \text{ m} \times \cos 45°} \leqslant [\tau] = 100 \times 10^6 \text{ Pa}$$

求得焊缝长度为

$$l \geqslant 0.212 \text{ m} = 212 \text{ mm}$$

考虑到焊缝两端强度较差,在确定实际长度时,将每条焊缝长度加上 10 mm,取焊缝长度 $l = 222$ mm,可取整为 220 mm。

🔍 小　结

（1）当构件受到大小相等、方向相反、作用线平行且相距很近的两外力作用时,构件沿两力之间的截面发生相对移动,这种变形称为剪切变形。工程中的连接件在承受剪切的同时,常常伴随着挤压的作用,挤压现象与压缩不同,它只是局部产生不均匀的压缩变形。

（2）工程中采用实用计算的方法来建立剪切强度条件和挤压强度条件，它们分别为

$$\tau = \frac{F_S}{A} \leqslant [\tau]$$

$$\sigma_{bs} = \frac{F_{bs}}{A_{bs}} \leqslant [\sigma_{bs}]$$

（3）确定连接件的剪切面和挤压面是进行强度计算的关键。剪切面是发生相对移动的面。当挤压面为平面时，其计算面积等于实际面积；当挤压面为圆柱面时，其计算面积等于半圆柱面的正投影面积。

思考题

5.1　剪切和挤压的实用计算采用了什么假设？为什么？

5.2　挤压应力与一般的压应力有何区别？

5.3　如图 5.8 所示，哪个物体需要考虑压缩强度？哪个物体需要考虑挤压强度？

5.4　图 5.9 中拉杆的材料为钢材，在拉杆和木材之间放一金属垫圈，该垫圈起何作用？

5.5　分析图 5.10 所示零件的剪切面与挤压面。

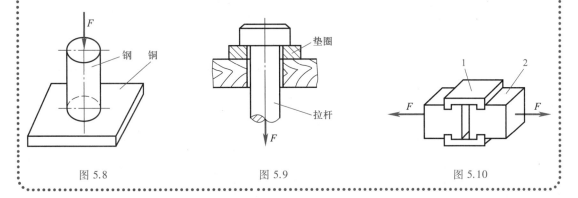

图 5.8　　　　　　　　　图 5.9　　　　　　　　　图 5.10

习　题

5.1　图示切料装置用刀刃把切料模中 $\phi12$ mm 的棒料切断。棒料的抗剪强度 $\tau_b = 320$ MPa。试计算切断力。

5.2　图示螺栓受拉力 F 作用。已知材料的许用切应力 $[\tau]$ 和许用拉应力 $[\sigma]$ 的关系为 $[\tau] = 0.6[\sigma]$。试求螺栓直径 d 与螺栓头高度 h 的合理比例。

5.3　已知焊缝的许用切应力 $[\tau] = 100$ MPa，钢板的许用拉应力 $[\sigma] = 160$ MPa。试计算图示焊接板的许用载荷 $[F]$。

5.4　矩形截面的木拉杆的接头如图所示。已知轴向拉力 $F = 50$ kN，截面宽度 $b = 250$ mm，木材的许用挤压应力 $[\sigma_{bs}] = 10$ MPa，顺纹许用切应力 $[\tau] = 1$ MPa。求接头处所需的尺寸 l 和 a。

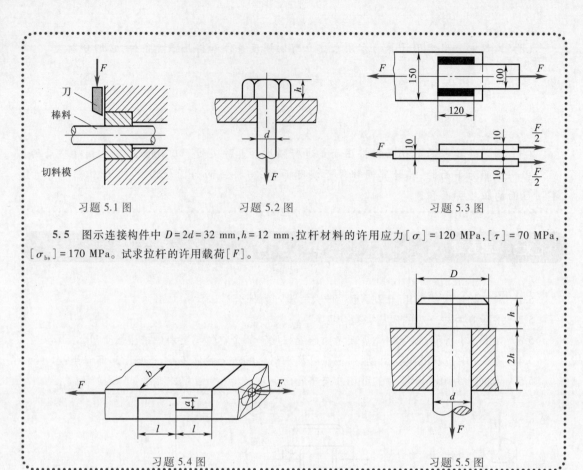

习题 5.1 图　　　　　习题 5.2 图　　　　　习题 5.3 图

5.5　图示连接构件中 $D = 2d = 32$ mm, $h = 12$ mm, 拉杆材料的许用应力 $[\sigma] = 120$ MPa, $[\tau] = 70$ MPa, $[\sigma_{bs}] = 170$ MPa。试求拉杆的许用载荷 $[F]$。

习题 5.4 图　　　　　习题 5.5 图

6

圆 轴 扭 转

§6.1　圆轴扭转的概念与实例　扭矩与扭矩图

6.1.1　圆轴扭转的概念与实例

　　工程中许多杆件承受扭转变形。例如,当钳工攻螺纹孔时,两手所加的外力偶作用在丝锥杆的上端,工件的反力偶作用在丝锥杆的下端,使得丝锥杆发生扭转变形(图 6.1)。图 6.2 所示的方向盘的操纵杆以及一些传动轴等均是扭转变形的实例,以扭转变形为主的杆件称为轴。本章只研究工程上常见的圆轴的扭转变形。它们均可简化为如图 6.3 所示的计算简图。圆轴扭转的受力特点是:圆轴承受作用面与轴线垂直的力偶作用;变形特点是:圆轴的各横截面绕轴线发生相对转动。

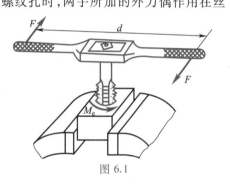

图 6.1

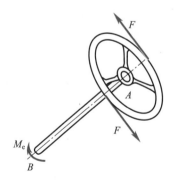

图 6.2

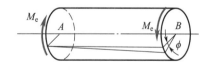

图 6.3

6.1.2　扭矩与扭矩图

　　1. 外力偶矩的计算

　　工程中通常给出传动轴的转速及其所传递的功率,而作用于轴上的外力偶矩并不直接给出,外力偶矩的计算公式为

$$\{M_e\}_{\mathrm{N\cdot m}}=9\ 549\ \frac{\{P\}_{\mathrm{kW}}}{\{n\}_{\mathrm{r/min}}}$$

(6.1)①

式中,M_e为外力偶矩,单位是 N・m;P 为轴传递的功率,单位是 kW;n 为轴的转速,单位是 r/min。输入力偶为主动力偶,其转向与轴的转向相同;输出力偶为阻力偶,其转向与轴的转向相反。

2. 扭矩与扭矩图

如图 6.4 所示等截面圆轴 AB 两端面上作用有一对平衡外力偶 M_e。现用截面法求圆轴横截面上的内力。假想将轴从 $m-m$ 横截面处截开,以左段作为研究对象,根据平衡条件 $\sum M_x=0$,$m-m$ 横截面上必有一个内力偶与 A 端面上的外力偶 M_e 平衡。该内力偶矩称为**扭矩**,用 T 表示,单位为 N・m。若取右段为研究对象,求得的扭矩与以左段为研究对象求得的扭矩大小相等、转向相反,它们是作用与反作用的关系。为了使不论取左段或右段求得的扭矩的大小、符号都一致,对扭矩的正负号规定如下:按右手螺旋法则,四指顺着扭矩的转向握住轴线,大拇指的指向与横截面的外法线 n 方向一致为正;反之为负,如图 6.5 所示。当横截面上的扭矩的实际转向未知时,一般先假设扭矩为正。若求得结果为负则表示扭矩实际转向与假设相反。

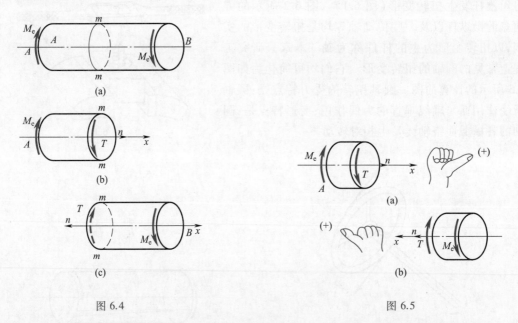

图 6.4   图 6.5

通常,扭转圆轴各横截面上的扭矩是不同的,扭矩 T 是横截面位置 x 的函数。即

$$T=T(x)$$

以与轴线平行的 x 轴表示横截面的位置,垂直于 x 轴的 T 轴表示扭矩,由函数 $T=T(x)$ 绘制的曲线称为**扭矩图**。由扭矩图可以确定圆轴的最大扭矩。

例 6.1 如图 6.6a 所示,一传动系统的主轴 ABC 的转速 $n=960$ r/min,输入功率 $P_A=27.5$ kW,输出功率 $P_B=20$ kW,$P_C=7.5$ kW。试画出主轴 ABC 的扭矩图。

---

① 这是国家标准 GB/T 3101—1993 中规定的数值方程式的表示方法。

解 （1）计算外力偶矩。由式（6.1）得

$$M_A = 9\ 549 \times \frac{27.5\ \text{kW}}{960\ \text{r/min}} = 274\ \text{N} \cdot \text{m}$$

同理可得

$$M_B = 199\ \text{N} \cdot \text{m}, \quad M_C = 75\ \text{N} \cdot \text{m}$$

M_A 为主动力偶矩，其转向与主轴相同；M_B，M_C 为阻力偶矩，其转向与主轴相反。

（2）计算扭矩。将轴分为 AB，BC 两段，逐段计算扭矩。AB 段内（图 6.6b）

$$\sum M_x = 0, \quad T_1 + M_A = 0$$

可得

$$T_1 = -M_A = -274\ \text{N} \cdot \text{m}$$

BC 段内（图 6.6c）

$$\sum M_x = 0, \quad T_2 + M_A - M_B = 0$$

可得

$$T_2 = -M_A + M_B = -274\ \text{N} \cdot \text{m} + 199\ \text{N} \cdot \text{m} = -75\ \text{N} \cdot \text{m}$$

（3）画扭矩图。根据以上计算结果，按比例画出扭矩图（图6.6d）。由图可看出，在集中外力偶作用面处，扭矩值发生突变，其突变值等于该集中外力偶矩的大小。最大扭矩发生在 AB 段内，其值为 $T_{\max} = 274\ \text{N} \cdot \text{m}$。

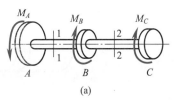

(a)

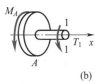

(b)

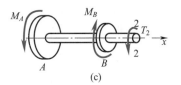

(c)

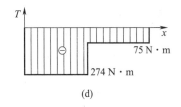

(d)

图 6.6

§6.2 圆轴扭转时的应力与强度计算

在讨论圆轴扭转应力和变形之前，先研究切应力与切应变两者的关系。

·6.2.1 切应力互等定理 剪切胡克定律

图 6.7a 表示薄壁圆筒。未受扭转时在圆筒表面用圆周线和纵向线画成方格。扭转试验结果表明，在小变形条件下，相邻截面 m—m 和 n—n 发生相对转动，造成方格左右两边相对移动（图6.7b），但方格沿轴线的长度及圆筒圆周线的形状、大小均不变。由此推知，圆筒横截面上没有正应力，只有与半径垂直的切应力。因圆筒很薄，可认为切应力沿厚度均匀分布（图6.7c）。

从薄壁圆筒中取边长分别为 $\text{d}x$，$\text{d}y$，δ 的单元体（图 6.7d）。左、右侧面上有切应力 τ 组成力偶矩为 $(\tau \text{d}y\delta)\text{d}x$ 的力偶。因单元体是平衡的，故上、下侧面上必定存在方向相反的切应力 τ'，组成力偶矩为 $(\tau' \text{d}x\delta)\text{d}y$ 的力偶与上述力偶相平衡。

由 $\sum M = 0$

$$(\tau \text{d}y\delta)\text{d}x = (\tau' \text{d}x\delta)\text{d}y$$

得

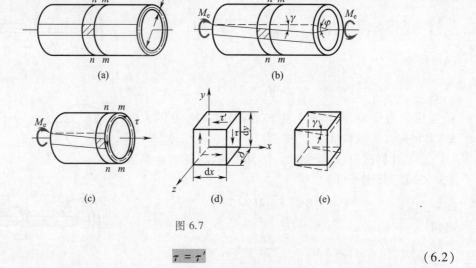

图 6.7

$$\tau = \tau' \tag{6.2}$$

式(6.2)表明:单元体互相垂直的两个平面上的切应力必然成对存在,且大小相等,方向都垂直指向或背离两平面的交线。这一关系称为**切应力互等定理**。

在图 6.7d 所示单元体的上下左右四个侧面上,只有切应力而无正应力,这种情况称为**纯剪切**。在切应力 τ 和 τ' 的作用下,单元体的直角要发生微小的改变(图 6.7e)。这个直角的改变量 γ 称为**切应变**。

实验表明,当切应力 τ 不超过材料的剪切比例极限 τ_{p} 时,切应力 τ 与切应变 γ 成正比。即

$$\tau = G\gamma \tag{6.3}$$

式(6.3)称为**剪切胡克定律**。式中比例常数 G 称为材料的**切变模量**,常用单位是 GPa,其数值可由实验测得。一般碳钢的切变模量 $G = 80 \sim 84$ GPa。材料的切变模量 G 与弹性模量 E、泊松比 ν 的关系为

$$G = \frac{E}{2(1 + \nu)} \tag{6.4}$$

6.2.2　圆轴扭转时横截面上的应力

对圆轴进行扭转实验。试验前在圆轴表面画上圆周线和纵向线,在圆轴端端面标出一条半径(图 6.8a)。在一对平衡的外力偶 M_e 作用下,圆轴产生扭转变形(图 6.8b)。在小变形条件下,圆轴的横截面变形前为平面,变形后仍为平面,平面假设依然成立。各圆周线的形状、大小均不变,因此横截面上沿半径方向无切应力。各圆周线的间距保持不变,可知横截面上无正应力。但相邻横截面发生绕轴线的相对转动,使纵向线倾斜了一个相同的角度 γ,近似为一直线,产生了切应变,所以横截面上必然有垂直于半径方向的切应力存在。

下面研究横截面上切应力的分布规律:

在圆轴上截取长为 $\mathrm{d}x$ 的微段,放大后如图 6.9 所示,横截面 2—2 相对于 1—1 转过了一个角度 $\mathrm{d}\varphi$,半径 O_2B 转至 O_2C 处。由于纵向线倾斜 γ 角度,即 A 点的切应变为 γ,且 $\gamma \approx$

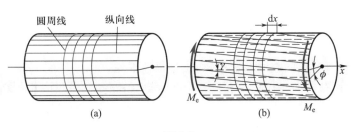

图 6.8

$\tan \gamma \approx \dfrac{\widehat{BC}}{AB} = R\dfrac{\mathrm{d}\varphi}{\mathrm{d}x}$。同样可推得在距轴线为 ρ 的 A' 点处的切应变 γ_ρ 为

$$\gamma_\rho \approx \tan \gamma_\rho \approx \frac{\widehat{B'C'}}{A'B'} = \rho\frac{\mathrm{d}\varphi}{\mathrm{d}x} \tag{6.5}$$

令 $\varphi' = \dfrac{\mathrm{d}\varphi}{\mathrm{d}x}$，称为单位长度转角。由于各纵向线倾斜了相同的 γ 角，因此，在同一横截面上，φ' 为常量。从式（6.5）可知，横截面上任一点的切应变 γ_ρ 与该点到轴线的距离 ρ 成正比。

按照剪切胡克定律 $\tau = G\gamma$，则有

$$\tau_\rho = G\gamma_\rho = G\rho\frac{\mathrm{d}\varphi}{\mathrm{d}x} \tag{6.6}$$

式（6.6）表明，横截面上任一点切应力 τ_ρ 与该点到轴线的距离 ρ 成正比，其方向垂直于半径。实心圆轴与空心圆轴横截面上切应力分布如图 6.10 所示。

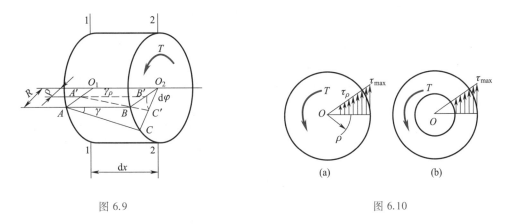

图 6.9　　　　　　　　　　　　　　　　　图 6.10

为了求出单位长度转角 $\dfrac{\mathrm{d}\varphi}{\mathrm{d}x}$，可应用静力学关系。圆轴横截面上的扭矩 T 应由横截面上无数微剪力对轴线的力矩所组成。从图 6.11 可以得出

$$T = \int_A \tau_\rho \mathrm{d}A \cdot \rho$$

将式（6.6）代入，并注意到 $\dfrac{\mathrm{d}\varphi}{\mathrm{d}x}$ 和 G 为常量，可得

$$T = \int_A G\rho\frac{\mathrm{d}\varphi}{\mathrm{d}x}\mathrm{d}A \cdot \rho = G\frac{\mathrm{d}\varphi}{\mathrm{d}x}\int_A \rho^2 \mathrm{d}A \tag{6.7}$$

令

$$I_\mathrm{p} = \int_A \rho^2 \mathrm{d}A$$

I_p 称为横截面对圆心 O 点的截面二次极矩,也称极惯性矩,单位为 m^4。它只与横截面的几何形状和尺寸有关。则式(6.7)可写成

$$\frac{\mathrm{d}\varphi}{\mathrm{d}x} = \frac{T}{GI_\mathrm{p}} \qquad (6.8)$$

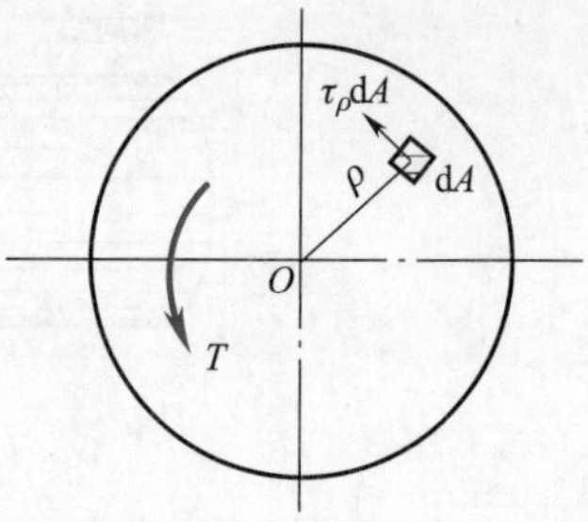

将式(6.8)代入式(6.6)得

$$\tau_\rho = \frac{T\rho}{I_\mathrm{p}} \qquad (6.9)$$

当 $\rho = R$ 时,切应力最大,即圆轴横截面上边缘点的切应力最大。其值为

$$\tau_{\max} = \frac{TR}{I_\mathrm{p}}$$

令 $W_\mathrm{p} = \dfrac{I_\mathrm{p}}{R}$,则上式变为

$$\tau_{\max} = \frac{T}{W_\mathrm{p}} \qquad (6.10)$$

图 6.11

式中,W_p 称为扭转截面系数,单位为 m^3。可见,圆轴横截面的切应力仅与扭矩和截面的几何形状、尺寸有关。

6.2.3 圆截面二次极矩 I_p 及扭转截面系数 W_p 的计算

实心圆截面如图 6.12a 所示,在距离圆心 ρ 处,取微面积 $\mathrm{d}A = 2\pi\rho\mathrm{d}\rho$,则实心圆截面二次极矩 I_p 为

$$I_\mathrm{p} = \int_A \rho^2 \mathrm{d}A = \int_0^{\frac{d}{2}} \rho^2 \times 2\pi\rho\mathrm{d}\rho = \frac{\pi d^4}{32}$$

式中,d 为圆截面的直径。实心圆截面扭转截面系数 W_p 为

$$W_\mathrm{p} = \frac{I_\mathrm{p}}{d/2} = \frac{\pi d^3}{16}$$

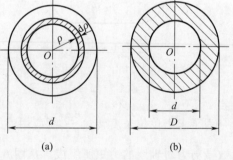

同样可求得如图 6.12b 所示的空心圆截面二次极矩 I_p,扭转截面系数 W_p 分别为

图 6.12

$$I_\mathrm{p} = \frac{\pi D^4 (1 - \alpha^4)}{32}, \qquad W_\mathrm{p} = \frac{\pi D^3 (1 - \alpha^4)}{16}$$

式中,D,d 分别为空心圆截面的外径、内径,$\alpha = \dfrac{d}{D}$。

*6.2.4 圆轴扭转时的强度计算

圆轴扭转时的强度条件为整个圆轴横截面上的最大切应力 τ_{max} 不超过材料的许用切应力 $[\tau]$，即

$$\tau_{max} \leq [\tau] \tag{6.11}$$

对于等截面圆轴，则有

$$\tau_{max} = \frac{T_{max}}{W_p} \leq [\tau] \tag{6.12}$$

例 6.2 阶梯圆轴 ABC 的直径如图 6.13a 所示，轴材料的许用切应力 $[\tau] = 60$ MPa，力偶矩 $M_1 = 5$ kN·m，$M_2 = 3.2$ kN·m，$M_3 = 1.8$ kN·m。试校核该轴的强度。

解 阶梯圆轴的扭矩图如图 6.13b 所示。因 AB 段、BC 段的扭矩、直径各不相同，整个轴的最大切应力所在横截面即危险截面的位置无法确定，故分别校核。

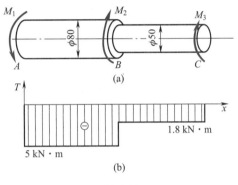

图 6.13

（1）校核 AB 段的强度。AB 段的最大切应力为

$$\tau_{max} = \frac{T_{AB}}{W_p^{AB}} = \frac{5 \times 10^3 \text{ N} \cdot \text{m}}{\pi \times (0.08 \text{ m})^3/16}$$
$$= 49.7 \times 10^6 \text{ Pa} = 49.7 \text{ MPa} < [\tau]$$

AB 段的强度是安全的。

（2）校核 BC 段的强度。BC 段的最大切应力为

$$\tau_{max} = \frac{T_{BC}}{W_p^{BC}} = \frac{1.8 \times 10^3 \text{ N} \cdot \text{m}}{\pi \times (0.05 \text{ m})^3/16}$$
$$= 73.4 \times 10^6 \text{ Pa} = 73.4 \text{ MPa} > [\tau]$$

BC 段的强度不够。

综上所述，阶梯轴的强度不够。

§6.3 圆轴扭转时的变形与刚度计算

*6.3.1 圆轴扭转时的变形计算

扭转变形用两个横截面的相对转角 φ 来表示。由式(6.8)可得

$$d\varphi = \frac{T}{GI_p}dx \tag{6.13}$$

对于长度为 l、扭矩 T 不随长度变化的等截面圆轴，则有

$$\varphi = \frac{Tl}{GI_p} \tag{6.14}$$

对于阶梯状圆轴以及扭矩分段变化的等截面圆轴，须分段计算相对转角，然后求代数和。

显然，圆轴扭转变形除了与扭矩和截面的几何形状和尺寸有关外，还与圆轴的材料有关。

例 6.3　传动轴及其所受外力偶如图 6.14a 所示,轴材料的切变模量 $G = 80$ GPa,直径 $d = 40$ mm。试计算该轴的总转角 φ_{AC}。

解　画轴的扭矩图如图 6.14b 所示。由图可知,$T_{AB} = 1\,200$ N·m,$T_{BC} = -800$ N·m。圆轴的截面二次极矩 $I_p = \dfrac{\pi d^4}{32} = \dfrac{\pi \times (0.04\ \text{m})^4}{32} = 0.25 \times 10^{-6}\ \text{m}^4$

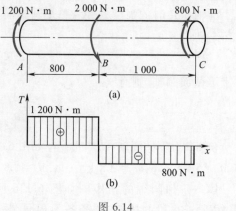

图 6.14

AB 段的相对转角为

$$\varphi_{AB} = \frac{T_{AB} l_{AB}}{G I_p} = \frac{1\,200\ \text{N·m} \times 0.8\ \text{m}}{80 \times 10^9\ \text{Pa} \times 0.25 \times 10^{-6}\ \text{m}^4}$$

$$= 0.048\ \text{rad} = 2.75°$$

BC 段的相对转角为

$$\varphi_{BC} = \frac{T_{BC} l_{BC}}{G I_p} = \frac{-800\ \text{N·m} \times 1\ \text{m}}{80 \times 10^9\ \text{Pa} \times 0.25 \times 10^{-6}\ \text{m}^4}$$

$$= -0.04\ \text{rad} = -2.29°$$

由此得轴的总转角为

$$\varphi_{AC} = \varphi_{AB} + \varphi_{BC} = (0.048 - 0.04)\ \text{rad} = 0.008\ \text{rad} = 0.46°$$

6.3.2　圆轴扭转时的刚度计算

圆轴扭转时除了强度要求外,有时还有刚度要求,即要求轴在一定的长度内扭转角不超过某个值,通常要限制单位长度转角 φ'。因此,圆轴扭转时的刚度条件是整个轴上的最大单位长度转角 $\varphi'_{\max}$ 不超过规定的单位长度许可转角 $[\varphi']$。即

$$\varphi'_{\max} \leqslant [\varphi'] \tag{6.15}$$

对于等截面圆轴,则有

$$\varphi'_{\max} = \frac{T_{\max}}{G I_p} \leqslant [\varphi'] \tag{6.16}$$

式中,单位长度转角 φ' 和单位长度许可转角 $[\varphi']$ 的单位为 rad/m。

工程上,单位长度许可转角 $[\varphi']$ 的单位为 (°)/m,考虑单位换算,则得

$$\varphi'_{\max} = \frac{T_{\max}}{G I_p} \times \frac{180}{\pi} \leqslant [\varphi'] \tag{6.17}$$

不同类型轴的 $[\varphi']$ 值可从有关工程手册中查得。

例 6.4　等截面传动圆轴如图 6.15a 所示。已知该轴转速 $n = 300$ r/min,主动轮输入功率 $P_C = 30$ kW,从动轮输出功率 $P_A = 5$ kW,$P_B = 10$ kW,$P_D = 15$ kW,材料的切变模量 $G = 80$ GPa,许用切应力 $[\tau] = 40$ MPa,单位长度许可转角 $[\varphi'] = 1°/\text{m}$。试按强度条件及刚度条件设计此轴直径。

解　(1) 计算外力偶矩。由公式 $\{M_e\}_{\text{N·m}} = 9\,549\dfrac{\{P\}_{\text{kW}}}{\{n\}_{\text{r/min}}}$ 可分别求得 $M_A = 159.2$ N·m,$M_B = 318.3$ N·m,$M_C = 955$ N·m,$M_D = 477.5$ N·m。

(2) 画扭矩图。计算各段扭矩得 $T_{AB} = -159.2$ N·m,$T_{BC} = -477.5$ N·m,$T_{CD} =$

477.5 N·m。扭矩图如图 6.15b 所示。由扭矩图可知,$T_{max} = 477.5$ N·m,发生在 BC 与 CD 段。

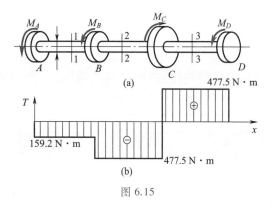

图 6.15

（3）按强度条件设计轴的直径。根据强度条件 $\tau_{max} = \dfrac{T_{max}}{W_p} \leqslant [\tau]$ 及 $W_p = \dfrac{\pi d^3}{16}$ 得

$$d \geqslant \sqrt[3]{\frac{16T_{max}}{\pi[\tau]}} = \sqrt[3]{\frac{16 \times 477.5 \text{ N·m}}{\pi \times 40 \times 10^6 \text{ Pa}}}$$

$$= 39.3 \times 10^{-3} \text{ m} = 39.3 \text{ mm}$$

（4）按刚度条件设计轴的直径。根据刚度条件 $\varphi'_{max} = \dfrac{T_{max}}{GI_p} \times \dfrac{180}{\pi} \leqslant [\varphi']$ 及 $I_p = \dfrac{\pi d^4}{32}$ 得

$$d \geqslant \sqrt[4]{\frac{32T_{max} \times 180}{\pi^2 G[\varphi']}} = \sqrt[4]{\frac{32 \times 477.5 \text{ N·m} \times 180}{\pi^2 \times 80 \times 10^9 \text{ Pa} \times 1°/\text{m}}}$$

$$= 43.2 \times 10^{-3} \text{ m} = 43.2 \text{ mm}$$

综上所述,圆轴须同时满足强度和刚度条件,则取 $d = 44$ mm。

👓 小 结

（1）圆轴在力偶作用面垂直于轴线的平衡力偶系作用下产生扭转变形。扭转圆轴横截面上的内力是扭矩,由截面法求得,按右手螺旋法则确定其正负号。

（2）扭转圆轴横截面上任一点的切应力与该点到圆心的距离成正比,在圆心处为零。最大切应力发生在圆周边缘各点处,其计算公式如下

$$\tau_\rho = \frac{T\rho}{I_p}, \quad \tau_{max} = \frac{T}{W_p}$$

其中,实心圆截面 $I_p = \dfrac{\pi d^4}{32}$,$W_p = \dfrac{\pi d^3}{16}$;空心圆截面 $I_p = \dfrac{\pi D^4}{32}(1-\alpha^4)$,$W_p = \dfrac{\pi D^3}{16}(1-\alpha^4)$

（3）圆轴扭转时的强度条件为

$$\tau_{max} \leqslant [\tau]$$

对于等截面圆轴,则有

$$\tau_{max} = \frac{T_{max}}{W_p} \leqslant [\tau]$$

利用强度条件可以完成强度校核、设计截面尺寸和确定许用载荷等三类强度计算问题。

（4）等截面圆轴扭转时的变形计算公式为

$$\varphi = \frac{Tl}{GI_p}$$

等截面圆轴扭转的刚度条件是

$$\varphi'_{\max} = \frac{T_{\max}}{GI_{\mathrm{p}}} \times \frac{180}{\pi} \leqslant [\varphi']$$

（5）圆轴扭转强度计算的关键在于正确作出扭矩图，求得 $T_{\max}$；而刚度条件公式较为复杂，计算时应注意各量的单位。

思考题

6.1　试指出图6.16所示各杆中哪些发生扭转变形？

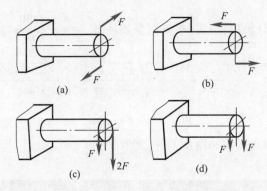

图 6.16

6.2　减速箱中，高速轴直径大还是低速轴直径大？为什么？

6.3　若两轴上的外力偶矩及各段轴长相等，而截面尺寸不同，其扭矩图相同吗？

6.4　判断图6.17所示切应力分布图，哪些是正确的？哪些是错误的？

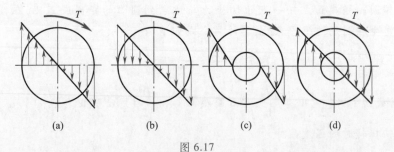

图 6.17

6.5　有铝和钢两根圆截面轴，尺寸相同，所受外力偶矩相同，钢的切变模量 G_1 和铝的切变模量 G_2 的关系为 $G_1 = 3G_2$。试分析两轴的切应力、转角是否相同。

习　题

6.1　试画出图示两轴的扭矩图。

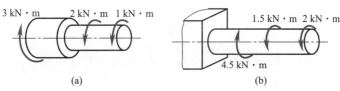

(a)　　　　　　　　　　　　　　(b)

习题 6.1 图

6.2　图示一传动轴,转速 $n = 200$ r/min,轮 A 为主动轮,输入功率 $P_A = 60$ kW,轮 B,C,D 均为从动轮,输出功率分别为 $P_B = 20$ kW,$P_C = 15$ kW,$P_D = 25$ kW。1)试画出该轴的扭矩图;2)若将轮 A 和轮 C 位置对调,试分析对轴的受力是否有利?

6.3　圆轴的直径 $d = 50$ mm,转速 $n = 120$ r/min。若该轴横截面上的最大切应力 $\tau_{max} = 60$ MPa,问圆轴传递的功率为多大?

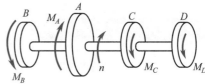

习题 6.2 图

6.4　在保证相同的外力偶矩作用产生相等的最大切应力的前提下,用内、外径之比 $d/D = 3/4$ 的空心圆轴代替实心圆轴,问能省多少材料?

6.5　阶梯轴 AB 如图所示,AC 段直径 $d_1 = 40$ mm,CB 段直径 $d_2 = 70$ mm,外力偶矩 $M_B = 1\ 500$ N · m,$M_A = 600$ N · m,$M_C = 900$ N · m,$G = 80$ GPa,$[\tau] = 60$ MPa,$[\varphi'] = 2°/$m。试校核轴的强度和刚度。

6.6　图示圆轴 AB 所受的外力偶矩 $M_{e1} = 800$ N · m,$M_{e2} = 1\ 200$ N · m,$M_{e3} = 400$ N · m,$l_2 = 2l_1 = 600$ mm,$G = 80$ GPa,$[\tau] = 50$ MPa,$[\varphi'] = 0.25$ °/m。试设计轴的直径。

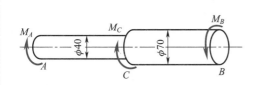

习题 6.5 图

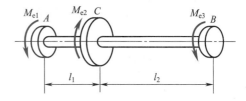

习题 6.6 图

第7章

7

平面弯曲内力

§7.1　平面弯曲的概念与实例

7.1.1　平面弯曲的概念与实例

　　弯曲是工程实际中最常见的一种基本变形。如火车轮轴（图7.1）、行车大梁（图7.2）等的变形都是弯曲变形的实例。弯曲变形构件的共同受力特点是：在通过杆轴线的面内，受到力偶或垂直于轴线的外力（即横向力）作用。变形特点是：杆的轴线被弯成一条曲线。在外力作用下产生弯曲变形或以弯曲变形为主的杆件，习惯上称为梁。

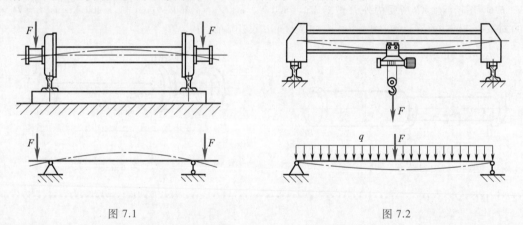

图 7.1　　　　　　　　　　　　　　　　图 7.2

　　工程上使用的直梁的横截面一般都有一个或几个对称轴（图7.3）。由横截面的对称轴与梁的轴线组成的平面称为纵向对称平面。当作用于梁上的所有外力（包括支座约束力，又称支座反力）都位于梁的纵向对称平面内时，梁的轴线在纵向对称平面内被弯成一条光滑的平面曲线，这种弯曲变形称为平面弯曲（图7.4）。

　　本章研究直梁在平面弯曲时横截面上的内力。

7.1.2　梁的计算简图及分类

　　工程上梁的截面形状、载荷及支承情况一般都比较复杂，为了便于分析和计算，必须对梁进行简化，包括梁本身的简化、载荷的简化以及支座的简化等。

　　不管直梁的截面形状多么复杂，都简化为一直杆并用梁的轴线来表示（图7.1和图7.2）。

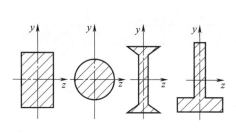

图 7.3

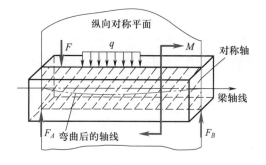

图 7.4

作用于梁上的外力,包括载荷和支座反力,可以简化为集中力、分布载荷和集中力偶三种形式。当载荷的作用范围较小时,简化为集中力;若载荷连续作用于梁上,则简化为分布载荷。沿梁轴线单位长度上所受的力即载荷集度,以 $q(\mathrm{N/m})$ 表示(图 7.4)。集中力偶可理解为力偶的两力分布在很短的一段梁上。

根据支座对梁约束的不同特点,支座可简化为静力学中的三种形式:活动铰链支座、固定铰链支座和固定端,因而简单的梁有三种类型:

（1）**简支梁**　一端是活动铰链支座、另一端为固定铰链支座的梁(图 7.5)。

（2）**外伸梁**　一端或两端伸出支座之外的简支梁(图 7.6)。

（3）**悬臂梁**　一端为固定端支座、另一端自由的梁(图 7.7)。

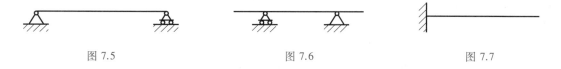

图 7.5　　　　　　　　　　图 7.6　　　　　　　　　　图 7.7

上述三种类型的梁在承受载荷后,其支座反力均可由静力平衡方程完全确定,这些梁称为静定梁。如梁的支座反力的数目大于静力平衡方程的数目,应用静力平衡方程无法确定全部支座反力,这种梁称为超静定梁(图 7.8)。

(a)　　　　　　　　　　　　　　　(b)

图 7.8

§7.2　平面弯曲内力——剪力与弯矩

平面弯曲梁横截面上的内力分析是对梁进行强度和刚度计算的基础。

7.2.1　截面法求内力

现欲求图 7.9a 所示简支梁任意横截面 1—1 上的内力。根据梁的静力平衡条件,先求出梁在载荷作用下的支座反力 F_A 和 F_B,然后采用截面法求横截面 1—1 上的内力。假想在横截面 1—1 处将梁截开,梁分成左、右两段。若取左段为研究对象(图 7.9b),由平衡条件可知,在横截面 1—1 上必定有维持左段梁平衡的横向力 F_S 以及力偶 M。按平衡条件有

$$\sum F_y = 0, \quad F_A - F_1 - F_S = 0$$

得

$$F_S = F_A - F_1$$

以截面形心 C_1 为矩心,有

$$\sum M_{C_1} = 0, \quad -F_A x + F_1(x-a) + M = 0$$

得

$$M = F_A x - F_1(x-a)$$

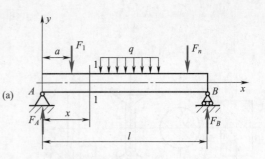
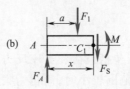
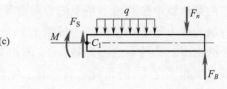

如取右段为研究对象,同样可以求得横截面 1—1 上的内力 F_S 和 M,两者数值相等,方向相反(图 7.9c)。

图 7.9

7.2.2　剪力和弯矩

F_S 是横截面上切向分布内力分量的合力,称为横截面 1—1 上的**剪力**。M 是横截面上法向分布内力分量的合力偶矩,称为横截面 1—1 上的**弯矩**。

为使取左段和取右段得到的剪力和弯矩符号一致,对剪力和弯矩的符号做如下规定:使微段梁产生左侧截面向上、右侧截面向下相对移动的剪力为正(图 7.10a),反之为负(图 7.10b);使微段梁产生上凹下凸弯曲变形的弯矩为正(图 7.11a),反之为负(图7.11b)。

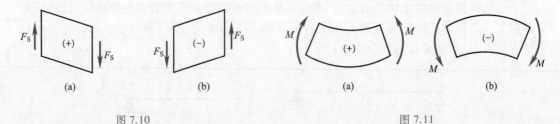

图 7.10　　　　　　　　　　　　　　　　图 7.11

总结上面的例题中对剪力和弯矩的计算,可以得出:横截面上的剪力在数值上等于该截面左段(或右段)梁上所有外力的代数和,即

$$F_S = \sum F \tag{7.1}$$

横截面上的弯矩在数值上等于该截面左段(或右段)梁上所有外力对该截面形心 C 的力矩的代数和,即

$$M = \sum M_C \tag{7.2}$$

结合上述剪力和弯矩的符号规定,可以根据梁上的外力直接确定某横截面上剪力和弯矩的符号:截面左段梁上向上作用的横向外力或右段梁上向下作用的横向外力在该截面上

产生的剪力为正,反之产生的剪力为负;截面左段梁上的横向外力(或外力偶)对截面形心的力矩为顺时针转向或截面右段梁上的横向外力(或外力偶)对截面形心的力矩为逆时针转向时在该截面上产生的弯矩为正,反之产生负弯矩。上述结论可归纳为一个简单的口诀"**左上右下,剪力为正;左顺右逆,弯矩为正**"。这样,计算梁某横截面上的剪力和弯矩,不需要再画分离体受力图、列平衡方程,而直接根据该截面左段或右段上的外力按式(7.1)和式(7.2)进行计算。

例 7.1 简支梁受载如图 7.12 所示。试求图中各指定截面的剪力和弯矩。截面 1—1,2—2 表示集中力 F 作用处的左、右侧截面(即截面 1—1,2—2 间的间距趋于无穷小),截面 3—3,4—4 表示集中力偶 M_e 作用处的左、右侧截面。

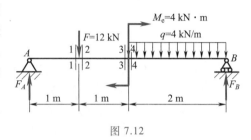

图 7.12

解 (1)求支座反力。设 F_A,F_B 方向向上,由平衡方程 $\sum M_A = 0$ 及 $\sum M_B = 0$ 求得

$$F_A = 10 \text{ kN}, \quad F_B = 10 \text{ kN}$$

(2)求指定截面的剪力和弯矩。取 1—1 截面的左段梁为研究对象,得

$$F_{S1} = F_A = 10 \text{ kN}$$

$$M_1 = F_A \times 1 \text{ m} = 10 \text{ kN} \times 1 \text{ m} = 10 \text{ kN} \cdot \text{m}$$

取 2—2 截面的左段梁为研究对象,得

$$F_{S2} = F_A - F = 10 \text{ kN} - 12 \text{ kN} = -2 \text{ kN}$$

$$M_2 = F_A \times 1 - F \times 0 = 10 \text{ kN} \times 1 \text{ m} - 0 = 10 \text{ kN} \cdot \text{m}$$

取 3—3 截面的右段梁为研究对象,得

$$F_{S3} = +q \times 2 \text{ m} - F_B = 4 \text{ kN/m} \times 2 \text{ m} - 10 \text{ kN} = -2 \text{ kN}$$

$$M_3 = -M_e - q \times 2 \text{ m} \times 1 \text{ m} + F_B \times 2 \text{ m}$$

$$= -4 \text{ kN} \cdot \text{m} - 4 \text{ kN/m} \times 2 \text{ m} \times 1 \text{ m} + 10 \text{ kN} \times 2 \text{ m}$$

$$= 8 \text{ kN} \cdot \text{m}$$

取 4—4 截面的右段梁为研究对象,得

$$F_{S4} = +q \times 2 \text{ m} - F_B = 4 \text{ kN/m} \times 2 \text{ m} - 10 \text{ kN} = -2 \text{ kN}$$

$$M_4 = -q \times 2 \text{ m} \times 1 \text{ m} + F_B \times 2 \text{ m}$$

$$= -4 \text{ kN/m} \times 2 \text{ m} \times 1 \text{ m} + 10 \text{ kN} \times 2 \text{ m}$$

$$= 12 \text{ kN} \cdot \text{m}$$

比较 1—1 截面和 2—2 截面的剪力值,可以看出,集中力 F 作用处的两侧截面上的剪力发生突变,突变值即为集中力的大小;同样,比较 3—3 截面和 4—4 截面,可以得出在集中力偶 M_e 作用处的两侧截面上,弯矩值发生突变,突变值即为集中力偶矩 M_e 的大小。

§7.3 剪力图与弯矩图

7.3.1 剪力方程和弯矩方程

梁横截面上的剪力和弯矩是随截面位置而发生变化的,若以横坐标 x 表示横截面的位

置,则梁内各横截面上的剪力和弯矩都可以表示为 x 的函数,即

$$\begin{cases} F_S = F_S(x) \\ M = M(x) \end{cases}$$

上述两式即为梁的剪力方程和弯矩方程。在列剪力方程和弯矩方程时,应根据梁上载荷的分布情况分段进行,集中力(包括支座反力)、集中力偶的作用点和分布载荷的起、止点均为分段点。

7.3.2　剪力图与弯矩图

为了表明梁的各横截面上剪力和弯矩沿梁轴线的分布情况,通常按 $F_S = F_S(x)$ 和 $M = M(x)$ 绘出函数图形,这种图形分别称为剪力图与弯矩图。

利用剪力图和弯矩图很容易确定梁的最大剪力和最大弯矩,找出梁危险截面的位置。所以,正确绘制剪力图和弯矩图是梁的强度和刚度计算的基础。

下面举例说明如何列剪力方程和弯矩方程以及绘制剪力图和弯矩图的方法。

例 7.2　图 7.13a 所示简支梁 AB,受向下均布载荷 q 作用。试列出梁的剪力方程和弯矩方程,并画出剪力图和弯矩图。

解　(1)求支座反力。由梁的对称关系,可得

$$F_A = F_B = \frac{ql}{2}$$

(2)列剪力方程和弯矩方程。取图 7.13a 所示坐标系,假想在距 A 端 x 处将梁截开,取左段梁为研究对象,可得剪力方程和弯矩方程分别为

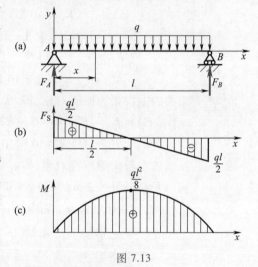

图 7.13

$$F_S(x) = F_A - qx = \frac{ql}{2} - qx \, (0 < x < l) \quad (a)$$

$$M(x) = F_A x - qx \frac{x}{2} = \frac{ql}{2}x - \frac{q}{2}x^2 \quad (0 \leqslant x \leqslant l) \quad (b)$$

(3)绘制剪力图和弯矩图。式(a)表示剪力图为一条斜直线,斜率为 $-q$,向右下倾斜。根据 $x = 0$ 时,$F_S = \frac{ql}{2}$;$x = l$ 时,$F_S = -\frac{ql}{2}$ 即可绘出剪力图(图 7.13b)。

式(b)表示弯矩图为一条开口向下的抛物线。为了求得抛物线极值点的位置,令 $\dfrac{dM(x)}{dx} = \dfrac{ql}{2} - qx = 0$,得 $x = \dfrac{l}{2}$。可见在剪力图上 $F_S = 0$ 的横截面上弯矩取得极值。由三点 $x = 0$,$x = \dfrac{l}{2}$ 和 $x = l$ 的弯矩值 $M(0) = 0$,$M\left(\dfrac{l}{2}\right) = \dfrac{ql^2}{8}$ 和 $M(l) = 0$ 即可绘出弯矩图(图 7.13c)。

由 F_S 图和 M 图可知,最大剪力发生在两端支座的内侧截面,其绝对值为 $F_{S,\max} = \dfrac{ql}{2}$;最大

弯矩发生在梁的跨度中点截面上,其值为 $M_{\max} = \dfrac{ql^2}{8}$。

例 7.3 图 7.14a 所示简支梁 AB,在 C 点受集中力 F 作用,试列出梁的剪力方程和弯矩方程,并画出剪力图和弯矩图。

解 (1)求支座反力。由静力平衡方程得

$$F_A = \frac{Fb}{l}, \quad F_B = \frac{Fa}{l}$$

(2)列剪力方程和弯矩方程。由于 C 点受集中力 F 作用,引起 AC,CB 两段的剪力方程和弯矩方程各不相同,故必须分段列方程。建立图 7.14a 坐标系。对 AC 段,取 x_1 截面的左段梁为研究对象,可得剪力方程和弯矩方程分别为

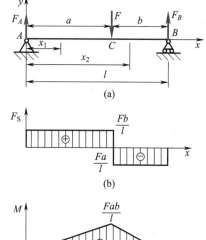

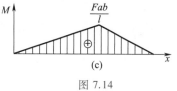

$$F_S(x_1) = F_A = \frac{Fb}{l} \quad (0 < x_1 < a) \tag{a}$$

$$M(x_1) = F_A x_1 = \frac{Fb}{l} x_1 \quad (0 \leqslant x_1 \leqslant a) \tag{b}$$

同理,对 CB 段可得剪力方程和弯矩方程分别为

$$F_S(x_2) = F_A - F = \frac{Fb}{l} - F = -\frac{Fa}{l} \quad (a < x_2 < l) \tag{c}$$

图 7.14

$$M(x_2) = F_A x_2 - F(x_2 - a) = \frac{Fb}{l} x_2 - F(x_2 - a)$$
$$= \frac{Fa}{l}(l - x_2) \quad (a \leqslant x_2 \leqslant l) \tag{d}$$

(3)绘制剪力图和弯矩图。式(a)表示在 AC 段内各截面上的剪力为常量,$F_S = \dfrac{Fb}{l}$,剪力图是一条平行于 x 轴的水平线;CB 段内剪力也类似,$F_S = -\dfrac{Fa}{l}$。

式(b)表示在 AC 段内的弯矩图是一条向右上方倾斜的斜直线,由 $x=0$,$M=0$;$x=a$,$M = \dfrac{Fab}{l}$ 决定。而式(d)表示在 CB 段内的弯矩图是一条向右下方倾斜的斜直线,由 $x=a$,$M = \dfrac{Fab}{l}$;$x=l$,$M=0$ 决定。弯矩图在集中力 F 作用处形成一折角。

由 F_S 图和 M 图可知,当 $a>b$ 时,CB 段内任意截面上的剪力值为最大,$F_{S,\max} = \dfrac{Fa}{l}$;当 $a<b$ 时,AC 段内任意截面上的剪力值为最大,$F_{S,\max} = \dfrac{Fb}{l}$。最大弯矩值发生在集中力 F 作用的 C 截面上,其值为 $M_{\max} = \dfrac{Fab}{l}$。

从 F_S 图上可明显看出,在集中力 F 作用处,剪力图上发生突变,突变的值即等于集中力的大小。

例 7.4　图 7.15a 所示简支梁 AB,在 C 截面处受集中力偶 M_e 作用。试列出梁的剪力方程和弯矩方程,并画出剪力图和弯矩图。

解　(1) 求支座反力。按力偶系平衡条件得

$$F_A = \frac{M_e}{l}, F_B = \frac{M_e}{l}(\text{方向如图 7.15a 所示})。$$

(2) 列剪力方程和弯矩方程。在 C 截面处有集中力偶作用,弯矩值发生突变,故必须分段列方程。建立图 7.15a 所示坐标系。对 AC 段,取 x_1 截面的左段梁为研究对象,可得剪力方程和弯矩方程分别为

$$F_S(x_1) = F_A = \frac{M_e}{l} \quad (0 < x_1 \leq a) \quad (\text{a})$$

$$M(x_1) = F_A x_1 = \frac{M_e}{l} x_1 \quad (0 \leq x_1 < a) \quad (\text{b})$$

同理,对 CB 段可得剪力方程和弯矩方程分别为

$$F_S(x_2) = F_A = \frac{M_e}{l} \quad (a \leq x_2 < l) \quad (\text{c})$$

$$M(x_2) = F_A x_2 - M_e = \frac{M_e}{l} x_2 - M_e \quad (a < x_2 \leq l)$$
$$(\text{d})$$

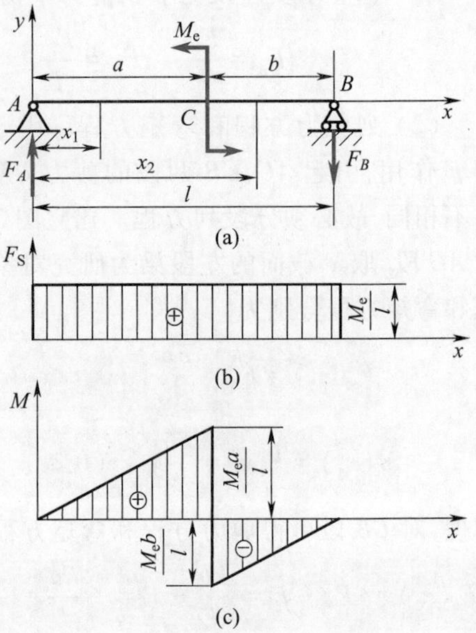

(3) 绘制剪力图和弯矩图。根据式(a)和式(c)绘出 F_S 图为一条平行于 x 轴的水平线。可见,集中力偶对 F_S 图无影响,梁上任意截面的剪力均为最大值 $F_{S,max} = \dfrac{M_e}{l}$。

式(b)和式(d)表示在 AC 段和 CB 段内,弯矩图均为斜率为 $\dfrac{M_e}{l}$ 的倾斜直线,相互平行,只是在集中力偶作用的 C 截面处,M 图发生突变,突变的绝对值等于集中力偶的大小。若 $a>b$,则在 C 点的左侧截面上有最大弯矩 $M_{max} = \dfrac{M_e}{l}a$;若 $a<b$,则在 C 点的右侧截面上有最大弯矩 $M_{max} = \dfrac{M_e}{l}b$。

图 7.15

§7.4　弯矩、剪力和载荷集度间的关系

在上节例 7.2 中,梁的剪力方程和弯矩方程分别为

$$F_S(x) = \frac{ql}{2} - qx$$

$$M(x) = \frac{ql}{2}x - \frac{q}{2}x^2$$

若将弯矩方程和剪力方程分别对 x 求导数,可得剪力方程和载荷集度(设 q 向上为正)

$$\left.\begin{aligned}\frac{\mathrm{d}M(x)}{\mathrm{d}x} &= \frac{ql}{2} - qx = F_S(x)\\[2mm]\frac{\mathrm{d}F_S(x)}{\mathrm{d}x} &= -q\end{aligned}\right\} \tag{7.3}$$

•7.4.1 弯矩、剪力和载荷集度间的关系

设简支梁 AB 上作用有任意载荷,作用于 $\mathrm{d}x$ 微段梁上的载荷集度可以认为是均布的(图7.16a)。建立图示坐标系,坐标原点在 A,并规定分布载荷向上为正。取 $\mathrm{d}x$ 微段梁为研究对象(图 7.16b),设微段梁左侧截面上的剪力和弯矩分别为 F_S 和 M;右侧截面上的剪力和弯矩应为($F_S+\mathrm{d}F_S$)和($M+\mathrm{d}M$)。在这些力的作用下,$\mathrm{d}x$ 微段梁应处于平衡状态。平衡方程为

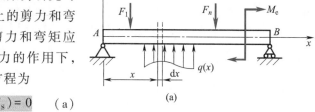

图 7.16

$$\sum F_y = 0, \quad F_S + q\mathrm{d}x - (F_S + \mathrm{d}F_S) = 0 \quad (\text{a})$$

$$\sum M_O = 0, \quad -M - F_S\mathrm{d}x - q\mathrm{d}x\frac{\mathrm{d}x}{2} + (M + \mathrm{d}M) = 0 \quad (\text{b})$$

由式(a)可得

$$\frac{\mathrm{d}F_S}{\mathrm{d}x} = q \tag{7.3a}$$

由式(b)略去二阶微量 $\frac{1}{2}q(\mathrm{d}x)^2$,整理后得

$$\frac{\mathrm{d}M}{\mathrm{d}x} = F_S \tag{7.3b}$$

将式(7.3b)代入式(7.3a)可得

$$\frac{\mathrm{d}^2M}{\mathrm{d}x^2} = q \tag{7.3c}$$

式(7.3)表示梁上弯矩 M,剪力 F_S 和载荷集度 $q(x)$ 三个函数之间的微分关系。式(7.3a)表示:剪力图中曲线上某点的斜率等于梁上对应点处的载荷集度;式(7.3b)表示:弯矩图中曲线上某点的斜率等于梁上对应截面上的剪力。

将式(7.3b)改为积分形式,得

$$M_b = M_a + \int_a^b F_S\mathrm{d}x \tag{7.4}$$

式(7.4)表示:梁上 $x=b$ 截面上的弯矩等于 $x=a$ 截面上的弯矩与对应 a,b 截面之间剪力图曲线与 x 轴所围几何图形面积的代数和。

特别需要指出的是:当梁上有集中力作用时,则该力作用横截面处式(7.3a)不适用;当梁上有集中力偶时,则在该力偶作用横截面处式(7.3b)和式(7.4)不适用。

7.4.2　利用弯矩、剪力和载荷集度之间的关系画剪力图和弯矩图

掌握了弯矩、剪力和载荷集度间的关系,有助于正确、简捷地绘制剪力图和弯矩图。同时也可检查已绘制好的剪力图和弯矩图,判断其正误。

从式(7.3)和集中力、集中力偶作用处内力图的变化规律,在图 7.16a 所示直角坐标系中可以将剪力图、弯矩图和梁上载荷三者之间的一些常见的规律小结见表 7.1。

表 7.1　F_S,M 图特征表

载荷类型	无载荷段 $q(x)=0$			均布载荷段 $q(x)=C$		集中力		集中力偶	
				$q<0$	$q>0$				
F_S 图	水平线			倾斜线		产生突变		无影响	
M 图	$F_S>0$ 倾斜线	$F_S=0$ 水平线	$F_S<0$ 倾斜线	二次抛物线,$F_S=0$ 处有极值		在 C 处有折角		产生突变	

利用表 7.1 指出的规律以及通过求出梁上某些特殊截面的内力值,可以不必再列出剪力方程和弯矩方程而直接绘制剪力图和弯矩图。下面举例说明。

例 7.5　利用 M,F_S,q 之间的关系,画出图 7.17a 所示梁的剪力图和弯矩图。

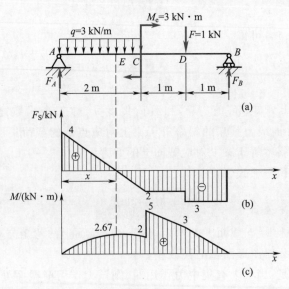

图 7.17

解 （1）求支座反力 取梁 AB 为研究对象，根据平衡方程：

$$\sum M_A = 0, \quad F_B \times 4 \text{ m} - q \times 2 \text{ m} \times 1 \text{ m} - M_e - F \times 3 \text{ m} = 0$$

$$\sum F_y = 0, \quad F_A + F_B - q \times 2 \text{ m} - F = 0$$

得

$$F_B = \frac{3 \text{ kN/m} \times 2 \text{ m} \times 1 \text{ m} + 3 \text{ kN} \cdot \text{m} + 1 \text{ kN} \times 3 \text{ m}}{4 \text{ m}} = 3 \text{ kN}$$

$$F_A = 3 \text{ kN/m} \times 2 \text{ m} + 1 \text{ kN} - 3 \text{ kN} = 4 \text{ kN}$$

（2）利用 M, F_s, q 间的关系作剪力图和弯矩图

① 分段。根据梁上的载荷，将梁分为 AC, CD, DB 三段。用 A^+ 表示离截面 A 无限近的右侧横截面，A^- 表示离截面 A 无限近的左侧横截面，其余类同。

② 先作剪力图。计算各段起、止点横截面上的剪力值，注意到集中力作用处剪力图要发生突变，其左、右截面上的剪力要分别计算。

从左起算

$$F_{SA^+} = F_A = 4 \text{ kN}$$

$$F_{SC} = F_A - q \times 2 \text{ m} = 4 \text{ kN} - 3 \text{ kN/m} \times 2 \text{ m} = -2 \text{ kN}$$

$$F_{SD^-} = F_A - q \times 2 \text{ m} = 4 \text{ kN} - 3 \text{ kN/m} \times 2 \text{ m} = -2 \text{ kN}$$

$$F_{SD^+} = F_A - q \times 2 \text{ m} - F = 4 \text{ kN} - 3 \text{ (kN/m)} \times 2 \text{ m} - 1 \text{ kN}$$

$$= -3 \text{ kN}$$

从右起算

$$F_{SB^-} = -F_B = -3 \text{ kN}$$

结合表 7.1 所示规律，剪力图在 AC 段内为右下倾斜直线，在 CD, DB 段内为水平线。根据上面数据绘出剪力图（图 7.17b）。

③ 再作弯矩图。从剪力图上可知，AC 段内 E 截面上 $F_{SE} = 0$，因此对应弯矩图上的 E 点为二次抛物线的极值点。设 AE 为 x，由图 7.17b 可得：$x : (2-x) = 4 : 2, x = 1.33 \text{ m}$。注意到集中力偶作用处弯矩图要发生突变，求出各相应横截面上的弯矩为

从左起算

$$M_A = 0$$

$$M_E = F_A x - \frac{1}{2} q x^2$$

$$= 4 \text{ kN} \times 1.33 \text{ m} - \frac{1}{2} \times 3 \text{ kN/m} \times (1.33 \text{ m})^2$$

$$= 2.67 \text{ kN} \cdot \text{m}$$

$$M_{C^-} = F_A \times 2 \text{ m} - \frac{1}{2} q \times (2 \text{ m})^2$$

$$= 4 \text{ kN} \times 2 \text{ m} - \frac{1}{2} \times 3 \text{ kN/m} \times (2 \text{ m})^2$$

$$= 2 \text{ kN} \cdot \text{m}$$

$$M_{C^+} = F_A \times 2 \text{ m} - \frac{1}{2}q \times (2 \text{ m})^2 + M_e$$

$$= 4 \text{ kN} \times 2 \text{ m} - \frac{1}{2} \times 3 \text{ kN/m} \times (2 \text{ m})^2 + 3 \text{ kN} \cdot \text{m}$$

$$= 5 \text{ kN} \cdot \text{m}$$

从右起算

$$M_B = 0, \quad M_D = F_B \times 1 \text{ m} = 3 \text{ kN} \times 1 \text{ m} = 3 \text{ kN} \cdot \text{m}$$

结合表 7.1 所示规律,弯矩图在 AC 段内为上凸的抛物线,在 CD,DB 段内为右下倾斜直线,根据上面数据可绘出弯矩图(图7.17c)。

此外,根据式(7.4)表示的剪力与弯矩间的积分关系,以及集中力偶作用处弯矩图发生突变的特点,可利用剪力图直接绘制弯矩图。例如,对本题,当绘制了剪力图后,注意到梁的起点 A 和终点 B 处没有集中力偶作用。A,B 两支座对应横截面的弯矩为零,即 $M_A = 0, M_B = 0$,于是有

$$M_E = M_A + \int_A^E F_S \mathrm{d}s = 0 + \frac{1}{2} \times 4 \text{ kN} \times 1.33 \text{ m}$$

$$= 2.67 \text{ kN} \cdot \text{m}$$

$$M_{C^-} = M_E + \int_E^C F_S \mathrm{d}s = 2.67 \text{ kN} \cdot \text{m} + \left(-\frac{1}{2} \times 2 \text{ kN} \times 0.67 \text{ m} \right)$$

$$= 2 \text{ kN} \cdot \text{m}$$

$$M_{C^+} = M_{C^-} + M_e = 2 \text{ kN} \cdot \text{m} + 3 \text{ kN} \cdot \text{m} = 5 \text{ kN} \cdot \text{m}$$

$$M_D = M_{C^+} + \int_C^D F_S \mathrm{d}s = 5 \text{ kN} \cdot \text{m} + (-2 \text{ kN} \times 1 \text{ m})$$

$$= 3 \text{ kN} \cdot \text{m}$$

根据上面的数据同样可绘制弯矩图,并可通过 B,D 两截面的弯矩值进行校核:

$$M_B = M_D + \int_D^B F_S \mathrm{d}s = 3 \text{ kN} \cdot \text{m} + (-3 \text{ kN} \times 1 \text{ m}) = 0$$

由图 7.17b 和图 7.17c 可见梁的最大剪力在 A 支座稍右的 A^+ 截面上,$F_{S,\max} = 4 \text{ kN}$,最大弯矩在梁中点的 C^+ 截面上,$M_{\max} = 5 \text{ kN} \cdot \text{m}$。

小 结

(1) 平面弯曲梁的横截面上有两个内力——剪力和弯矩。其正负号按变形规定如图 7.10、图 7.11 所示。

计算梁某横截面上的剪力和弯矩可按口诀:"左上右下,剪力为正;左顺右逆,弯矩为正",

依据所求截面左段或右段梁上的外力的指向及对截面形心力矩的转向直接求得。

（2）剪力图和弯矩图是分析梁强度和刚度问题的基础，从剪力图和弯矩图上可分析梁的危险截面。本章的要求就是能熟练、正确地画剪力图和弯矩图。

（3）根据剪力方程和弯矩方程画剪力图和弯矩图的步骤：

① 正确求解支座反力。

② 分段。集中力、集中力偶作用的作用点和分布载荷的起始点、终止点都是分段点。

③ 列出各段的剪力方程和弯矩方程。

④ 按剪力方程和弯矩方程画剪力图和弯矩图。

（4）根据弯矩、剪力和载荷集度之间的关系，可得出表 7.1 所示的一些规律，并依此直接绘制剪力图和弯矩图或对已画的内力图进行校核。通常可先按剪力与载荷集度的微分关系绘制剪力图，然后再按弯矩与剪力的积分关系绘制弯矩图。

思考题

7.1　具有对称截面的直梁发生平面弯曲的条件是什么？

7.2　剪力和弯矩的正负号是按什么原则确定的？它与坐标的选择是否有关？与静力学中力和力偶的符号规定有何区别？

7.3　如何理解在集中力作用处，剪力图有突变；在集中力偶作用处，弯矩图有突变。

7.4　一悬臂梁的剪力图与弯矩图如图 7.18 所示，试问：（1）A 点的剪力 $F_{SA} = 0$，那么弯矩图在此处是否为极值？（2）弯矩图上的极值是否就是梁的最大弯矩值？

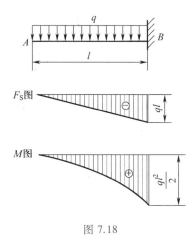

图 7.18

习　题

7.1　试求图示各梁指定截面上的剪力和弯矩。设 q, a 均为已知。

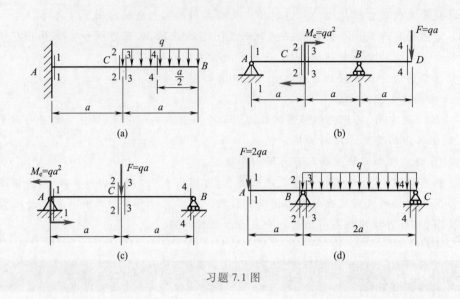

习题 7.1 图

7.2 试列出图示各梁的剪力方程和弯矩方程,画剪力图和弯矩图,并求出 $F_{S,max}$ 和 M_{max}。设 q,l,F,M_e 均为已知。

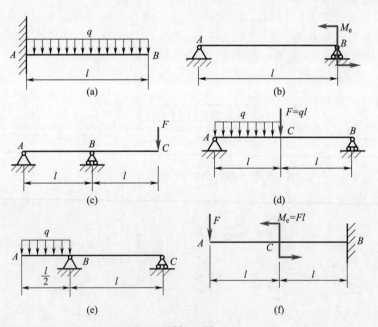

习题 7.2 图

7.3 不列剪力方程和弯矩方程,画出图示各梁的剪力图和弯矩图,并求出 $F_{S,max}$ 和 M_{max}。

7.4 试判断图中的 F_S 图,M 图是否有错,若有错改正错误。

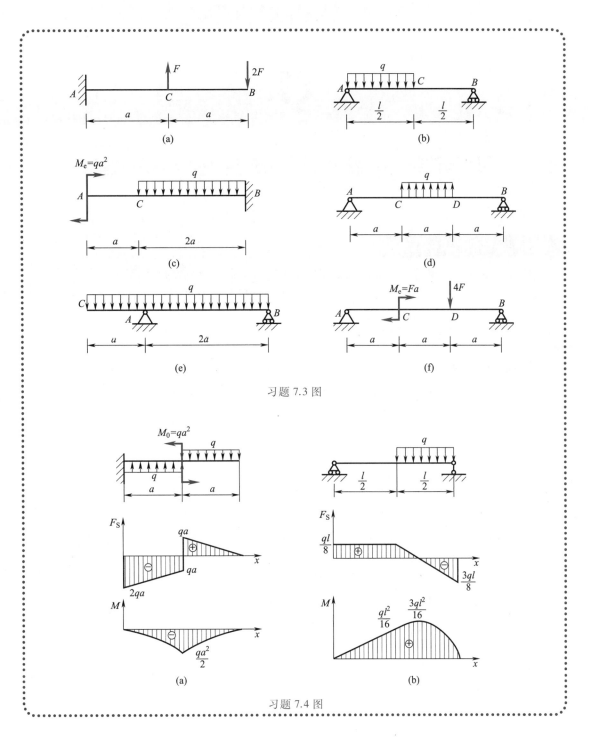

习题 7.3 图

习题 7.4 图

第 8 章

8

平面弯曲梁的强度与刚度计算

§8.1 纯弯曲时梁的正应力

研究了平面弯曲梁的内力之后,从剪力图和弯矩图上可以确定发生最大剪力和最大弯矩的危险截面。剪力是由横截面上的切应力形成,而弯矩是由横截面上的正应力形成。实验表明,当梁较为细长时,正应力是决定梁是否破坏的主要因素,切应力则是次要因素。因此,本节着重研究梁横截面上的正应力。

8.1.1 纯弯曲试验

为了研究梁横截面上正应力的分布规律,可作纯弯曲试验。

取一矩形截面的等截面简支梁 AB,其上作用两个对称的集中力 F(图 8.1)。未加载前,在中间 CD 段表面画些平行于梁轴线的纵向线和垂直于梁轴线的横向线(图 8.2a)。加载后在梁的 AC 和 DB 两段内,各横截面上同时有剪力 F_s 和弯矩 M,这种弯曲称为**剪切弯曲**(或横力弯曲);在中间 CD 段内的各横截面上,只有弯矩 M,没有剪力 F_s,这种弯曲称为**纯弯曲**。

观察纯弯曲梁的变形(图 8.2b),可以得出以下几点:

(1)梁的高度不变,纵向线弯曲成圆弧线,其间距不变。靠凸边的纵向线伸长,而靠凹边的纵向线缩短。

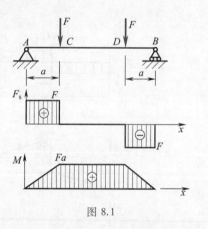

图 8.1

(2)横向线依然为直线,横向线间相对地转过了一个微小的角度,但仍与纵向线垂直。

根据上述现象,可对梁的变形提出如下假设:

(1)平面假设:梁在纯弯曲时,各横截面始终保持为平面,仅绕某轴转过了一个微小的角度。

(2)单向受力假设:设梁由无数纵向纤维组成,则这些纵向纤维处于单向拉伸或压缩状态,彼此之间没有相互挤压。

从图 8.2b 还可以看出,梁的下部纤维伸长,上部纤维压缩。由于变形的连续性,沿梁的高度一定有一层纵向纤维既不伸长又不缩短。这一纤维层称为**中性层**。中性层与横截面的交线称为**中性轴**,即图 8.2c 中的 z 轴。纯弯曲时,梁的横截面绕中性轴 z 转动了一微小角度。

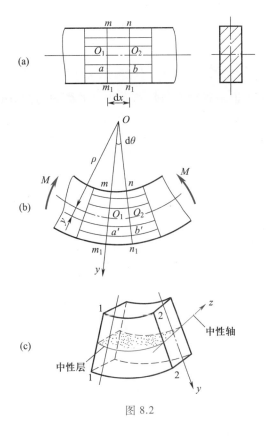

图 8.2

8.1.2 梁横截面上的正应力分布

现研究梁的变形规律。选取相距为 dx 的两相邻横截面 m—m_1 和 n—n_1。设中性层 O_1O_2 的曲率半径为 ρ,相对转动后形成的夹角为 $d\theta$(图 8.2b)。因中性层的纤维长度不变,有 $\overline{O_1O_2}$ $= dx = \rho d\theta$。距中性层 y 处的线应变为

$$\varepsilon = \frac{\overset{\frown}{a'b'} - \overline{O_1O_2}}{\overline{O_1O_2}} = \frac{(\rho+y)\,d\theta - dx}{dx}$$

$$= \frac{(\rho+y)\,d\theta - \rho d\theta}{\rho d\theta} = \frac{y}{\rho} \tag{8.1}$$

这是横截面上各点处线应变随截面高度的变化规律。由于假设纵向纤维只受到单向拉伸或压缩,当正应力没有超过材料的比例极限 σ_{p} 时,由胡克定律得

$$\sigma = E\varepsilon = E\frac{y}{\rho} \tag{8.2}$$

式(8.2)表明,纯弯曲梁横截面上任一点的正应力与该点到中性轴的距离成正比;距中性轴同一高度上各点的正应力相等。显然,在中性轴上各点处的正应力为零,如图 8.3 所示。

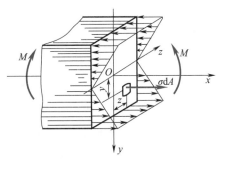

图 8.3

8.1.3　梁的正应力计算

式(8.2)中,中性轴位置和曲率$\dfrac{1}{\rho}$均为未知,因此不能计算弯曲正应力的数值。

在纯弯曲梁的横截面上取一微面积 dA,微面积上的微内力为 σdA(图 8.3)。由于纯弯曲梁横截面上的内力只有弯矩 M,没有轴力 F_N,所以

$$F_N = \int_A \sigma dA = 0$$

将式(8.2)代入,得

$$\frac{E}{\rho} \int_A y dA = 0$$

因为$\dfrac{E}{\rho} \neq 0$,所以横截面对中性轴的静矩 $S_z = \int_A y dA = y_C A = 0$,即说明中性轴 z 必通过横截面的形心。

同时,横截面上微内力对中性轴 z 的合力矩等于该横截面上的弯矩,即

$$M = \int_A (\sigma dA) y$$

将式(8.2)代入,得

$$\frac{E}{\rho} \int_A y^2 dA = M$$

式中,$\int_A y^2 dA$ 是横截面对中性轴 z 的截面二次矩,以 I_z 表示,又称轴惯性矩,单位为 m^4。于是上式可改写为

$$\frac{1}{\rho} = \frac{M}{EI_z} \tag{8.3}$$

这是研究梁弯曲变形的一个基本公式。它说明弯曲时梁轴线的曲率$\dfrac{1}{\rho}$与弯矩 M 成正比,与 EI_z 成反比,乘积 EI_z 称为梁截面的抗弯刚度。

将式(8.3)代入式(8.2),得

$$\sigma = \frac{My}{I_z} \tag{8.4}$$

式(8.4)即为纯弯曲梁的正应力计算公式。实际使用时,M 和 y 都取绝对值,由梁的变形直接判断 σ 的正负。

从式(8.4)可知,在离中性轴最远的梁的上下边缘处正应力最大。即

$$\sigma_{max} = \frac{My_{max}}{I_z}$$

令 $W_z = \dfrac{I_z}{y_{max}}$,$W_z$ 称为横截面对中性轴 z 的弯曲截面系数,单位是 m^3。则

$$\sigma_{max} = \frac{M}{W_z} \tag{8.5}$$

应该指出,式(8.4)和式(8.5)是从纯弯曲梁的变形推导出的,梁的材料要服从胡克定律,且拉伸或压缩时的弹性模量要相等。对剪切弯曲(横力弯曲),由于剪力的存在,梁的横截面将发生翘曲,横向力又使纵向纤维之间产生挤压,梁的变形较为复杂。但是,根据实验和分析证实,当梁的跨度 l 与横截面高度 h 之比 $\frac{l}{h}>5$ 时,横截面上正应力分布与纯弯曲很接近,剪力的影响很小,所以,式(8.4)和式(8.5)同样适用于剪切弯曲梁的正应力计算。

§8.2 常用截面二次矩 平行移轴公式

8.2.1 常用截面二次矩

1. 矩形截面

设矩形截面的高为 h,宽为 b,过形心 O 作 y 轴和 z 轴,如图 8.4 所示。取宽为 b 高为 $\mathrm{d}y$ 的狭长条为微面积,则 $\mathrm{d}A = b\mathrm{d}y$,由截面二次矩的定义得

$$I_z = \int_A y^2 \mathrm{d}A = \int_{-h/2}^{h/2} y^2 b\mathrm{d}y = \frac{bh^3}{12} \tag{8.6a}$$

$$W_z = \frac{I_z}{y_{\max}} = \frac{bh^3/12}{h/2} = \frac{bh^2}{6} \tag{8.6b}$$

同理可得

$$I_y = \frac{hb^3}{12} \tag{8.6c}$$

$$W_y = \frac{hb^2}{6} \tag{8.6d}$$

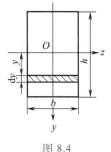

图 8.4

2. 圆形截面与圆环形截面

设圆形截面的直径为 d,y 轴和 z 轴过形心 O(图 8.5a)。取微面积 $\mathrm{d}A$,其坐标为 y 和 z。圆形截面对圆心 O 的截面二次极矩为

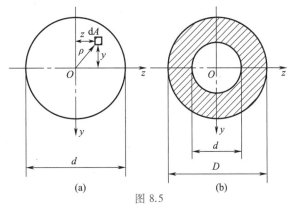

(a)　　　　　　　　(b)

图 8.5

$$I_{\mathrm{p}} = \int_A \rho^2 \mathrm{d}A = \frac{\pi d^4}{32}$$

现在由 $\rho^2 = y^2 + z^2$ 可得

$$I_p = \int_A \rho^2 dA = \int_A (y^2 + z^2) dA$$

$$= \int_A y^2 dA + \int_A z^2 dA = I_y + I_z$$

又因为圆截面对圆心是中心对称的,$I_y = I_z$,因此

$$I_y = I_z = \frac{I_p}{2} = \frac{\pi d^4}{64} \tag{8.7a}$$

$$W_y = W_z = \frac{\pi d^3}{32} \tag{8.7b}$$

对圆环形截面(图 8.5b),用同样方法可以得到

$$I_y = I_z = \frac{\pi D^4}{64}(1-\alpha^4) \tag{8.8a}$$

$$W_y = W_z = \frac{\pi D^3}{32}(1-\alpha^4) \tag{8.8b}$$

式中,D 为圆环的外径,α 为内外径之比,$\alpha = \dfrac{d}{D}$。

3. 型钢的截面

有关型钢的截面二次矩 I_z 和弯曲截面系数 W_z 可在有关工程手册中查到。本书的附录中列出了部分型钢规格表,以备查用。

*8.2.2　组合截面二次矩　平行移轴公式

工程实际中有许多梁的截面形状比较复杂,这些复杂的截面形状可分解为几个简单图形的组合。组合截面对 z 轴的截面二次矩等于各组成部分对 z 轴的截面二次矩的代数和,即

$$I_z = \sum_{i=1}^{n} I_{zi} \tag{8.9}$$

一般情况下,中性轴 z 不可能通过各个组成部分的形心,因此在应用公式(8.9)时需要用到平行移轴公式:

$$I_{z1} = I_z + a^2 A \tag{8.10}$$

式(8.10)说明:截面对任一轴的截面二次矩等于它对平行于该轴的形心轴的截面二次矩,加上截面面积与两轴间距离平方的乘积。下面举例说明平行移轴公式的应用和组合截面二次矩的计算。

例 8.1　T 形截面如图 8.6 所示,求其对中性轴 z 的截面二次矩。

解　将 T 形截面视为由矩形 Ⅰ 和矩形 Ⅱ 组成。

(1) 确定形心和中性轴 z 的位置。按计算平面组合图形形心的公式:

$$y'_c = \frac{A_{\text{I}} y_1 + A_{\text{II}} y_2}{A_{\text{I}} + A_{\text{II}}}$$

$$= \frac{20 \text{ mm} \times 60 \text{ mm} \times 10 \text{ mm} + 20 \text{ mm} \times 60 \text{ mm} \times 50 \text{ mm}}{20 \text{ mm} \times 60 \text{ mm} + 20 \text{ mm} \times 60 \text{ mm}}$$

$= 30 \text{ mm}$

（2）求各组成部分对中性轴 z 的截面二次矩，按平行移轴公式：

$$I_{z\text{I}} = I_{z_1\text{I}} + a_\text{I}^2 A_\text{I}$$

$$= \frac{60 \text{ mm} \times (20 \text{ mm})^3}{12} + (30 \text{ mm} - 10 \text{ mm})^2 \times$$

$$20 \text{ mm} \times 60 \text{ mm}$$

$$= 52 \times 10^4 \text{ mm}^4$$

$$I_{z\text{II}} = I_{z_2\text{II}} + a_\text{II}^2 A_\text{II}$$

$$= \frac{20 \text{ mm} \times (60 \text{ mm})^3}{12} + (50 \text{ mm} - 30 \text{ mm})^2 \times$$

$$20 \text{ mm} \times 60 \text{ mm}$$

$$= 84 \times 10^4 \text{ mm}^4$$

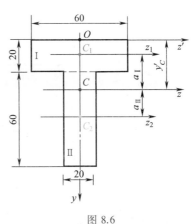

图 8.6

（3）T 形截面对中性轴 z 的截面二次矩为

$$I_z = I_{z\text{I}} + I_{z\text{II}} = 136 \times 10^4 \text{ mm}^4$$

§8.3 弯曲正应力强度计算

为了保证梁能安全地工作，必须使梁具备足够的强度。对等截面梁来说，最大弯曲正应力发生在弯矩最大的截面的上下边缘处，而上下边缘处各点的切应力为零（见§8.4），处于单向拉伸或压缩状态，如果梁材料的许用应力为 $[\sigma]$，则梁弯曲正应力强度条件为

$$\sigma_{\max} = \frac{M_{\max}}{W_z} \leqslant [\sigma] \tag{8.11}$$

需要指出的是，式（8.11）只适用于许用拉应力和许用压应力相等的塑性材料。对于像铸铁之类的脆性材料，许用拉应力 $[\sigma_t]$ 和许用压应力 $[\sigma_c]$ 并不相等，应分别建立相应的强度条件，即

$$\sigma_{t,\max} \leqslant [\sigma_t], \quad \sigma_{c,\max} \leqslant [\sigma_c] \tag{8.12}$$

根据梁的正应力强度条件，可以解决三类强度计算问题：校核强度、设计截面尺寸和确定许用载荷。

例 8.2 简支矩形木梁 AB 如图 8.7 所示，跨度 $l = 5 \text{ m}$，承受均布载荷集度 $q = 3.6 \text{ kN/m}$，木材顺纹许用应力 $[\sigma] = 10 \text{ MPa}$。设梁横截面高度之比为 $h/b = 2$，试选择梁的截面尺寸。

解 画出梁的弯矩图，最大弯矩在梁跨中点截面上。其值为

$$M_{\max} = \frac{ql^2}{8} = \frac{3.6 \times 10^3 \text{ N/m} \times (5 \text{ m})^2}{8}$$

$$= 11.25 \times 10^3 \text{ N} \cdot \text{m} = 11.25 \text{ kN} \cdot \text{m}$$

由强度条件 $\sigma_{\max} = \dfrac{M_{\max}}{W_z} \leqslant [\sigma]$，得

$$W_z \geqslant \frac{M_{\max}}{[\sigma]} = \frac{11.25 \times 10^3 \text{ N} \cdot \text{m}}{10 \times 10^6 \text{ Pa}} = 1.125 \times 10^{-3} \text{ m}^3$$

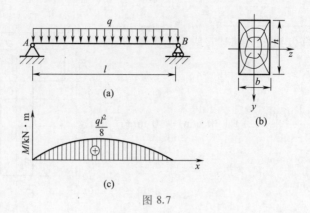

图 8.7

矩形截面弯曲截面系数

$$W_z = \frac{bh^2}{6} = \frac{b(2b)^2}{6} = \frac{2b^3}{3}$$

由 $\frac{2b^3}{3} \geqslant 1.125 \times 10^{-3}$ m,得

$$b \geqslant \sqrt[3]{\frac{3 \times 1.125 \times 10^{-3} \text{ m}^3}{2}} = 0.119 \text{ m}$$

$$h = 2b = 0.238 \text{ m}$$

最后可选取 240 mm × 120 mm 的矩形截面。

例 8.3　悬臂梁 AB,型号为 No.18 号工字钢(图 8.8a)。已知许用应力 $[\sigma] = 170$ MPa,$l = 1.2$ m,不计梁的自重,试计算自由端集中力 F 的最大许可值 $[F]$。

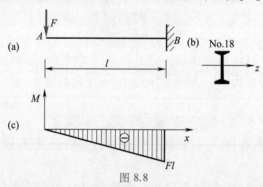

图 8.8

解　画出梁的弯矩图如图 8.8c 所示。最大弯矩靠近固定端 B,$M_{max} = Fl = 1.2F(\text{N} \cdot \text{m})$,查附录得 No.18 工字钢弯曲截面系数 $W_z = 185$ cm^3。

由强度条件　$\sigma_{max} = \dfrac{M_{max}}{W_z} \leqslant [\sigma]$,得

$$M_{max} \leqslant W_z [\sigma]$$

$$(1.2 \text{ m})F \leqslant 185 \times 10^{-6} \text{ m}^3 \times 170 \times 10^6 \text{ Pa}$$

因此　　　　$[F] = \dfrac{1.85 \times 10^{-6} \text{ m}^3 \times 170 \times 10^6 \text{ Pa}}{1.2 \text{ m}} = 26.2 \times 10^3 \text{ N} = 26.2 \text{ kN}$

例 **8.4** T形截面铸铁梁的载荷和截面尺寸如图 8.9a 和图8.9b所示。铸铁的抗拉许用应力 $[\sigma_t] = 30$ MPa,抗压许用应力为 $[\sigma_c] = 160$ MPa。试校核梁的强度。

解 (1)由静力平衡方程求出支座反力为

$$F_A = 0.75 \text{ kN}, \quad F_B = 3.75 \text{ kN}$$

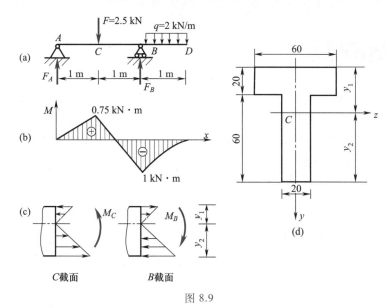

图 8.9

(2)画出弯矩图如图 8.9b 所示。最大正弯矩在截面 C 上,$M_C = 0.75$ kN·m;最大负弯矩在截面 B 上,$M_B = -1$ kN·m。

(3)本题T形截面对中性轴的截面二次矩已在例8.1中求出

$$I_z = 136 \times 10^4 \text{ mm}^4, \quad y_1 = 30 \text{ mm}, \quad y_2 = 50 \text{ mm}$$

由于 T 形截面对中性轴 z 不对称,同一截面上的最大拉压力和压应力并不相等,因此必须分别对危险截面 B 和 C 进行强度校核。

(4)强度校核

分别作出 B 截面和 C 截面的正应力分布图(图 8.9c),因为 $|M_B| > |M_C|$,所以最大压应力发生于 B 截面的下边缘;至于最大拉应力发生在 C 截面下边缘还是 B 截面上边缘,则要通过计算后才能确定。

$$\sigma_{c,max} = \frac{M_B y_2}{I_z} = \frac{1 \times 10^3 \text{N} \cdot \text{m} \times 50 \times 10^{-3}\text{m}}{136 \times 10^{-8} \text{ m}^4}$$

$$= 36.8 \times 10^6 \text{Pa} = 36.8 \text{ MPa} < [\sigma_c]$$

在 B 截面上

$$\sigma'_{t,max} = \frac{M_B y_1}{I_z} = \frac{1 \times 10^3 \text{N} \cdot \text{m} \times 30 \times 10^{-3}\text{m}}{136 \times 10^{-8}\text{m}^4}$$

$$= 22.1 \times 10^6 \text{ Pa} = 22.1 \text{ MPa} < [\sigma_t]$$

在 C 截面上

$$\sigma''_{t,max} = \frac{M_C y_2}{I_z} = \frac{0.75 \times 10^3 N \cdot m \times 50 \times 10^{-3} \, m}{136 \times 10^{-8} m^4}$$

$$= 27.6 \times 10^6 Pa = 27.6 \, MPa < [\sigma_t]$$

可见最大拉应力发生在 C 截面的下边缘处。

从以上强度计算可看出,梁的强度条件是满足的。

§8.4　弯曲切应力简介

梁在剪切弯曲(横力弯曲)时,横截面上除了由弯矩引起的正应力以外,还存在着由剪力引起的切应力。在一般情况下,正应力是支配梁强度的主要因素,按弯曲正应力强度计算即可满足工程要求。但在某些情况下,例如跨度较短的梁,载荷较大又靠近支座的梁,腹板高而窄的组合截面梁,焊接、铆接、胶合的梁等,有可能因梁材料的剪切强度不足而发生破坏,需要对梁进行弯曲切应力强度计算。

下面简单介绍矩形截面梁的弯曲切应力公式和几种常见典型截面梁的切应力最大值计算公式。

8.4.1　矩形截面梁横截面上的切应力

设矩形截面梁的横截面宽度为 b,高为 h,且 $h>b$,横截面上剪力为 F_S(图 8.10a)。今假设:

① 横截面上各点处切应力方向与剪力 F_S 相平行;

② 切应力沿截面宽度均匀分布,距中性轴 z 等高的各点切应力大小相等。

据此可推导出距中性轴 y 处的切应力公式为

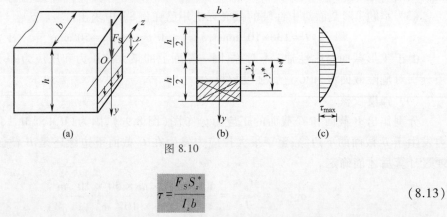

图 8.10

$$\tau = \frac{F_S S_z^*}{I_z b} \tag{8.13}$$

式中,F_S 为横截面上的剪力,S_z^* 为截面上距中性轴为 y 的横线外侧阴影部分的矩形面积 A^* 对中性轴 z 的静矩,I_z 为整个横截面对中性轴 z 的截面二次矩,b 为截面宽度。

静矩的计算公式为 $S_z^* = A^* y^*$(图 8.10b),代入式(8.13)后,可得

$$\tau = \frac{F_S}{2I_z}\left(\frac{h^2}{4} - y^2\right) \tag{8.14}$$

从式(8.14)中看出,切应力沿截面高度按抛物线规律变化。在上下边缘的各点处,切应力等于零;最大切应力发生在中性轴上的各点处。将 $y=0$ 代入式(8.14)得

$$\tau_{max} = \frac{3}{2}\frac{F_S}{bh} = \frac{3}{2}\frac{F_S}{A} \qquad (8.15)$$

可见矩形截面梁最大切应力为平均切应力$\frac{F_S}{A}$的 1.5 倍。

8.4.2 其他常见典型截面梁的最大切应力公式

其他常见典型截面梁如工字形截面梁,圆形截面梁和圆环形截面梁,最大切应力也发生在中性轴上(图 8.11),其值为

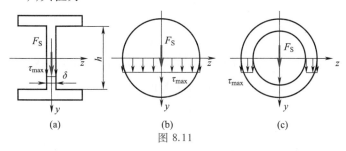

图 8.11

工字形截面: $$\tau_{max} = \frac{F_S}{A_{腹}} \qquad (8.16)$$

圆形截面: $$\tau_{max} = \frac{4F_S}{3A} \qquad (8.17)$$

圆环形截面: $$\tau_{max} = 2\frac{F_S}{A} \qquad (8.18)$$

式(8.16)中,$A_{腹} = h\delta$;式(8.17)和式(8.18)中,A 为横截面面积。

8.4.3 梁的切应力强度条件

对整个梁而言,最大切应力 τ_{max} 发生在最大剪力 $F_{S,max}$ 所在的横截面的中性轴上。梁的切应力强度条件为

$$\tau_{max} \leqslant [\tau] \qquad (8.19)$$

式中,$[\tau]$ 为梁所用材料的许用切应力。

一般在设计梁的截面时,通常可先按正应力强度条件计算,再进行切应力强度校核。

例 8.5 图 8.12 所示简支梁承受集中力作用,材料的许用正应力 $[\sigma] = 140$ MPa,许用切应力 $[\tau] = 80$ MPa。试选择工字钢型号。

解 (1)由静力平衡方程求出支座反力,得

$$F_A = 54 \text{ kN}, \quad F_B = 6 \text{ kN}$$

(2)画梁的剪力图和弯矩图,得

$$F_{S,max} = 54 \text{ kN}, \quad M_{max} = 10.8 \text{ kN} \cdot \text{m}$$

(3)由正应力强度条件选择工字钢型号

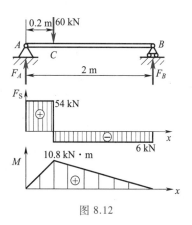

图 8.12

$$W_z \geqslant \frac{M_{\max}}{[\sigma]} = \frac{10.8 \times 10^3 \text{N} \cdot \text{m}}{140 \times 10^6 \text{Pa}} = 77.1 \times 10^{-6} \text{m}^3$$

查附录型钢规格表,选用 No.12.6 工字钢,$W_z = 77.5 \text{ cm}^3$,$h = 126 \text{ mm}$,$t = 8.4 \text{ mm}$,$d = 5 \text{ mm}$。

（4）按切应力强度条件校核

$$\tau_{\max} = \frac{F_{S,\max}}{A_{腹}} = \frac{54 \times 10^3 \text{N}}{(0.126 \text{ m} - 2 \times 0.008 \text{ 4 m}) \times 0.005 \text{ m}}$$

$$= 98.9 \times 10^6 \text{Pa} = 98.9 \text{ MPa} > [\tau]$$

需重选。重选 No.14 工字钢,$h = 140 \text{ mm}$,$t = 9.1 \text{ mm}$,$d = 5.5 \text{ mm}$。则

$$\tau_{\max} = \frac{F_{S,\max}}{A} = \frac{54 \times 10^3 \text{N}}{(0.14 \text{ m} - 2 \times 0.009 \text{ 1 m}) \times 0.005 \text{ 5 m}}$$

$$= 80.6 \times 10^3 \text{ Pa} = 80.6 \text{ MPa} > [\tau]$$

一般设计规范规定:只要最大工作应力超过材料许用应力的数值在许用应力值的 5% 范围内,也是允许的。显然,上述最大切应力 $\tau_{\max}$ 符合这个规定,最后确定选用 No.14 工字钢。

§8.5　梁的弯曲变形概述

为保证梁能正常地工作,除了满足强度条件外,还要求它具有足够的刚度。如果梁的变形过大,也不能保证梁正常工作。例如起重机大梁在起吊重物后弯曲变形过大,会使起重机运行时产生振动,破坏工作的平稳性;齿轮轴变形过大,会造成齿轮啮合不良,产生噪声和振动,增加齿轮、轴承的磨损,降低使用寿命;轧机轧制钢板,如轧辊变形过大,将造成轧制钢板厚薄不匀,影响产品质量,因此必须限制梁的弯曲变形。当然,有些弯曲构件要求增大弯曲变形以满足实际需求,如车辆上的叠板弹簧就是利用弯曲变形来缓和冲击和振动。

8.5.1　挠曲线方程

设悬臂梁 AB,受载荷作用后,梁的轴线被弯成一条光滑的连续曲线 AB'（图 8.13）。建立图示坐标系,则该平面曲线可用函数方程表示:

$$w = f(x) \tag{8.20}$$

式（8.20）称为梁的挠曲线方程。

8.5.2　挠度与转角

从梁的挠曲线方程,可以描述梁的弯曲变形。梁承载后产生两种变形:

（1）线位移。在小变形条件下,梁轴线上的任一点 C（即梁横截面的形心）变形后移至 C_1,有铅直线位移 $w = \overline{CC_1}$,称为 C 点的挠度。在图 8.13 所示直角坐标系中,规定向上挠度为正,向下挠度为负。

（2）角位移。C 点处的横截面 $m{-}n$ 将绕中性轴转动一个角度至 $m_1{-}n_1$,有角位移 θ,称为该截面的转角。在图 8.13 所示直角坐标系中,规定逆时针转向的转角为正,顺时针转向的转角为负。由于梁

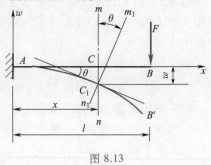

图 8.13

横截面变形后仍垂直于梁的轴线,因此任一横截面的转角,也可以用截面形心处挠曲线的切线与 x 轴的夹角来表示。由微分学可知,过挠曲线上任意点的切线与 x 轴夹角的正切就是挠曲线上该点的斜率,即

$$\tan \theta = \frac{\mathrm{d}w}{\mathrm{d}x} = w'$$

因为工程上转角 θ 一般都很小,故有 $\tan \theta \approx \theta$。则

$$\theta = \frac{\mathrm{d}w}{\mathrm{d}x} = w' \tag{8.21}$$

显然,如果能建立梁的挠曲线方程,那么,梁的任意截面上的挠度 w 与转角 θ 均可求得。

§8.6 用叠加法求梁的变形

8.6.1 梁的挠曲线近似微分方程

在推导梁的正应力公式时已经得到式(8.3)

$$\frac{1}{\rho} = \frac{M}{EI_z}$$

对横力弯曲,弯矩 M 是随截面位置而变的,是 x 的函数;同样梁变形后的曲率半径也是 x 的函数。因此上式可改写为

$$\frac{1}{\rho(x)} = \frac{M(x)}{EI_z}$$

在图 8.14 梁的挠曲线中任取一微段 $\mathrm{d}s$,则有

$$\mathrm{d}s = \rho(x)\mathrm{d}\theta \quad \text{或} \quad \frac{1}{\rho(x)} = \frac{\mathrm{d}\theta}{\mathrm{d}s}$$

因梁的变形很小,$\mathrm{d}s \approx \mathrm{d}x$,上式可写成

$$\frac{1}{\rho(x)} = \frac{\mathrm{d}\theta}{\mathrm{d}x}$$

将式(8.21)代入上式可得

$$\frac{\mathrm{d}\theta}{\mathrm{d}x} = \frac{\mathrm{d}^2 w}{\mathrm{d}x^2} = \frac{1}{\rho(x)}$$

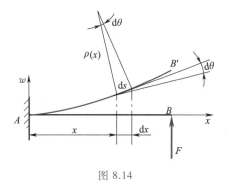

图 8.14

从而得到

$$\frac{\mathrm{d}^2 w}{\mathrm{d}x^2} = \frac{M(x)}{EI_z} \tag{8.22}$$

式(8.22)称为梁的挠曲线近似微分方程。

对等截面直梁可写成

$$EI_z \frac{\mathrm{d}^2 w}{\mathrm{d}x^2} = M(x) \tag{8.23}$$

结合边界条件和变形连续条件解此挠曲线近似微分方程,可得出梁的转角方程和挠曲线方程,从而求得梁的最大挠度和最大转角。

表 8.1 给出了简支梁和悬臂梁在简单载荷下的挠曲线方程,端截面转角和最大挠度。

表 8.1　梁在简单的荷载作用下的挠曲线方程、端截面转角和最大挠度

梁的简图	挠曲线方程	端截面转角	最大挠度
M_e 作用于 B 端的悬臂梁	$w = \dfrac{M_e x^2}{2EI_z}$	$\theta_B = -\dfrac{M_e l}{EI_z}$	$w_B = \dfrac{M_e l^2}{2EI_z}$
F 作用于 B 端的悬臂梁	$w = -\dfrac{Fx^2}{6EI_z}(3l-x)$	$\theta_B = -\dfrac{Fl^2}{2EI_z}$	$w_B = -\dfrac{Fl^3}{3EI_z}$
F 作用于 C 点的悬臂梁	$w = -\dfrac{Fx^2}{6EI_z}(3a-x)$ $0 \leqslant x \leqslant a$ $w = -\dfrac{Fa^2}{6EI_z}(3x-a)$ $a \leqslant x \leqslant l$	$\theta_B = -\dfrac{Fa^2}{2EI_z}$	$w_B = -\dfrac{Fa^2}{6EI_z}(3l-a)$
q 均布荷载的悬臂梁	$w = -\dfrac{qx^2}{24EI_z} \cdot$ $(x^2 - 4lx + 6l^2)$	$\theta_B = -\dfrac{ql^3}{6EI_z}$	$w_B = -\dfrac{ql^4}{8EI_z}$
M_e 作用于 A 端的简支梁	$w = -\dfrac{M_e x}{6EI_z l} \cdot$ $(l-x)(2l-x)$	$\theta_A = -\dfrac{M_e l}{3EI_z}$ $\theta_B = \dfrac{M_e l}{6EI_z}$	$x = \left(1 - \dfrac{1}{\sqrt{3}}\right) l$ $w_{max} = -\dfrac{M_e l^2}{9\sqrt{3}\,EI_z}$ $x = \dfrac{l}{2}$ $w = -\dfrac{M_e l^2}{16EI_z}$
M_e 作用于 C 点的简支梁	$w = \dfrac{M_e x}{6EI_z l} \cdot$ $(l^2 - 3b^2 - x^2)$ $0 \leqslant x \leqslant a$ $w = \dfrac{M_e}{6EI_z l} \cdot$ $[-x^3 + 3l(x-a)^2 + (l^2 - 3b^2)x]$ $a \leqslant x \leqslant l$	$\theta_A = \dfrac{M_e}{6EI_z l}(l^2 - 3b^2)$ $\theta_B = \dfrac{M_e}{6EI_z l}(l^2 - 3a^2)$	

续表

梁的简图	挠曲线方程	端截面转角	最大挠度
	$w=-\dfrac{Fx}{48EI_z}\cdot$ $(3l^2-4x^2)$ $0\leqslant x\leqslant \dfrac{l}{2}$	$\theta_A=-\theta_B$ $=-\dfrac{Fl^2}{16EI_z}$	$w_{max}=-\dfrac{Fl^3}{48EI_z}$
	$w=-\dfrac{Fbx}{6EI_zl}\cdot$ $(l^2-x^2-b^2)$ $0\leqslant x\leqslant a$ $w=-\dfrac{Fb}{6EI_zl}\Big[\dfrac{l}{b}\cdot$ $(x-a)^3+(l^2-$ $b^2)x-x^3\Big]$ $a\leqslant x\leqslant l$	$\theta_A=-\dfrac{Fab(l+b)}{6EI_zl}$ $\theta_B=\dfrac{Fab(l+a)}{6EI_zl}$	设 $a>b$, 在 $x=\sqrt{\dfrac{l^2-b^2}{3}}$ 处, $w_{max}=$ $-\dfrac{Fb\sqrt{(l^2-b^2)^3}}{9\sqrt{3}\,EI_zl}$ 在 $x=\dfrac{l}{2}$ 处, $w_{l/2}=-\dfrac{Fb(3l^2-4b^2)}{48EI_z}$
	$w=-\dfrac{qx}{24EI_z}\cdot$ $(l^3-2lx^2+x^3)$	$\theta_A=-\theta_B$ $=-\dfrac{ql^3}{24EI_z}$	$w_{max}=-\dfrac{5ql^4}{384EI_z}$

8.6.2 用叠加法求梁的变形

从表 8.1 可以看出,梁的挠度和转角均为载荷的一次函数,在此情况下,当梁上同时受到 n 个载荷作用时,由某一载荷所引起的梁的变形不受其他载荷的影响。梁的变形满足线性叠加原理:即先求出各个载荷单独作用下梁的挠度和转角,然后将它们代数相加,得到 n 个载荷同时作用时梁的挠度与转角。

8.6.3 梁的刚度条件

梁的刚度条件为

$$\left.\begin{array}{l} w_{max}\leqslant[w] \\ \theta_{max}\leqslant[\theta] \end{array}\right\} \tag{8.24}$$

式中,$[w]$ 为梁的许用挠度,$[\theta]$ 为梁的许可转角。它们的具体数值可参照有关手册确定。

例 8.6 行车大梁采用 No.45a 工字钢,跨度 $l=9.2$ m(图 8.15a)。已知电动葫芦重 5 kN,最大起重量为 50 kN,许用挠度 $[w]=\dfrac{l}{500}$,试校核行车大梁的刚度。

解 将行车大梁简化为图 8.15b 的简支梁。视梁的自重为均布载荷 q,起重量和电动葫芦自重为集中力 F。当电动葫芦处于梁中点时,大梁的变形最大。

(1)利用叠加法求变形。查附录中的型钢规格表得 $q=80.4$ kg/m×9.8 m/s^2 =788 N/m,

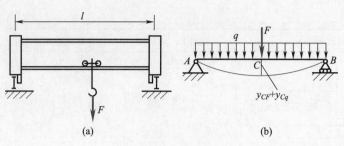

图 8.15

$I_z = 32\ 200\ \text{cm}^4$。又 $E = 200\ \text{GPa}, F = (50+5)\ \text{kN} = 55\ \text{kN}$。查表 8.1 得

$$w_{CF} = \frac{Fl^3}{48EI_z} = \frac{55 \times 10^3\ \text{N} \times (9.2\ \text{m})^3}{48 \times 200 \times 10^9\ \text{Pa} \times 32\ 200 \times 10^{-8}\ \text{m}^4} = 1.38 \times 10^{-2}\ \text{m}$$

$$w_{Cq} = \frac{5ql^4}{384EI_z} = \frac{5 \times 788(\text{N/m}) \times (9.2\ \text{m})^4}{384 \times 200 \times 10^9\ \text{Pa} \times 32\ 200 \times 10^{-8}\ \text{m}^4}$$

$$= 1.14 \times 10^{-3}\ \text{m}$$

$$w_{C,\max} = w_{CF} + w_{Cq}$$
$$= 1.38 \times 10^{-2}\ \text{m} + 1.14 \times 10^{-3}\ \text{m} = 1.49 \times 10^{-2}\ \text{m}$$

（2）校核刚度。梁的许用挠度为

$$[w] = \frac{l}{500} = \frac{9.2\ \text{m}}{500} = 1.84 \times 10^{-2}\text{m}$$

$$w_{C,\max} = 1.49 \times 10^{-2}\text{m} < [w] = 1.84 \times 10^{-2}\ \text{m}_\circ$$

符合刚度要求。

例 8.7　试求三支座桥梁（图 8.16a）支座的约束力，图 8.16b 为该桥梁的计算简图。

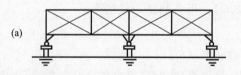

解　（1）从图 8.16b 三支座桥梁的计算简图可以看出，与简支梁相比，三支座梁增加了一个活动铰链支座，也就增加了一个未知量。因此，本题为一次超静定问题。

（2）如果将 C 活动铰链支座的约束力 F_C 视为多余约束力，那么，图 8.16c 所示简支梁是三支座超静定梁（图 8.16b）的静定基。

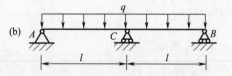

（3）将静定基和原来的超静定梁进行比较。如果静定基要满足变形协调条件，则 C 点的挠度为零。利用叠加原理得

$$w_C = w_{Cq} + w_{CF_C} = 0$$

查表 8.1 得

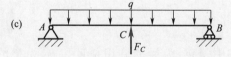

$$w_{Cq} = -\frac{5ql^4}{24EI}\ \text{和}\ w_{CF_C} = \frac{F_C l^3}{6EI}$$

代入上式得

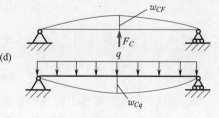

图 8.16

$$F_C = \frac{5}{4}ql$$

（4）利用静力平衡条件，可求得其他约束力为

$$F_A = \frac{3}{8}ql, \quad F_B = \frac{3}{8}ql$$

以上求解超静定梁的方法称为**变形比较法**。

§8.7 提高梁的强度和刚度的措施

从梁的弯曲正应力公式 $\sigma_{max} = \dfrac{M_{max}}{W_z}$ 可知，梁的最大弯曲正应力与梁上的最大弯矩 M_{max} 成正比，与弯曲截面系数 W_z 成反比；从梁的挠度和转角的表达式看出梁的变形与跨度 l 的高次方成正比，与梁的抗弯刚度 EI_z 成反比。依据这些关系，可以采用以下措施来提高梁的强度和刚度，在满足梁的抗弯能力前提下，尽量减少消耗的材料。

1. 合理安排梁的支承

在梁的尺寸和截面形状已经设定的条件下，合理安排梁的支承，可以起到降低梁上最大弯矩的作用，同时也缩小了梁的跨度，从而提高了梁的强度和刚度。以图 8.17a 所示均布载荷作用下的简支梁为例，若将两端支座各向里侧移动 $0.2l$（图 8.17b），梁上的最大弯矩只及原来的 $\dfrac{1}{5}$，同时梁上的最大挠度和最大转角也变小了。

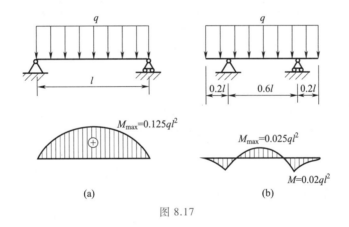

(a)　　　　　　　(b)

图 8.17

工程上常见的锅炉筒体（图 8.18）和龙门吊车大梁（图 8.19）的支承不在两端，而向中间移动一定的距离，就是这个道理。

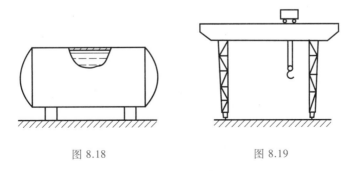

图 8.18　　　　　　　　　图 8.19

2. 合理地布置载荷

当梁上的载荷大小一定时,合理地布置载荷,可以减小梁上的最大弯矩,提高梁的强度和刚度。以简支梁承受集中力 F 为例(图 8.20),集中力 F 的布置形式和位置不同,梁的最大弯矩明显减少。传动轴上齿轮靠近轴承安装(简图如图 8.20b);运输大型设备的多轮平板车(简图如图 8.20c);吊车增加副梁(简图如图8.20d),均可作为简支梁上合理地布置载荷,提高抗弯能力的实例。

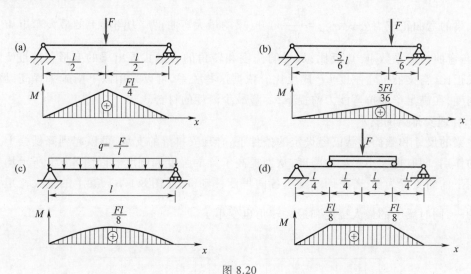

图 8.20

3. 选择梁的合理截面

梁的合理截面应该是用较小的截面面积获得较大的弯曲截面系数(或较大的截面二次矩)。从梁横截面正应力的分布情况来看,应该尽可能将材料放在离中性轴较远的地方。因此工程上许多弯曲构件都采用工字形、箱形、槽形等截面形状。各种型材,如型钢,空心钢管等的广泛采用也是这个道理。

当然,除了上述三条措施外,还可以采用增加约束(即采用超静定梁)以及等强度梁等措施来提高梁的强度和刚度。需要指出的是,由于优质钢与普通钢的 E 值相差不大,价格悬殊,用优质钢代替普通钢达不到提高梁刚度的目的,反而增加了成本。

🔍 小 结

(1) 平面弯曲梁横截面上正应力的计算公式为 $\sigma = \dfrac{My}{I_z}$,它由纯弯曲梁的变形推导得出,但对梁的跨度 l 与横截面高度 h 之比 $\dfrac{l}{h} > 5$ 的剪切弯曲梁(横力弯曲)也适用。梁的最大正应力发生在弯矩最大的横截面上且离中性轴最远的边缘处:$\sigma_{max} = \dfrac{M_{max} y_{max}}{I_z}$。

(2) 一般梁的强度由正应力强度条件限制。梁的正应力强度条件为 $\sigma_{max} = \dfrac{M_{max}}{I_z} \leqslant [\sigma]$。

对像铸铁之类脆性材料的梁,许用拉应力$[\sigma_t]$和许用压应力$[\sigma_c]$并不相等,则应分别计算。

(3) 横力弯曲时,矩形截面梁横截面上某点的切应力,可按公式 $\tau = \dfrac{F_s S_z^*}{I_z b}$ 计算。

最大切应力发生在剪力最大截面的中性轴上:$\tau_{max} = \dfrac{3}{2} \dfrac{F_{S,max}}{A}$。

对一些特殊情况下的梁,如跨度较短、载荷大且靠近支座、腹板高而窄的组合梁等需进行切应力强度校核。梁的切应力强度条件为 $\tau_{max} \leqslant [\tau]$。

(4) 圆截面的扭转截面二次矩I_p和弯曲截面二次矩I_y, I_z的关系:$I_p = I_y + I_z = 2I_z = 2I_y$。依此易于记忆公式。

(5) 梁的变形用挠度w和转角θ来度量。简单载荷作用下梁的挠度和转角可查表8.1获得。从而可用叠加法求复杂载荷下梁的变形,进行刚度校核。

(6) 提高梁的强度和刚度的措施可从合理安排梁的支承、合理布置梁上的载荷、采用合理的截面等三个主要方面考虑,根据实际情况一般可采用减小梁的跨度、分散载荷、采用型钢、增加约束转化为超静定梁,采用等强度梁等方法。

思考题

8.1 矩形截面梁的高度增加一倍,梁的承载能力增加几倍? 宽度增加一倍,承载能力又增加几倍?

8.2 形状、尺寸、支承、载荷相同的两根梁,一根是钢梁,一根是铝梁,问内力图相同吗? 应力分布相同吗? 梁的变形相同吗?

8.3 一T形铸铁梁如图8.21所示。(1) 试画出C, B两截面上的正应力分布图;(2) 最大拉压力$\sigma_{t,max}$及最大压应力$\sigma_{c,max}$位于何处?

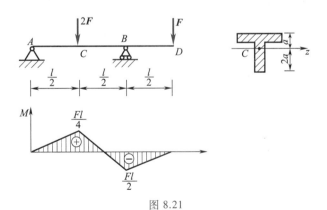

图 8.21

8.4 两梁的横截面如图8.22所示,z为中性轴。试问此两截面的二次矩能否按下式计算?
$$I_z = \frac{BH^3}{12} - \frac{bh^3}{12}$$

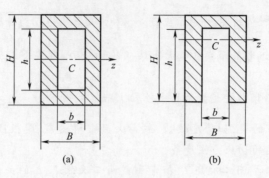

图 8.22

对图 8.22a 所示的横截面,弯曲截面系数能否按下式计算?

$$W_z = \frac{BH^2}{6} - \frac{bh^2}{6}$$

8.5 梁的变形与弯矩有什么关系? 弯矩最大的地方挠度最大,弯矩为零的地方挠度为零,这种说法对吗?

8.6 提高梁的强度和刚度主要有哪些措施? 试结合工程实例说明。

习 题

8.1 矩形截面简支梁受载如图所示,试分别求出梁竖放和平放时产生的最大正应力。

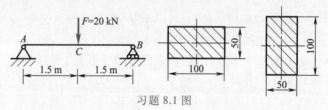

习题 8.1 图

8.2 外伸梁用 No.16a 号槽钢制成,如图所示。试求梁内最大拉应力和最大压应力,并指出其作用的截面和位置。

8.3 求图示各图形对形心轴 z 的截面二次矩。

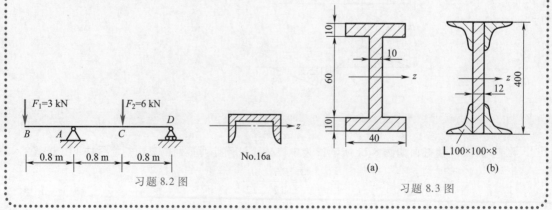

习题 8.2 图

习题 8.3 图

8.4　铸铁梁的载荷及横截面尺寸如图所示,已知 $I_z = 7.63 \times 10^{-6}\,\text{m}^4$,$[\sigma_t] = 30\,\text{MPa}$,$[\sigma_c] = 60\,\text{MPa}$,试校核此梁的强度。

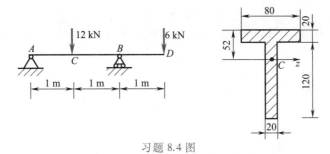

习题 8.4 图

8.5　外伸梁受均布载荷作用,$q = 12\,\text{kN/m}$,$[\sigma] = 160\,\text{MPa}$。试选择此梁的工字钢型号。

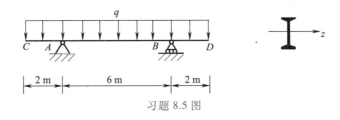

习题 8.5 图

8.6　空心管梁受载如图所示。已知 $[\sigma] = 150\,\text{MPa}$,管外径 $D = 60\,\text{mm}$,在保证安全的条件下,求内径 d 的最大值。

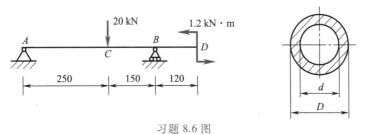

习题 8.6 图

8.7　简支梁受载如图所示,已知 $F = 10\,\text{kN}$,$q = 10\,\text{kN/m}$,$l = 4\,\text{m}$,$a = 1\,\text{m}$,$[\sigma] = 160\,\text{MPa}$。试设计正方形截面和矩形截面($h = 2b$),并比较它们截面面积的大小。

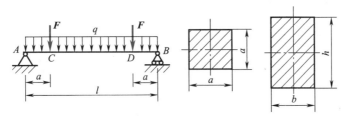

习题 8.7 图

8.8　由 No.20b 工字钢制成的外伸梁,在外伸端 C 处作用集中力 F,已知 $[\sigma] = 160\,\text{MPa}$,尺寸如图所示,求最大许用载荷 $[F]$。

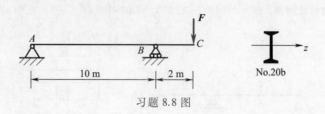

习题 8.8 图

8.9　压板的尺寸和载荷情况如图所示,材料系钢制,$\sigma_s = 380$ MPa,取安全因数 $n = 1.5$。试校核压板的强度。

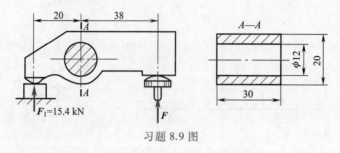

习题 8.9 图

8.10　试计算图示矩形截面简支梁 1-1 截面上 a 点和 b 点的正应力和切应力。

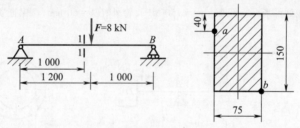

习题 8.10 图

8.11　一单梁桥式行车如图所示。梁为 No.28b 工字钢制成,电动葫芦和起重量总重 $F = 30$ kN,材料的 $[\sigma] = 140$ MPa,$[\tau] = 100$ MPa。试校核梁的强度。

8.12　工字钢外伸梁,如图所示。已知 $[\sigma] = 160$ MPa,$[\tau] = 90$ MPa,试选择合适的工字钢型号。

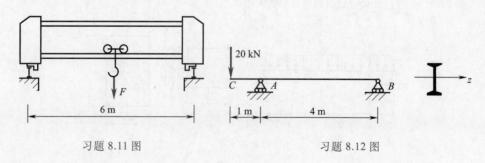

习题 8.11 图　　　　　　　　　　　　习题 8.12 图

8.13　用叠加法求图示各梁中指定截面的挠度和转角,设梁的抗弯刚度 EI_z 为常量。

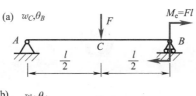

(a)　w_C, θ_B

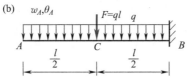

(b)　w_A, θ_A

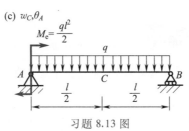

(c)　w_C, θ_A

习题 8.13 图

8.14　简化后的电动机轴受载及尺寸如图所示。轴材料的 $E = 200$ GPa，直径 $d = 130$ mm，定子与转子间的空隙（即轴的许用挠度）$\delta = 0.35$ mm，试校核轴的刚度。

8.15　试求图示超静定梁的支座反力，并画弯矩图，设 EI_z 为已知常数。

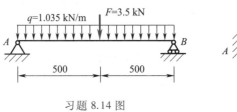

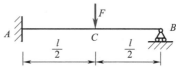

习题 8.14 图　　　　　　　　　　习题 8.15 图

9

应力状态与强度理论

§9.1　轴向拉压杆斜截面上的应力

从第 4 章中得出轴向拉伸与压缩杆横截面上的正应力的公式 $\sigma = \dfrac{F_N}{A}$，为了更全面地了解杆内的应力情况，下面研究斜截面上的应力计算。

图 9.1a 所示拉杆，任意斜截面 m—m′ 的方位角为 α。所谓方位角是指斜截面的外法线 n 与 x 轴的夹角。α 的符号规定：自 x 轴正向按逆时针转至斜截面外法线 n 时，α 为正值；反之为负值。由截面法可求得斜截面上内力为

$$F_\alpha = F$$

仿照横截面上正应力均匀分布的推导过程，可得出斜截面 m—m′ 上的应力也是均布的（图 9.1b）。

设拉杆横截面面积为 A，斜截面的面积为 A_α，$A_\alpha = \dfrac{A}{\cos \alpha}$，则有

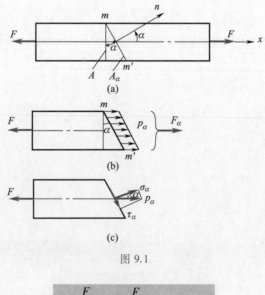

图 9.1

$$p_\alpha = \frac{F_\alpha}{A_\alpha} = \frac{F}{A/\cos \alpha} = \sigma \cos \alpha \tag{9.1}$$

式中，$\sigma = \dfrac{F}{A}$ 是横截面上的正应力。

将斜截面上的全应力 p_α 分解为垂直于斜截面的正应力 σ_α 和相切于斜截面的切应力 τ_α（图 9.1c），由几何关系得到

$$\left.\begin{array}{l} \sigma_\alpha = p_\alpha \cos \alpha = \sigma \cos^2 \alpha \\[2mm] \tau_\alpha = p_\alpha \sin \alpha = \sigma \cos \alpha \sin \alpha = \dfrac{\sigma}{2} \sin 2\alpha \end{array}\right\} \qquad (9.2)$$

由式（9.2）可知，斜截面上的应力 σ_α 和 τ_α 均为 α 的函数。这表明，轴向拉压杆内同一点的不同斜截面上的应力是不同的。当 $\alpha = 0°$ 时，σ_α 最大，其值为 $\sigma_{\max} = \sigma$，最大正应力在横截面上；当 $\alpha = 45°$ 时，τ_α 最大，$\tau_{\max} = \dfrac{\sigma}{2}$，最大切应力在与轴线成 45° 的斜截面上。这就可以解释为什么在低碳钢拉伸试验中，屈服时与试样轴线成 45° 的方向出现滑移线。

§9.2 应力状态的概念

9.2.1 一点的应力状态

前面各章对杆件的强度分析，主要是研究杆件横截面上的应力分布规律，找出危险截面上正应力或切应力最大的点进行强度计算。即使如此，杆件的强度破坏也不总是发生在横截面上，也有发生在斜截面上的。例如铸铁圆试样的压缩和扭转破坏都是发生在沿轴线约 45° 的斜截面上。从轴向拉压杆斜截面上的应力公式（9.2）可以看出，通过受力构件内一点处所截取的截面方位不同，截面上应力的大小和方向也是不同的。

工程上许多构件的受力形式较为复杂。例如一般机械中的传动轴往往受到弯曲和扭转的同时作用，危险截面上的危险点处同时存在着最大正应力和最大切应力。为了分析各种破坏现象，建立组合变形下的强度条件，必须研究受力构件内某一点处的各个不同方位截面上的应力情况，即研究**一点的应力状态**。

9.2.2 一点应力状态的研究方法

研究构件内某点的应力状态，可以在该点处截取一个微小的正六面体——单元体来分析。因为单元体的边长是极其微小的，所以可以认为单元体各个面上的应力是均匀分布的，相对平行面上的应力大小相等。若令单元体的边长趋于零，则单元体各不同方位截面上的应力情况就代表这一点的应力状态。图 9.2a 表示轴向拉伸杆 A 点的单元体；图9.2b表示图轴扭转外表面 B 点的单元体，图 9.2c 表示横力弯曲梁上、下边缘处 C 和 C' 点的单元体；图 9.2d 表示同时产生弯曲和扭转变形的圆杆上 D 点的单元体。由于这些单元体上的应力均可以通过构件上的外载荷求得，所以这些单元体称为**原始单元体**。

9.2.3 主平面、主应力

一般说，原始单元体上各个面上既存在正应力 σ，又存在切应力 τ。单元体上切应力等于零的平面，称为**主平面**。作用于主平面上的正应力，称为**主应力**。图 9.2a 和图 9.2c 中所示的三个单元体的三对面上均没有切应力，所以三对面均为主平面；三对面上的正应力（包括正应力为零）都是主应力。可以证明，在受力构件的任一点处，总可以找到由三个相互垂

直的主平面组成的单元体,称为**主单元体**。相应的三个主应力,分别用 $\sigma_1, \sigma_2, \sigma_3$ 表示,并规定按它们的代数值大小顺序排列,即 $\sigma_1 \geqslant \sigma_2 \geqslant \sigma_3$。图 9.2a,c 中的三个单元体均为主单元体。

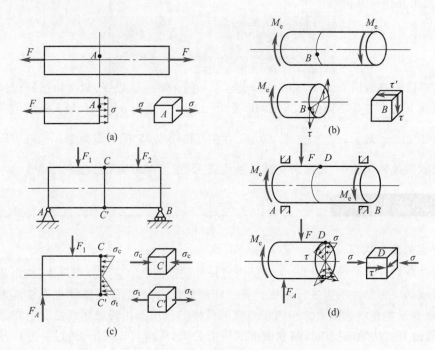

图 9.2

9.2.4　应力状态的分类

一点的应力状态通常用该点处的三个主应力来表示,根据主应力不等于零的数目,将应力状态分为三类:

(1) **单向应力状态**　一个主应力不为零的应力状态,如图9.2a,c所示。

(2) **二向应力状态**　两个主应力不为零的应力状态,称二向应力状态或平面应力状态,如图 9.2b,d 所示。

(3) **三向应力状态**　三个主应力都不等于零时,称为三向应力状态或空间应力状态。

二向和三向应力状态统称为**复杂应力状态**。

本章主要介绍应力状态分析的结论和几种常用的强度理论。

§9.3　应力状态分析简介

应力状态分析的目的是要找出受力构件上某点处的主单元体,求出相应的三个主应力的大小和决定主平面的方位,为组合变形情况下构件的强度计算建立理论基础。

9.3.1　平面应力状态　斜截面上的应力

工程上许多受力构件的危险点都是处于平面应力状态,图9.3a所示单元体为平面应力状态的最一般的情况。由于垂直于 z 轴的两平面上没有应力作用,为主平面,该主平面上的主应力为零,因此,该单元体也可用图 9.3b 的平面状态表示。设 $\sigma_x, \sigma_y, \tau_x = -\tau_y$ 均为已知,且 $\sigma_x > \sigma_y$,通过平衡关系可以求出与 x 轴成 α 角的斜截面上的正应力 σ_α 和切应力 τ_α(图 9.3c):

$$\sigma_\alpha = \frac{\sigma_x + \sigma_y}{2} + \frac{\sigma_x - \sigma_y}{2}\cos 2\alpha - \tau_x \sin 2\alpha \qquad (9.3)$$

$$\tau_\alpha = \frac{\sigma_x - \sigma_y}{2}\sin 2\alpha + \tau_x \cos 2\alpha \qquad (9.4)$$

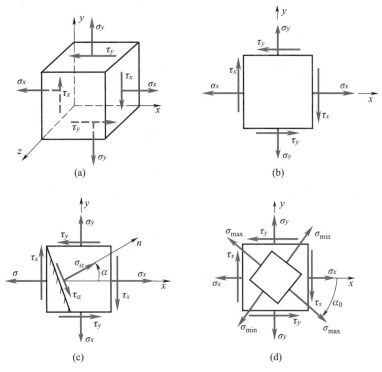

图 9.3

利用式(9.3)和(9.4)进行计算时,应注意符号的规定:正应力以拉应力为正,压应力为负;切应力以对单元体内任一点产生顺时针转向的力矩时为正,反之为负;α 角以自 x 轴正向按逆时针转至斜截面的外法线 n 时为正,反之为负。

例 **9.1** 拉杆横截面积 $A = 10$ cm^2,$F = 30$ kN,如图 9.4a 所示。求拉杆 $\alpha = 30°$ 斜截面上的正应力和切应力。

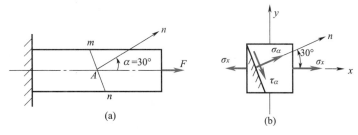

图 9.4

解 （1）在 A 点沿纵向和横向截取单元体，如图 9.4b 所示，为单向应力状态。

$$\sigma_x = \frac{F}{A} = \frac{30 \times 10^3 \text{ N}}{10 \times 10^{-4} \text{m}^2} = 30 \times 10^6 \text{ Pa} = 30 \text{ MPa}$$

（2）将 $\sigma_x = 30$ MPa, $\sigma_y = 0$, $\tau_x = 0$ 以及 $\alpha = 30°$ 代入式（9.3）和式（9.4）得

$$\sigma_\alpha = \frac{\sigma_x + \sigma_y}{2} + \frac{\sigma_x - \sigma_y}{2}\cos 2\alpha - \tau_x \sin 2\alpha$$

$$= \frac{\sigma_x}{2} + \frac{\sigma_x}{2}\cos 2\alpha = \sigma_x\left(\frac{1 + \cos 2\alpha}{2}\right) = \sigma_x \cos^2 \alpha$$

$$= 30 \text{ MPa} \cos^2 30° = 22.5 \text{ MPa}$$

$$\tau_\alpha = \frac{\sigma_x - \sigma_y}{2}\sin 2\alpha + \tau_x \cos 2\alpha$$

$$= \frac{\sigma_x}{2}\sin 2\alpha = \frac{30 \text{ MPa}}{2}\sin(2 \times 30°)$$

$$= 13 \text{ MPa}$$

本题也可直接按式（9.2）进行计算。可见，单向应力状态是平面应力状态的特例。

9.3.2 平面应力状态主应力的大小和方向

从式（9.3）和式（9.4）可以看出，斜截面上的应力 σ_α 和 τ_α 是斜截面的方位角 α 的连续函数。为求最大和最小正应力所在平面的方位，可对式（9.3）求导，令 $\dfrac{\mathrm{d}\sigma_\alpha}{\mathrm{d}\alpha} = 0$，得

$$\frac{\mathrm{d}\sigma_\alpha}{\mathrm{d}\alpha} = \frac{\sigma_x - \sigma_y}{2}(-2\sin 2\alpha) - \tau_x(2\cos 2\alpha) = 0$$

即

$$\frac{\sigma_x - \sigma_y}{2}\sin 2\alpha + \tau_x \cos 2\alpha = 0 \tag{9.5}$$

将上式与式（9.4）比较可知，最大和最小正应力所在的平面，就是切应力 τ_α 等于零的平面，也就是主平面。也就是说，平面应力状态下最大和最小正应力就是主应力。

若以 α_0 表示主平面的外法线 n 与 x 轴正向间的夹角，由式（9.5）可得

$$\tan 2\alpha_0 = -\frac{2\tau_x}{\sigma_x - \sigma_y} \tag{9.6}$$

上式可确定两个数值：α_0 和 $\alpha_0 + 90°$。这表明两个主平面是相互垂直的，两个主应力也必相互垂直。由式（9.6）求出 $\cos 2\alpha_0$ 和 $\sin 2\alpha_0$，代入式（9.3）可得两个主平面上的最大正应力和最小正应力为

$$\left.\begin{array}{c}\sigma_{\max}\\\sigma_{\min}\end{array}\right\} = \frac{\sigma_x + \sigma_y}{2} \pm \sqrt{\left(\frac{\sigma_x - \sigma_y}{2}\right)^2 + \tau_x^2} \tag{9.7}$$

在平面应力状态下，已知一个主应力为零，则可根据 $\sigma_{\max}$ 和 $\sigma_{\min}$ 代数值的大小，按 $\sigma_1 \geq \sigma_2 \geq \sigma_3$ 排列次序，定出平面应力状态下的三个主应力。

按式（9.6）可得出两个主平面的方位角。在主平面上标注主应力可按下列规则进行：

σ_{max} 的作用线位置总是在 τ_x, τ_y 矢量箭头所指的那一侧；如图 9.3d 所示。据此可以作出平面应力状态下的主单元体。

*9.3.3 最大切应力

平面应力状态和空间应力状态都是复杂应力状态。理论分析证明，在复杂应力状态下，最大切应力的值为

$$\tau_{max} = \frac{\sigma_1 - \sigma_3}{2} \tag{9.8}$$

其作用面与最大主应力 σ_1 和最小主应力 σ_3 所在平面均成 45°，且与主应力 σ_2 所在平面垂直，如图 9.5 所示。

例 9.2 试利用应力状态分析理论，说明塑性材料和脆性材料圆轴的扭转破坏现象。

解 圆轴扭转时，最大切应力发生在圆轴的外表面，表面上 A 点处的原始单元体为平面应力状态，如图 9.6b 所示，且 $\tau_x = \dfrac{T}{W_p}$。按式（9.7）得

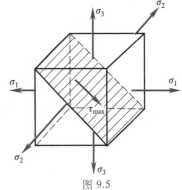

图 9.5

$$\left.\begin{array}{c}\sigma_{max}\\\sigma_{min}\end{array}\right\} = \frac{\sigma_x + \sigma_y}{2} \pm \sqrt{\left(\frac{\sigma_x - \sigma_y}{2}\right)^2 + \tau_x^2} = \pm\tau_x$$

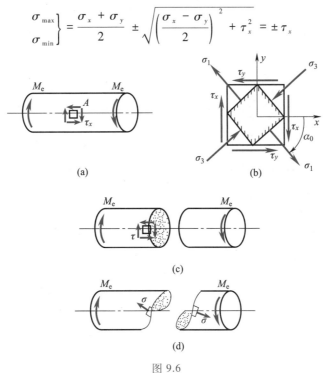

(a)

(b)

(c)

(d)

图 9.6

故三个主应力分别为 $\sigma_1 = \tau_x$，$\sigma_2 = 0$，$\sigma_3 = -\tau_x$。按式（9.6）

$$\tan 2\alpha_0 = -\frac{2\tau_x}{\sigma_x - \sigma_y} = -\infty$$

得

$$\alpha_0 = -45° \text{ 和 } \alpha_0 + 90° = 45°$$

在决定了主平面的方位后,按 σ_1 的作用线位置总是在 τ_x, τ_y 箭头所指的那一侧的规则,可在主单元体标上主应力 σ_1 和 σ_3(图 9.6b)。

对塑性材料(如低碳钢)制成的圆轴,由于塑性材料的抗剪强度低于抗拉强度,扭转时沿横截面破坏(图 9.6c);对脆性材料(如铸铁)制成的圆轴,由于脆性材料的抗拉强度较低,扭转时沿与轴线 45° 方向破坏(图 9.6d)。

例 9.3　一单元体应力状态如图 9.7a 所示。已知 $\sigma_x = -20$ MPa, $\sigma_y = 40$ MPa, $\tau_x = 20$ MPa, $\tau_y = -20$ MPa。试求:(1) $\alpha = 45°$ 斜截面上的应力;(2) 主应力值与主平面位置,并画出主单元体;(3) 最大切应力。

解　(1) 按式(9.3)和式(9.4)得

$$\sigma_{45°} = \frac{\sigma_x + \sigma_y}{2} + \frac{\sigma_x - \sigma_y}{2}\cos 90° - \tau_x \sin 90°$$

$$= \frac{-20\ \text{MPa} + 40\ \text{MPa}}{2} - 20\ \text{MPa} = -10\ \text{MPa}$$

$$\tau_{45°} = \frac{\sigma_x - \sigma_y}{2}\sin 90° + \tau_x \cos 90°$$

$$= \frac{-20\ \text{MPa} - 40\ \text{MPa}}{2} = -30\ \text{MPa}$$

负号表示与所设方向相反。

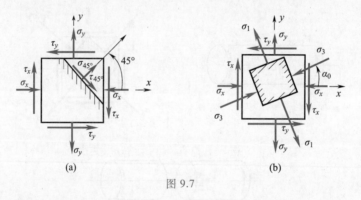

(a)　　　　　　　　　　　　(b)

图 9.7

(2) 按式(9.7)得

$$\left.\begin{array}{c}\sigma_{max} \\ \sigma_{min}\end{array}\right\} = \frac{\sigma_x + \sigma_y}{2} \pm \sqrt{\left(\frac{\sigma_x - \sigma_y}{2}\right)^2 + \tau_x^2}$$

$$= \frac{-20\ \text{MPa} + 40\ \text{MPa}}{2} \pm$$

$$\sqrt{\left(\frac{-20\ \text{MPa} - 40\ \text{MPa}}{2}\right)^2 + (20\ \text{MPa})^2}$$

$$= \begin{cases} 46.1\ \text{MPa} \\ -26.1\ \text{MPa} \end{cases}$$

按主应力的排列顺序规定,得

$$\sigma_1 = 46.1\ \text{MPa}, \quad \sigma_2 = 0, \quad \sigma_3 = -26.1\ \text{MPa}$$

由式(9.6)

$$\tan 2\alpha_0 = -\frac{2\tau_x}{\sigma_x - \sigma_y} = -\frac{2 \times 20\ \text{MPa}}{-20\ \text{MPa} - 40\ \text{MPa}} = 0.667$$

得

$$\alpha_0 = 16.85°, \quad \alpha_0 + 90° = 106.85°$$

由此可定出主平面的位置。按 σ_1 的作用线位置应在 τ_x, τ_y 箭头一侧的规则,作出主单元体,如图(9.7b)所示。

(3) 按式(9.8)得

$$\tau_{\max} = \frac{\sigma_1 - \sigma_3}{2} = \frac{46.1\ \text{MPa} - (-26.1\ \text{MPa})}{2} = 36.1\ \text{MPa}$$

§9.4 强度理论

9.4.1 强度理论的概念

前几章中,轴向拉压、圆轴扭转和平面弯曲的强度条件,可用 $\upsilon_{\max} \leqslant [\sigma]$ 或 $\tau_{\max} \leqslant [\tau]$ 形式表示,许用应力 $[\sigma]$ 或 $[\tau]$ 是通过材料实验测出失效(断裂或屈服)时的极限应力再除以安全因数后得出的,可见基本变形的强度条件是以实验为基础的。

工程中构件的受力形式较为复杂,构件中的危险点常处于复杂应力状态。如果想通过类似基本变形的材料试验方法,测出失效时的极限应力是极其困难的。主要原因是:在复杂应力状态下,材料的失效与三个主应力的不同比例组合有关,从而需要进行无数次的试验;另外,模拟构件的复杂受力形式所需的设备和实验方法也难以实现。所以,要想直接通过材料试验的方法来建立复杂应力状态下的强度条件是不现实的。于是,人们在试验观察、理论分析、实践检验的基础上,逐渐形成了这样的认识:认为材料按某种方式的失效(如断裂或屈服)主要是由某一因素(如应力、应变或变形能等)引起的,与材料的应力状态无关,只要导致材料失效的这一因素达到极限值,构件就会破坏。这样,人们找到了一条利用简单应力状态的实验结果来建立复杂应力状态下强度条件的途径。这些推测材料失效因素的假说称为**强度理论**。

9.4.2 四种常见的强度理论

材料失效破坏现象,可以归纳为两类基本形式:铸铁、石料、混凝土、玻璃等脆性材料,通常以断裂形式失效;碳钢、铜、铝等塑性材料,通常以屈服形式失效。相应地有两类强度理论:一类是关于脆性断裂的强度理论,其中有**最大拉应力理论**和**最大拉应变理论**;一类是关于塑性屈服的强度理论,其中有**最大切应力理论**和**畸变能理论**。

四种强度理论的强度条件可以用统一的形式来表达:

$$\sigma_r \leqslant [\sigma] \tag{9.9}$$

式中, σ_r 称为相当应力。它由三个主应力按一定的形式组合而成。对脆性断裂: $[\sigma] = \dfrac{\sigma_b}{n}$;对

塑性屈服: $[\sigma] = \dfrac{\sigma_s}{n}$ 。

下面分别介绍四种强度理论及其相当应力。

1. **最大拉应力理论**（第一强度理论）

这一理论认为:材料在各种应力状态下引起脆性断裂的主要原因是最大拉应力达到了与材料性质有关的某一极限值。在复杂应力状态下最大拉应力即为 σ_1,而单向拉伸时只有 σ_1。当 σ_1 达到强度极限 σ_b 时发生断裂。即有 $\sigma_1 = \sigma_b$,于是得到第一强度理论的相当应力

$$\sigma_{r1} = \sigma_1 \tag{9.10}$$

2. **最大拉应变理论**（第二强度理论）

这一理论认为:材料在各种应力状态下引起脆性断裂的主要原因是最大拉应变达到了与材料性质有关的某一极限值。由理论推导得出在复杂应力状态下最大拉应变表达式为 $\varepsilon_1 = \dfrac{1}{E}[\sigma_1 - \nu(\sigma_2 + \sigma_3)]$,而单向拉伸拉断时拉应变的极限值为 $\varepsilon_u = \dfrac{\sigma_b}{E}$,即有 $\dfrac{1}{E}[\sigma_1 - \nu(\sigma_2 + \sigma_3)] = \dfrac{\sigma_b}{E}$。于是得到第二强度理论的相当应力为

$$\sigma_{r2} = \sigma_1 - \nu(\sigma_2 + \sigma_3) \tag{9.11}$$

3. **最大切应力理论**（第三强度理论）

这一理论认为:材料在各种应力状态下引起塑性屈服的主要原因是最大切应力达到了与材料性质有关的某一极限值。在复杂应力状态下,最大切应力为 $\tau_{max} = \dfrac{\sigma_1 - \sigma_3}{2}$;而在单向拉伸到屈服时,与轴线成 45° 的斜截面上有 $\tau_{max} = \dfrac{\sigma_s}{2}$,即有 $\dfrac{\sigma_1 - \sigma_3}{2} = \dfrac{\sigma_s}{2}$,于是得到第三强度理论相当应力为

$$\sigma_{r3} = \sigma_1 - \sigma_3 \tag{9.12}$$

4. **畸变能理论**（第四强度理论）

构件受力后,其形状和体积都会发生改变,同时构件内部也积蓄了一定的变形能。积蓄在单位体积内的变形能包括两部分:即体积改变能和因形状改变而产生的畸变能。单位体积内的形状改变能即畸变能密度。畸变能理论认为:材料在各种应力状态下引起塑性屈服的主要原因是畸变能密度达到其单向拉伸屈服时的极限值。

由理论推导得出在复杂应力状态下的畸变能密度为

$$v_d = \frac{1+\nu}{6E}[(\sigma_1 - \sigma_2)^2 + (\sigma_2 - \sigma_3)^2 + (\sigma_3 - \sigma_1)^2]$$

而在单向拉伸屈服时的畸变能密度为

$$v_d = \frac{1+\nu}{3E}\sigma_s^2$$

即有

$$\frac{1+\nu}{6E}[(\sigma_1 - \sigma_2)^2 + (\sigma_2 - \sigma_3)^2 + (\sigma_3 - \sigma_1)^2] = \frac{1+\nu}{3E}\sigma_s^2$$

于是得到第四强度理论的相当应力为

$$\sigma_{r4} = \sqrt{\frac{1}{2}[(\sigma_1 - \sigma_2)^2 + (\sigma_2 - \sigma_3)^2 + (\sigma_3 - \sigma_1)^2]} \tag{9.13}$$

9.4.3 四种强度理论的适用范围

材料的失效是一个极其复杂的问题,四种常用的强度理论都是在一定的历史条件下产生的,受到经济发展和科学技术水平的制约,都有一定的局限性。大量的工程实践和试验结果表明,上述四种强度理论的适用范围与材料的类别和应力状态等有关:

(1)脆性材料通常以断裂形式失效,宜采用第一或第二强度理论。

(2)塑性材料通常以屈服形式失效,宜采用第三或第四强度理论。

(3)在三向拉伸应力状态下,如果三个拉应力相近,无论是塑性材料或脆性材料都将以断裂形式失效,宜采用最大拉应力理论。

(4)在三向压缩应力状态下,如果三个压应力相近,无论是塑性材料或脆性材料都可引起塑性变形,宜采用第三或第四强度理论。

下面举例说明强度理论的应用:

例9.4 构件内某点处的应力状态如图 9.8 所示,试用第三和第四强度理论建立相应强度条件。

解 (1)求该点的主应力。按式(9.7)得

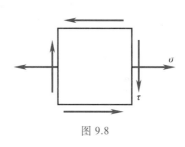

图 9.8

$$\left.\begin{array}{r}\sigma_{max}\\ \sigma_{min}\end{array}\right\} = \frac{\sigma_x + \sigma_y}{2} \pm \sqrt{\left(\frac{\sigma_x - \sigma_y}{2}\right)^2 + \tau_x^2}$$

$$= \frac{\sigma}{2} \pm \sqrt{\left(\frac{\sigma}{2}\right)^2 + \tau^2}$$

三个主应力分别为

$$\sigma_1 = \frac{\sigma}{2} + \sqrt{\left(\frac{\sigma}{2}\right)^2 + \tau^2}, \quad \sigma_2 = 0,$$

$$\sigma_3 = \frac{\sigma}{2} - \sqrt{\left(\frac{\sigma}{2}\right)^2 + \tau^2}$$

(2)第三和第四强度理论的强度条件。由式(9.12)和式(9.13)得

$$\sigma_{r3} = \sigma_1 - \sigma_3 = \sqrt{\sigma^2 + 4\tau^2}$$

$$\sigma_{r4} = \sqrt{\frac{1}{2}\left[(\sigma_1 - \sigma_2)^2 + (\sigma_2 - \sigma_3)^2 + (\sigma_3 - \sigma_1)^2\right]}$$

$$= \sqrt{\sigma^2 + 3\tau^2}$$

所以强度条件分别为

$$\sigma_{r3} = \sqrt{\sigma^2 + 4\tau^2} \leqslant [\sigma] \tag{9.14}$$

$$\sigma_{r4} = \sqrt{\sigma^2 + 3\tau^2} \leqslant [\sigma] \tag{9.15}$$

例9.5 锅炉的内径 $D = 1$ m,炉内蒸汽压强 $p = 3.6$ MPa,锅炉钢板材料的许用应力 $[\sigma] = 160$ MPa。试按第三和第四强度理论设计锅炉壁厚 δ。

解 工程上常见的蒸汽锅炉,储气罐等都可以视为圆筒形薄壁容器(图 9.9a)。不考虑所装流体的重量,由于内压作用,筒壁的纵截面和横截面上,都只有正应力而没有切应力。当壁厚 δ 远小于圆筒直径 $D(\delta < D/20)$,可认为壁内应力沿壁厚均匀分布。在圆筒部分的 A

点取单元体(图 9.9b),作用于横截面上的正应力 σ_x 称轴向应力;作用于纵截面正应力 σ_y 称周向应力,可视为平面应力状态。

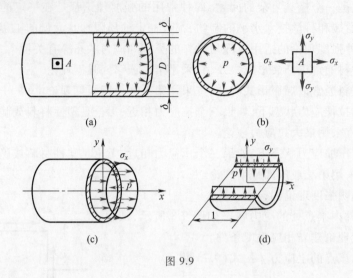

图 9.9

先求 σ_x。假想用一个横截面将圆筒截开,取左侧(连同流体)为研究对象(图 9.9c)。由

$$\sum F_x = 0, \quad \sigma_x(\pi D\delta) - p\left(\frac{\pi}{4}D^2\right) = 0$$

得

$$\sigma_x = \frac{pD}{4\delta}$$

再求 σ_y。假想取单位长度筒体,再用包含直径的纵向平面截开,取下半部分(连同流体)为研究对象(图 9.9d)。由

$$\sum F_y = 0, \quad 2(\sigma_y\delta) - pD = 0$$

得

$$\sigma_y = \frac{pD}{2\delta}$$

这样,单元体上的三个主应力为

$$\sigma_1 = \sigma_y = \frac{pD}{2\delta}, \quad \sigma_2 = \sigma_x = \frac{pD}{4\delta}, \quad \sigma_3 = 0$$

按第三强度理论设计壁厚 δ

$$\sigma_{r3} = \sigma_1 - \sigma_3 = \frac{pD}{2\delta} \leqslant [\sigma]$$

$$\delta \geqslant \frac{pD}{2[\sigma]} = \frac{3.6\times10^6 \text{ Pa}\times1 \text{ m}}{2\times160\times10^6 \text{ Pa}}$$

$$= 11.25\times10^{-3} \text{ m} = 11.25 \text{ mm}$$

按第四强度理论设计壁厚 δ

$$\sigma_{r4} = \sqrt{\frac{1}{2}\left[(\sigma_1 - \sigma_2)^2 + (\sigma_2 - \sigma_3)^2 + (\sigma_3 - \sigma_1)^2\right]}$$

$$= \sqrt{\frac{1}{2}\left[\left(\frac{pD}{2\delta}-\frac{pD}{4\delta}\right)^2+\left(\frac{pD}{4\delta}-0\right)^2+\left(0-\frac{pD}{2\delta}\right)^2\right]}$$

$$=\frac{\sqrt{3}}{4}\frac{pD}{\delta}\leqslant[\sigma]$$

$$\delta\geqslant\frac{\sqrt{3}pD}{4[\sigma]}=\frac{\sqrt{3}\times3.6\times10^6\,\text{Pa}\times1\,\text{m}}{4\times160\times10^6\,\text{Pa}}$$

$$=9.75\times10^{-3}\,\text{m}=9.75\,\text{mm}$$

上述结果都可采用,但按第四强度理论设计,比较经济,节省材料。

👓 小 结

(1) 一点处的应力状态是指受力构件某点处在各个不同方位截面上的应力情况。一点处的应力状态可用单元体来表示。在受力构件的某点,总可以找到一个主单元体,其上作用着三个主应力 $\sigma_1\geqslant\sigma_2\geqslant\sigma_3$。它是解释材料失效和建立强度理论的基础。

(2) 平面应力状态下的主要公式。

任意斜截面上的应力公式:

$$\sigma_\alpha=\frac{\sigma_x+\sigma_y}{2}+\frac{\sigma_x-\sigma_y}{2}\cos 2\alpha-\tau_x\sin 2\alpha$$

$$\tau_\alpha=\frac{\sigma_x-\sigma_y}{2}\sin 2\alpha+\tau_x\cos 2\alpha$$

主应力公式:

$$\begin{cases}\sigma_{\max}\\ \sigma_{\min}\end{cases}=\frac{\sigma_x+\sigma_y}{2}\pm\sqrt{\left(\frac{\sigma_x-\sigma_y}{2}\right)^2+\tau_x^2}$$

按 $\sigma_1\geqslant\sigma_2\geqslant\sigma_3$,定出三个主应力。

主平面位置公式:

$$\tan 2\alpha_0=\frac{-2\tau_x}{\sigma_x-\sigma_y}$$

求得主平面方位角 α_0 和 $\alpha_0+90°$ 后,可画出主单元体,并按 $\sigma_{\max}$ 的作用线位置在 τ_x,τ_y 矢量箭头一侧的规则标上主应力。

最大切应力公式:

$$\tau_{\max}=\frac{\sigma_1-\sigma_3}{2}$$

其作用面与 σ_1,σ_3 所在平面均成45°。

(3) 强度理论就是关于材料失效原因的假说。它利用单向拉伸的实验结果来建立复杂应力状态下的强度条件:

$$\sigma_r\leqslant[\sigma]$$

四个强度理论的相当应力分别为:

$$\sigma_{r1} = \sigma_1$$

$$\sigma_{r2} = \sigma_1 - \nu(\sigma_2 + \sigma_3)$$

$$\sigma_{r3} = \sigma_1 - \sigma_3$$

$$\sigma_{r4} = \sqrt{\frac{1}{2}\left[(\sigma_1-\sigma_2)^2 + (\sigma_2-\sigma_3)^2 + (\sigma_3-\sigma_1)^2\right]}$$

其适用范围主要取决于材料的类别:对脆性材料用第一、第二强度理论;对塑性材料用第三和第四强度理论。

思考题

9.1 何谓一点处的应力状态? 为什么要研究一点处的应力状态?

9.2 如何理解主应力? 主应力与正应力有何区别?

9.3 外伸梁如图 9.10 所示,图中给出了 A,B,C 三点处的应力状态。试指出并改正各单元体上所给应力的错误。

9.4 为什么要提出强度理论? 常用的强度理论有哪几种? 它们的适用范围如何?

9.5 薄壁圆筒容器在内压较大时,为何在筒壁上总是出现纵向裂纹(图 9.11)而不出现横向裂纹?

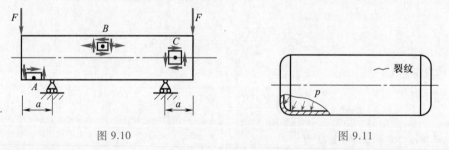

图 9.10   图 9.11

习 题

9.1 拉杆的某一斜截面上,正应力为 50 MPa,切应力为 50 MPa,求最大正应力和最大切应力。

9.2 试绘出图示构件 A 点处的原始单元体,表示其应力状态。

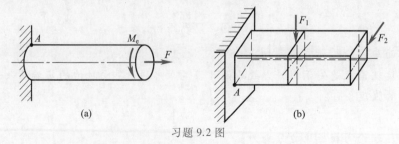

(a)   (b)

习题 9.2 图

9.3　求图示各单元体中指定斜面上的应力(应力单位:MPa)。

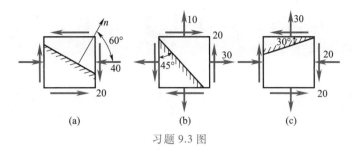

习题 9.3 图

9.4　已知单元体的应力状态如图所示。试求:(1) 主应力的大小及主平面方位;(2) 并在图中绘出主单元体;(3) 最大切应力(应力单位:MPa)。

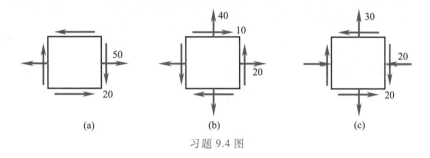

习题 9.4 图

9.5　试求图示各单元体的主应力和最大切应力(应力单位:MPa)。

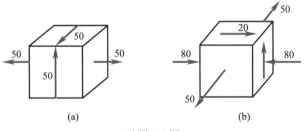

习题 9.5 图

9.6　试对钢制零件进行强度校核,已知[σ]=120 MPa,危险点的主应力为

(1) $\sigma_1 = 140$ MPa,　　$\sigma_2 = 100$ MPa,　　$\sigma_3 = 40$ MPa;

(2) $\sigma_1 = 60$ MPa,　　$\sigma_2 = 0$,　　$\sigma_3 = -50$ MPa。

9.7　试对铸铁零件进行强度校核。已知[σ]=30 MPa,$\nu = 0.3$,危险点的主应力为

(1) $\sigma_1 = 29$ MPa,$\sigma_2 = 20$ MPa,$\sigma_3 = -20$ MPa;

(2) $\sigma_1 = 30$ MPa,$\sigma_2 = 20$ MPa,$\sigma_3 = 15$ MPa。

9.8　薄壁锅炉的平均直径 $D = 1\,250$ mm,最大内压为 2.3 MPa,在高温下工作,锅炉钢板屈服极限 $\sigma_s = 182.5$ MPa,取安全因数 $n = 1.8$,试按第三强度理论设计壁厚 δ。

9.9　钢制圆轴受力如图所示。已知轴径 $d = 20$ mm,[σ]=140 MPa,试用第三和第四强度理论校核轴的强度。

习题 9.9 图

第10章

10

组合变形时杆件的强度计算

第10章

§10.1 组合变形的概念与实例

工程上许多杆件常常同时承受两种或两种以上的基本变形,这类变形称为组合变形。例如,图 10.1 所示悬臂吊车的横梁 AB 在横向力 F_{Ay},F_{By},G_1,G_2 和轴向力 F_{Ax},F_{Bx} 的作用下产生弯曲与压缩的组合变形;图 10.2 所示为电动机带动一带轮,电动机轴简化为一悬臂梁,带轮两边的传动带拉力向轴线简化得力 F_1+F_2 和力偶 $M_e=(F_1-F_2)R$,电动机轴产生弯曲与扭转的组合变形。

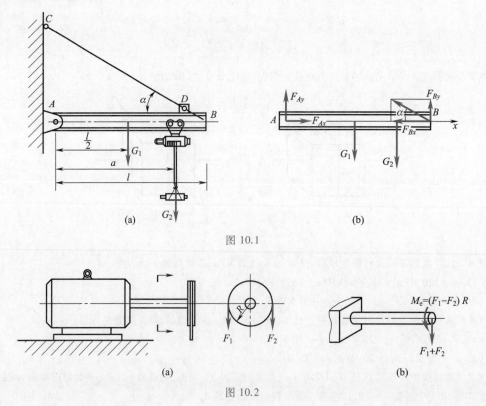

图 10.1

图 10.2

在小变形的条件下,杆件处于组合变形时的应力可通过叠加原理求得:先画出杆件在每一种基本变形下的内力图,确定杆件的危险截面,再将基本变形的应力叠加得出组合变形时危险截面上应力的分布,从而求出危险点的应力。

对组合变形杆件进行强度计算时,要分析危险点的应力状态。当危险点处于单向应力状态时,可按轴向拉压强度条件计算;当危险点处于复杂应力状态时,要结合材料的性质选用适当的强度理论计算。

杆件的组合变形比较复杂,本章主要讨论工程上最常见的弯曲与拉伸(压缩)、弯曲与扭转组合变形。

§10.2 弯曲与拉伸(压缩)组合变形的强度计算

设矩形等截面悬臂梁如图 10.3a 所示,外力 F 位于梁的纵向对称平面 Oxy 内,并与梁的轴线 x 成 α 角。将外力 F 分解为轴向力 $F_x = F\cos\alpha$ 和横向力 $F_y = F\sin\alpha$。力 F_x 使梁产生拉伸变形,力 F_y 使梁产生平面弯曲,所以梁处于弯曲与拉伸的组合变形状态。

为了确定梁的危险截面,画出梁的轴力图和弯矩图(图 10.3c,d)。由图可知,危险截面在悬臂梁的根部(O 截面)。然后作出由轴力 $F_N = F\cos\alpha$ 引起的正应力 $\sigma_N = \dfrac{F\cos\alpha}{A}$ 和弯矩 M 引起的正应力 $\sigma_M = \dfrac{Fl\sin\alpha}{W_z}$ 的应力分布图。当 $\sigma_M > \sigma_N$ 时,危险截面上正应力叠加的分布图如图 10.3e 所示。此时,截面 O 上,下边缘各点分别为拉、压危险点(如图 10.3a 中的 a,b 点),且均处于单向应力状态(图 10.3f)。于是,可按轴向拉压建立强度条件,即

$$\sigma_{t,max} \leqslant [\sigma_t] \quad \sigma_{c,max} \leqslant [\sigma_c]$$

对抗拉与抗压性能相同的塑性材料,梁横截面的中性轴通常是对称轴。当发生弯曲与拉伸的组合变形时,产生最大拉应力;当发生弯曲与压缩的组合变形时,产生最大压应力。两者大小相等,在危险截面的上边缘或下边缘。强度条件可用同一公式表示,即

$$\sigma_{max} = \frac{|M_{max}|}{W_z} + \frac{|F_N|}{A} \leqslant [\sigma] \tag{10.1}$$

例 10.1 简易悬臂吊车如图 10.4a 所示,起吊重力 $F = 15$ kN,$\alpha = 30°$,横梁 AB 为 No.25a 工字钢,$[\sigma] = 100$ MPa,试校核梁 AB 的强度。

解 (1) 对梁 AB 进行受力分析(图 10.4b)。列平衡方程

$$\sum M_A(F) = 0, \quad -F \times 4 \text{ m} + F_C \sin\alpha \times 2 \text{ m} = 0$$

得

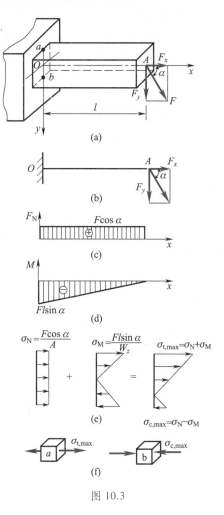

图 10.3

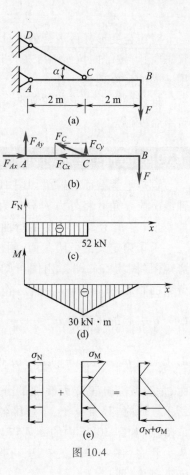

图 10.4

$$F_C = \frac{2F}{\sin \alpha} = 4F = 4 \times 15 \text{ kN} = 60 \text{ kN}$$

$$F_{Cx} = F_C \cos \alpha = 60 \cos 30° = 52 \text{ kN}$$

$$F_{Cy} = F_C \sin \alpha = 60 \sin 30° = 30 \text{ kN}$$

又　　　　　$\sum F_x = 0,\qquad F_{Ax} = F_{Cx} = 52 \text{ kN}$

　　　　　　$\sum F_y = 0,\qquad F_{Ay} + F_{Cy} - F = 0$

得　　　　　　　$F_{Ay} = F - F_{Cy} = -15 \text{ kN}$

（2）画出梁 AB 的内力图如图 10.4c，d 所示。梁 AB 在 AC 段承受弯曲与压缩组合变形，在 BC 段为弯曲变形。截面 C 左侧为危险截面，危险点在下边缘，为最大压应力，应力分布如图 10.4e 所示。

（3）校核梁 AB 的强度　由附录型钢规格表查得 No.25a 工字钢 $W_z = 402 \text{ cm}^3$，　$A = 48.51 \text{ cm}^2$。

因钢材抗拉与抗压强度相同，由式（10.1）

$$\sigma_{\max} = \frac{|M_{\max}|}{W_z} + \frac{|F_N|}{A}$$

$$= \frac{30 \times 10^3 \text{ N} \cdot \text{m}}{402 \times 10^{-6} \text{m}^3} + \frac{52 \times 10^3 \text{ N}}{48.51 \times 10^{-4} \text{m}^2}$$

$$= 85.3 \times 10^6 \text{ Pa} = 85.3 \text{ MPa} < [\sigma]$$

梁 AB 满足强度条件。

例 10.2　夹具的受力和尺寸如图 10.5 所示。已知 $F = 2 \text{ kN}, e = 60 \text{ mm}, b = 10 \text{ mm}$，$h = 22 \text{ mm}$，材料的许用应力 $[\sigma] = 170 \text{ MPa}$。试校核夹具竖杆的强度。

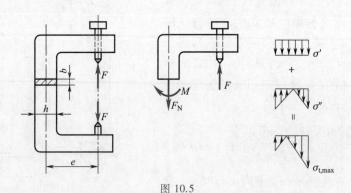

图 10.5

解　（1）计算竖杆横截面上的内力。取上半段为研究对象，列平衡方程。得

$$F_N = F = 2 \text{ kN},\quad M = Fe = 2 \times 10^3 \text{ N} \times 60 \times 10^{-3} \text{ m} = 120 \text{ N} \cdot \text{m}$$

（2）竖杆横截面上有轴力和弯矩，是弯曲与拉伸的组合变形。分别画出应力分布图。危险点在竖杆右侧边缘各点（图 10.5），为最大拉应力。

（3）校核竖杆强度。

$$\sigma_{t,max} = \frac{F_N}{A} + \frac{M}{W_z} = \frac{2 \times 10^3 \text{ N}}{0.01 \text{ m} \times 0.022 \text{ m}} + \frac{120 \text{ N} \cdot \text{m}}{\frac{1}{6} \times 0.01 \text{ m} \times (0.022 \text{ m})^2}$$

$$= 157.9 \times 10^6 \text{ Pa} = 157.9 \text{ MPa} < [\sigma]$$

竖杆满足强度条件。

§ 10.3　弯曲与扭转组合变形的强度计算

工程上机械传动中的转轴,如机床床头箱的齿轮轴等,一般都在弯曲和扭转的组合变形下工作。下面以图 10.2 所示电动机转轴为例,讨论弯曲和扭转的组合变形圆轴的应力分布。

画出圆轴的弯矩图和扭矩图(图 10.6b,c)。在危险截面 A 上弯曲正应力和扭转切应力的分布情况如图 10.6d 所示,可见 C,D 两点为危险点。取原始单元体(图 10.6e,f),危险点的应力状态为平面应力状态。且有

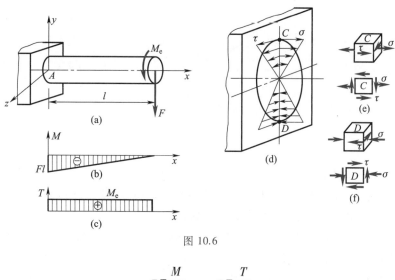

图 10.6

$$\sigma = \frac{M}{W_z}, \qquad \tau = \frac{T}{W_P}$$

一般转轴由塑性材料制成,按式(9.14)和式(9.15)第三强度理论和第四强度理论建立强度条件为

$$\sigma_{r3} = \sqrt{\sigma^2 + 4\tau^2} \leqslant [\sigma]$$

$$\sigma_{r4} = \sqrt{\sigma^2 + 3\tau^2} \leqslant [\sigma]$$

将 σ,τ 的表达式代入,并利用圆截面 $W_P = 2W_z$,得到圆轴承受弯曲与扭转组合变形的强度条件分别为

$$\sigma_{r3} = \frac{\sqrt{M^2 + T^2}}{W_z} \leqslant [\sigma] \tag{10.2}$$

$$\sigma_{r4} = \frac{\sqrt{M^2 + 0.75\,T^2}}{W_z} \leqslant [\sigma] \tag{10.3}$$

需要强调的是,式(10.2)和式(10.3)只适用于塑性材料制成的圆轴(包括空心圆轴)。

例 10.3　图 10.7 所示传动轴 AB 由电动机带动,轴长 $l = 1.2$ m,在跨中央安装一胶带轮,重力 $G = 5$ kN,半径 $R = 0.6$ m,胶带紧边张力 $F_1 = 6$ kN,松边张力 $F_2 = 3$ kN。轴直径 $d = 0.1$ m,材料许用应力 $[\sigma] = 50$ MPa。试按第三强度理论校核轴的强度。

解　(1)外力分析。将作用在胶带轮上的胶带拉力 F_1 和 F_2 向轴线简化,结果如图10.7b所示。传动轴受竖向主动力为

$$F = G + F_1 + F_2 = 5 \text{ kN} + 6 \text{ kN} + 3 \text{ kN} = 14 \text{ kN}$$

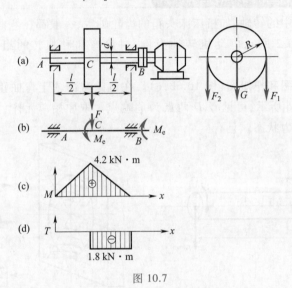

图 10.7

此力使轴在竖向平面内发生弯曲变形。附加外力偶矩为

$$M_e = (F_1 - F_2)R = (6 \text{ kN} - 3 \text{ kN}) \times 0.6 \text{ m} = 1.8 \text{ kN} \cdot \text{m}$$

此外力偶矩使轴产生扭转变形,故此轴属于弯、扭组合变形。

(2)内力分析。分别画出轴的弯矩图和扭矩图如图 10.7c,d,由内力图可以判断 C 处右侧截面为危险截面。危险截面上的弯矩 $M = 4.2$ kN·m,扭矩 $T = 1.8$ kN·m。

(3)强度校核。按第三强度理论,由式(10.2)得

$$\sigma_{r3} = \frac{\sqrt{M^2 + T^2}}{W_z} = \frac{\sqrt{(4.2 \times 10^3 \text{ N} \cdot \text{m})^2 + (1.8 \times 10^3 \text{ N} \cdot \text{m})^2}}{\pi \times (0.1 \text{ m})^3 / 32}$$

$$= 46.6 \times 10^6 \text{ Pa} = 46.6 \text{ MPa} < [\sigma]$$

该轴满足强度要求。

例 10.4　直径 $d = 80$ mm 的 T 形杆 $ABCD$ 位于水平面内,A 端固定,CD 垂直于 AB,在 C 处作用一沿 CD 轴线方向的力 F,在 D 处作用一竖向力 F,尺寸如图 10.8a 所示,杆材料的许用应力 $[\sigma] = 80$ MPa。试利用第三强度理论确定许用载荷 $[F]$。

解　(1)外力分析。将两力 F 向杆 AB 轴线 B 点处简化,得一水平力 F,一竖向力 F 和一附加外力偶 M_e,$M_e = 1.5F$(图10.8b)。所以,T 形杆 CB 段为压缩变形,BD 段为弯曲变形,AB 段在水平力 F 和竖向力 F 的作用下分别在 Axz 和 Axy 面内发生平面弯曲,在外力偶 M_e 作用下产生扭转。AB 段是两个互相垂直平面内的弯曲与扭转的组合变形,应由 AB 段的强度条件确定

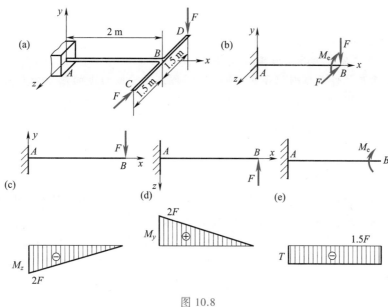

图 10.8

许可载荷。

当圆轴在两个互相垂直的平面内弯曲与扭转的组合变形时,危险截面上的总弯矩 M 由圆轴分别在两个互相垂直的平面内弯曲时同一截面的弯矩 M_y, M_z 合成得到。即

$$M^2 = M_y^2 + M_z^2$$

(2)内力计算。按空间力系的平面解法,作出杆 AB 在 Axy 面内弯曲的 M_z 图,在 Axz 面内弯曲的 M_y 图以及扭矩图(图 10.8c,d,e)。由图可知,杆件的 A 截面为危险截面,其上的内力值分别为

$$M_{Az} = 2F, \quad M_{Ay} = 2F, \quad T_A = 1.5F$$

$$M_A = \sqrt{M_{Az}^2 + M_{Ay}^2} = \sqrt{(2F)^2 + (2F)^2} = 2\sqrt{2}\,F$$

(3)确定许用载荷 $[F]$

$$\sigma_{r3} = \frac{\sqrt{M_A^2 + T_A^2}}{W_z} = \frac{\sqrt{(2\sqrt{2}\,F)^2 + (1.5\,F)^2}}{W_z} = \frac{\sqrt{10.25}\,F}{W_z} \leqslant [\sigma]$$

$$F \leqslant \frac{W_z[\sigma]}{\sqrt{10.25}} = \frac{\pi \times (0.08\ \mathrm{m})^3 \times 80 \times 10^6\ \mathrm{Pa}}{32 \times \sqrt{10.25}\ \mathrm{m}} = 1\ 256\ \mathrm{N}$$

故 T 形杆的许可载荷为 $[F] = 1\ 256\ \mathrm{N}$。

👓 小 结

(1)用叠加原理求解组合变形杆件强度问题的一般步骤是:

① 对杆件进行受力分析,确定杆件是哪些基本变形的组合。

② 分别画出各基本变形的内力图,确定危险截面。

③ 画出危险截面上的应力分布图,确定危险点。

④ 按危险点的应力状态采用相应的强度理论计算。

（2）对弯曲与拉伸或压缩组合变形而言,在画出危险截面上的应力分布图确定危险点后,要按杆件的材料性质分别处理。

塑性材料:

$$\sigma_{\max} = \frac{|F_N|}{A} + \frac{|M_{\max}|}{W_z} \leqslant [\sigma]$$

脆性材料:

$$\sigma_{t,\max} \leqslant [\sigma_t] \qquad \sigma_{c,\max} \leqslant [\sigma_c]$$

（3）对弯曲与扭转组合变形的圆轴而言,一般工程上的圆轴由塑性材料制成,在确定了危险截面上的内力后,可直接代入以下公式进行强度计算:

$$\sigma_{r3} = \frac{\sqrt{M^2 + T^2}}{W_z} \leqslant [\sigma]$$

$$\sigma_{r4} = \frac{\sqrt{M^2 + 0.75\,T^2}}{W_z} \leqslant [\sigma]$$

对于两个互相垂直平面内的弯曲与扭转组合变形,则有 $M^2 = M_y^2 + M_z^2$。

思考题

10.1　试判断图 10.9 中曲杆 *ABCD* 上 *AB*,*BC* 和 *CD* 杆各产生何种变形?

10.2　图 10.10 所示杆件上对称地作用着两个力 *F*,杆件将发生什么变形? 若去掉其中一个力后,杆件又将发生什么变形?

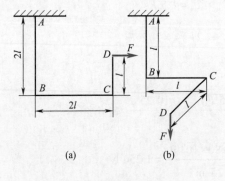

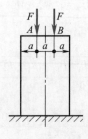

图 10.9　　　　　　　　　　　　　　　　　　图 10.10

10.3　为什么弯曲与拉伸组合变形时只需校核拉应力强度条件,而弯曲与压缩组合变形时脆性材料要同时校核压应力和拉应力强度条件?

10.4　同时承受拉伸、扭转和弯曲变形的圆截面杆件,按第三强度理论建立的强度条件是否可写成如下形式? 为什么?

$$\sigma_{r3} = \frac{F_N}{A} + \frac{\sqrt{M^2 + T^2}}{W_z} \leqslant [\sigma]$$

习 题

10.1 图示杆件轴向拉力 $F = 12$ kN,材料的许用应力$[\sigma] = 100$ MPa。试求切口的允许深度。

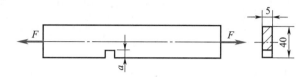

习题 10.1 图

10.2 图示简支梁为 No.22a 工字钢。已知 $F = 100$ kN,$l = 1.2$ m,材料的许用应力$[\sigma] = 160$ MPa。试校核梁的强度。

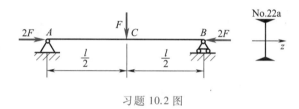

习题 10.2 图

10.3 求图 10.10 所示的杆件去掉其中一个力 F 前后横截面上的最大压应力之比。

10.4 图示折杆的 AB 段为圆截面,$AB \perp CB$,已知杆 AB 直径 $d = 100$ mm,材料的许用应力$[\sigma] = 80$ MPa。试按第三强度理论由杆 AB 的强度条件确定许用载荷$[F]$。

10.5 图示装在外直径为 $D = 60$ mm 空心圆柱上的铁道标志牌,所受最大风载 $p = 2$ kPa,柱材料的许用应力$[\sigma] = 60$ MPa。试按第四强度理论选择圆柱的内径 d。

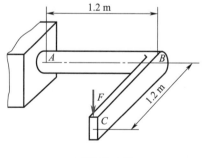

习题 10.4 图

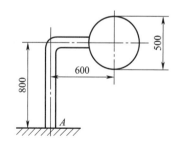

习题 10.5 图

10.6 图示传动轴 ABC 传递的功率 $P = 2$ kW,转速 $n = 100$ r/min,带轮直径 $D = 250$ mm,带张力 $F_T = 2F_t$,轴材料的许用应力$[\sigma] = 80$ MPa,轴的直径 $d = 45$ mm。试按第三强度理论校核轴的强度。

10.7 图示传动轴传递的功率 $P = 8$ kW,转速 $n = 50$ r/min,轮 A 带的张力沿水平方向,轮 B 带的张力沿竖直方向,两轮的直径均为 $D = 1$ m,重力均为 $G = 5$ kN,带张力 $F_T = 3F_t$,轴材料的许用应力$[\sigma] = 90$ MPa,轴的直径 $d = 70$ mm。试按第三强度理论校核轴的强度。

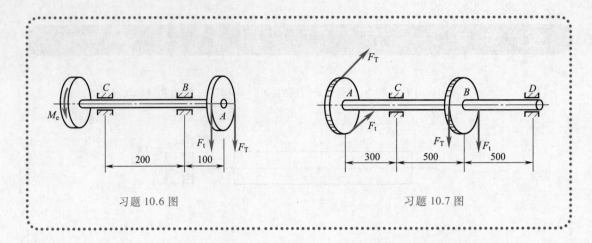

习题 10.6 图 习题 10.7 图

第三篇

运动学与动力学

运动学和动力学在工程技术中有广泛的应用。如机械设计中需要实现某种运动以满足生产或工艺的需要,技术革新中解决机器的振动平衡问题,运动构件的强度计算等,都要用到运动学和动力学的知识。同时,它为学习其他后续课程打基础。

运动学的任务是从几何的角度研究物体的运动,而不考虑运动和作用力的关系;动力学则研究作用于物体上的力和该物体运动状态变化之间的关系。

运动是物质存在的形式,物质与运动不可分割。运动是绝对的。物体在空间位置的确定及其运动的描述必须相对于某给定的物体而言的,这个给定的物体称为**参考体**。固连在参考体上的坐标系称为**参考系**。在不同的参考系中同一物体表现为不同的运动形式,因此对运动的描述具有相对性。在大多数研究的工程实际问题中,总是将固连于地球上的坐标系作为参考系,称为**静参考系**或**定参考系**。

在描述物体的运动时,常用到瞬时和时间间隔的概念。**瞬时**是指物体在运动过程中的某一时刻,用 t 表示,它对应于运动的瞬时状态。而**时间间隔**则是指两个瞬时相隔的时间,用 Δt 表示,它对应于运动的某一过程。

在运动学和动力学中,通常把所研究的物体抽象为点和刚体两种力学模型。**质点**就是具有一定质量而其几何形状和大小尺寸可以忽略不计的物体。**刚体**是指由无数个质点组成的不变形系统。

11

质点的运动

当物体的大小和形状在运动过程中不起主要作用时,物体的运动可简化为点的运动。本章先介绍点的运动学,再介绍质点动力学基本方程和动静法。

11.1.1　点的运动方程

设动点 M 相对某参考系 $Oxyz$ 运动(图 11.1),由坐标系原点 O 向动点 M 作一矢量 $r = \overrightarrow{OM}$,矢量 r 称为动点 M 的矢径。动点 M 在坐标系中的位置可由矢径 r 确定。动点运动时,矢径 r 的大小、方向随时间 t 而改变;故矢径 r 可表示为时间的单值连续函数

$$r = r(t) \tag{11.1}$$

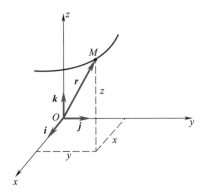

图 11.1

式(11.1)称为动点 M 矢量形式的**运动方程**,其矢端曲线即称为动点的**运动轨迹**。

11.1.2　点的速度

速度是表示点运动的快慢和方向的物理量。设瞬时 t,动点在 M 处,其矢径为 $r(t)$,经过 Δt 时间后,动点运动到 M' 处,其矢径为 $r(t+\Delta t)$(图 11.2)。动点在 Δt 时间内的位移为

$$\overrightarrow{MM'} = \Delta r = r(t+\Delta t) - r(t)$$

由此可得动点在 Δt 时间内的平均速度为

$$v^* = \frac{\overrightarrow{MM'}}{\Delta t} = \frac{\Delta r}{\Delta t}$$

令 Δt 趋于零时,可得动点在瞬时 t 的瞬时**速度**,简称**速度**。

$$v = \lim_{\Delta t \to 0} \frac{\Delta r}{\Delta t} = \frac{\mathrm{d}r}{\mathrm{d}t} \tag{11.2}$$

即动点的速度等于动点的矢径对时间的一阶导数。

动点的速度是矢量,速度方向为其轨迹曲线在 M 点的切线方向并指向运动的一方。速度的单位为 m/s。

11.1.3　点的加速度

加速度是表示点的速度对时间变化率的物理量。设在某瞬时 t,动点在位置 M,速度为 v,经过时间间隔 Δt,点运动到 M' 处,速度为 v',如图 11.2 所示。在 Δt 内,动点速度的改变量为

$$\Delta v = v' - v$$

Δv 与对应时间间隔 Δt 的比值 $\dfrac{\Delta v}{\Delta t}$ 表示点在 Δt 内速度的平均变化率,称为**平均加速度**,即

$$a^* = \frac{\Delta v}{\Delta t}$$

令 $\Delta t \to 0$,可得动点在瞬时 t 的瞬时**加速度**,简称**加速度**。

$$a = \lim_{\Delta t \to 0} \frac{\Delta v}{\Delta t} = \frac{\mathrm{d}v}{\mathrm{d}t}$$

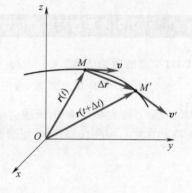

图 11.2

由于 $v = \dfrac{\mathrm{d}r}{\mathrm{d}t}$,因此上式写成

$$a = \frac{\mathrm{d}v}{\mathrm{d}t} = \frac{\mathrm{d}^2 r}{\mathrm{d}t^2} \tag{11.3}$$

式(11.3)表明,点的加速度等于它的速度对时间的一阶导数,或等于它的矢径对时间的二阶导数。加速度的单位为 m/s²。

§11.2　用直角坐标法表示点的速度和加速度

11.2.1　点的直角坐标运动方程

由图 11.1 可知,动点 M 的位置也可用直角坐标 x, y, z 来表示,设 i, j, k 分别为沿 x, y, z 三个坐标轴的单位矢量,则矢径 r 可表示为

$$r = x i + y j + z k \tag{11.4}$$

当点运动时,坐标 x, y, z 都是时间 t 的单值连续函数,即

$$\left. \begin{array}{l} x = x(t) \\ y = y(t) \\ z = z(t) \end{array} \right\} \tag{11.5}$$

式(11.5)称为动点 M 的**直角坐标运动方程**。从式(11.5)中消去时间 t,可得到动点 M 的轨

迹方程。

例 11.1 在图 11.3 所示的椭圆规机构中,已知连杆 AB 长为 l,连杆两端分别与滑块铰接,滑块可在两互相垂直的导轨内滑动,$\alpha = \omega t$,$\overline{AM} = \dfrac{2}{3}l$,求连杆上 M 点的运动方程和轨迹方程。

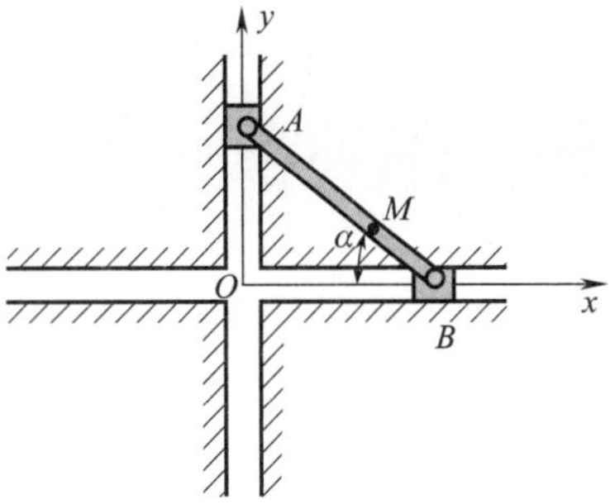

解 以垂直导轨的交点为原点,作直角坐标系 Oxy,如图 11.3 所示,得 M 点的坐标:

$$x = \frac{2}{3}l\cos\alpha$$

$$y = \frac{1}{3}l\sin\alpha$$

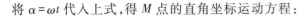

图 11.3

将 $\alpha = \omega t$ 代入上式,得 M 点的直角坐标运动方程:

$$x = \frac{2}{3}l\cos\omega t$$

$$y = \frac{1}{3}l\sin\omega t$$

从运动方程中消去时间 t,得 M 点的轨迹方程:

$$\frac{x^2}{4} + y^2 = \frac{l^2}{9}$$

上式表明,M 点的运动轨迹为一椭圆。

11.2.2 点的速度在直角坐标轴上的投影

将式(11.4)代入式(11.2),注意到 $\boldsymbol{i}, \boldsymbol{j}, \boldsymbol{k}$ 是不随时间变化的常矢量,得

$$\boldsymbol{v} = \frac{\mathrm{d}\boldsymbol{r}}{\mathrm{d}t} = \frac{\mathrm{d}}{\mathrm{d}t}(x\boldsymbol{i} + y\boldsymbol{j} + z\boldsymbol{k}) = \frac{\mathrm{d}x}{\mathrm{d}t}\boldsymbol{i} + \frac{\mathrm{d}y}{\mathrm{d}t}\boldsymbol{j} + \frac{\mathrm{d}z}{\mathrm{d}t}\boldsymbol{k} \tag{11.6}$$

速度在直角坐标轴上的矢量表达式可写成

$$\boldsymbol{v} = v_x\boldsymbol{i} + v_y\boldsymbol{j} + v_z\boldsymbol{k} \tag{11.7}$$

比较上述两式,得

$$v_x = \frac{\mathrm{d}x}{\mathrm{d}t}, \qquad v_y = \frac{\mathrm{d}y}{\mathrm{d}t}, \qquad v_z = \frac{\mathrm{d}z}{\mathrm{d}t} \tag{11.8}$$

式(11.8)表明,动点速度在各直角坐标轴上的投影,分别等于对应的位置坐标对时间的一阶导数。

速度的大小及方向余弦为

$$\left.\begin{array}{l} v = \sqrt{v_x^2 + v_y^2 + v_z^2} = \sqrt{\left(\dfrac{\mathrm{d}x}{\mathrm{d}t}\right)^2 + \left(\dfrac{\mathrm{d}y}{\mathrm{d}t}\right)^2 + \left(\dfrac{\mathrm{d}z}{\mathrm{d}t}\right)^2} \\[3mm] \cos(\boldsymbol{v},\boldsymbol{i}) = \dfrac{v_x}{v}, \qquad \cos(\boldsymbol{v},\boldsymbol{j}) = \dfrac{v_y}{v}, \qquad \cos(\boldsymbol{v},\boldsymbol{k}) = \dfrac{v_z}{v} \end{array}\right\} \tag{11.9}$$

● 11.2.3　点的加速度在直角坐标轴上的投影

将式(11.7)代入加速度公式(11.3),得

$$a = \frac{\mathrm{d}\boldsymbol{v}}{\mathrm{d}t} = \frac{\mathrm{d}}{\mathrm{d}t}(v_x\boldsymbol{i} + v_y\boldsymbol{j} + v_z\boldsymbol{k})$$

$$= \frac{\mathrm{d}v_x}{\mathrm{d}t}\boldsymbol{i} + \frac{\mathrm{d}v_y}{\mathrm{d}t}\boldsymbol{j} + \frac{\mathrm{d}v_z}{\mathrm{d}t}\boldsymbol{k} \qquad (11.10)$$

$$= \frac{\mathrm{d}^2x}{\mathrm{d}t^2}\boldsymbol{i} + \frac{\mathrm{d}^2y}{\mathrm{d}t^2}\boldsymbol{j} + \frac{\mathrm{d}^2z}{\mathrm{d}t^2}\boldsymbol{k}$$

加速度矢量可表示为

$$a = a_x\boldsymbol{i} + a_y\boldsymbol{j} + a_z\boldsymbol{k}$$

由此可得

$$a_x = \frac{\mathrm{d}v_x}{\mathrm{d}t} = \frac{\mathrm{d}^2x}{\mathrm{d}t^2}, \quad a_y = \frac{\mathrm{d}v_y}{\mathrm{d}t} = \frac{\mathrm{d}^2y}{\mathrm{d}t^2}, \quad a_z = \frac{\mathrm{d}v_z}{\mathrm{d}t} = \frac{\mathrm{d}^2z}{\mathrm{d}t^2} \qquad (11.11)$$

式(11.11)表明,动点的加速度在各直角坐标轴上的投影,分别等于对应的速度投影对时间的一阶导数,或等于对应的位置坐标对时间的二阶导数。

加速度的大小及方向余弦为

$$a = \sqrt{a_x^2 + a_y^2 + a_z^2} = \sqrt{\left(\frac{\mathrm{d}^2x}{\mathrm{d}t^2}\right)^2 + \left(\frac{\mathrm{d}^2y}{\mathrm{d}t^2}\right)^2 + \left(\frac{\mathrm{d}^2z}{\mathrm{d}t^2}\right)^2} \quad\left.\right\}$$
$$\cos(\boldsymbol{a},\boldsymbol{i}) = \frac{a_x}{a}, \quad \cos(\boldsymbol{a},\boldsymbol{j}) = \frac{a_y}{a}, \quad \cos(\boldsymbol{a},\boldsymbol{k}) = \frac{a_z}{a} \qquad (11.12)$$

例 11.2　摆动导杆机构如图 11.4 所示,已知 $\varphi = \omega t$(ω 为常量),O 点到滑杆 CD 间的距离为 l。求滑杆上销钉 A 的运动方程、速度和加速度。

解　取直角坐标系如图 11.4 所示。销钉 A 与滑杆一起沿水平轨道运动,轨迹为直线,其运动方程为

$$x = l\tan\varphi = l\tan\omega t$$

将运动方程对时间 t 求导,得销钉 A 的速度:

$$v_A = \frac{\mathrm{d}x}{\mathrm{d}t} = \frac{\omega l}{\cos^2\omega t}$$

将速度方程对时间 t 求导,得销钉 A 的加速度:

$$a_A = \frac{\mathrm{d}v_A}{\mathrm{d}t} = \frac{2\omega^2 l\sin\omega t}{\cos^3\omega t}$$

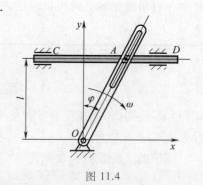

图 11.4

§11.3　用自然坐标法表示点的速度和加速度

当动点的运动轨迹已知时,应用自然坐标法求解点的速度、加速度问题较为方便。

· **11.3.1 用弧坐标建立点的运动方程**

设动点 M 沿已知轨迹运动,要确定动点 M 的位置,只需要知道任意瞬时 M 点在轨迹曲线上的位置就行了。为此,在轨迹上选一固定点 O_1 为原点,规定轨迹的正、负方向(图 11.5),这样动点 M 在轨迹上的位置就可以用弧长 $s = \pm \widehat{O_1M}$ 来表示,s 称为 M 点的弧坐标。

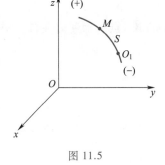

当动点 M 沿轨迹运动时,弧坐标 s 是 t 的单值连续函数,可表示为

$$s = s(t) \tag{11.13}$$

上式称为动点沿已知轨迹的运动方程。

图 11.5

· **11.3.2 自然轴系**

如图 11.6 所示,动点 M 沿已知平面轨迹 AB 运动。在轨迹上与动点 M 相重合的一个点处建立一个坐标系:取切向轴 τ 沿轨迹在该点的切线,它的正向指向弧坐标的正向;取法向轴 n 沿轨迹在该点的法线,它的正向指向轨迹的曲率中心。这样建立的正交坐标系称为自然坐标系,又称自然轴系。显而易见,如切向轴和法向轴的单位矢量分别用 e_t 和 e_n 表示,与直角坐标系中 i, j, k 不同,e_t 和 e_n 的方向随动点 M 在轨迹上的位置的变化而变化,是变矢量。

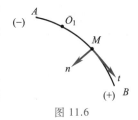

图 11.6

· **11.3.3 点的速度在自然坐标系上的投影**

如图 11.7 所示,在瞬时 t,动点 M 的矢径为 $r(t)$,经过时间间隔 Δt,动点 M 沿已知轨迹运动至 M' 处,其矢径为 $r(t+\Delta t)$。点 M' 的位移 Δr 与弧坐标增量 Δs 相对应。

由式(11.2)得

$$\boldsymbol{v} = \lim_{\Delta t \to 0} \frac{\Delta \boldsymbol{r}}{\Delta t} = \lim_{\Delta t \to 0} \frac{\Delta \boldsymbol{r}}{\Delta s} \frac{\Delta s}{\Delta t} = \lim_{\Delta t \to 0} \frac{\Delta \boldsymbol{r}}{\Delta s} \lim_{\Delta t \to 0} \frac{\Delta s}{\Delta t}$$

当 $\Delta t \to 0$ 时,$\Delta r / \Delta s$ 的大小趋于 1,方向趋近于轨迹的切向,并指向弧坐标的正向,故 $\lim\limits_{\Delta t \to 0} \dfrac{\Delta \boldsymbol{r}}{\Delta s} = \boldsymbol{e}_t$,而 $\lim\limits_{\Delta t \to 0} \dfrac{\Delta s}{\Delta t} = \dfrac{\mathrm{d}s}{\mathrm{d}t}$,因此

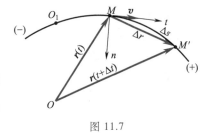

图 11.7

$$\boldsymbol{v} = v\,\boldsymbol{e}_t = \frac{\mathrm{d}s}{\mathrm{d}t}\boldsymbol{e}_t \tag{11.14}$$

式(11.14)表明,速度在法向轴上的投影为零;在切向轴上的投影,即速度的大小等于点的弧坐标对时间的一阶导数,即

$$v = \frac{\mathrm{d}s}{\mathrm{d}t} \tag{11.15}$$

当 $\dfrac{\mathrm{d}s}{\mathrm{d}t}>0$ 时，速度 v 与 e_t 同向；当 $\dfrac{\mathrm{d}s}{\mathrm{d}t}<0$ 时，速度 v 与 e_t 反向。当点沿已知轨迹的运动方程式（11.13）为已知时，利用式（11.15）可直接求出点的速度大小并判断其方向。

11.3.4 点的加速度在自然坐标系上的投影

将点的速度 $v = v e_t$ 代入式（11.3），得

$$a = \frac{\mathrm{d}v}{\mathrm{d}t} = \frac{\mathrm{d}}{\mathrm{d}t}(v e_t) = \frac{\mathrm{d}v}{\mathrm{d}t} e_t + v \frac{\mathrm{d}e_t}{\mathrm{d}t} \tag{11.16}$$

在自然坐标系中，加速度 a 可表示为

$$a = a_t + a_n = a_t e_t + a_n e_n \tag{11.17}$$

式中，a_t 和 a_n 分别称为点的切向加速度和法向加速度。a_t 和 a_n 分别为点的加速度在切向轴和法向轴上的投影。

下面分别讨论点的切向加速度和法向加速度。

1. 切向加速度

由式（11.16）和式（11.17）可知

$$a_t = a_t e_t = \frac{\mathrm{d}v}{\mathrm{d}t} e_t = \frac{\mathrm{d}^2 s}{\mathrm{d}t^2} e_t$$

故

$$a_t = \frac{\mathrm{d}v}{\mathrm{d}t} = \frac{\mathrm{d}^2 s}{\mathrm{d}t^2} \tag{11.18}$$

式（11.18）表明，点的切向加速度的大小 a_t 等于点的速度大小 v 对时间的一阶导数，也等于点的弧坐标 s 对时间的二阶导数。$\mathrm{d}v/\mathrm{d}t>0$ 时，切向加速度方向与 e_t 相同，反之相反。点沿已知轨迹的运动方程式（11.13）已知时，利用式（11.18）可直接求出点的切向加速度的大小并判断其方向。

在自然坐标系中，点的速度为切向矢量，点的切向加速度也为切向矢量，它反映的是动点速度大小的瞬时变化率。

2. 法向加速度

由式（11.16）和式（11.17）可知

$$a_n = a_n e_n = v \frac{\mathrm{d}e_t}{\mathrm{d}t}$$

先分析式中的 $\dfrac{\mathrm{d}e_t}{\mathrm{d}t}$ 矢量。

如图 11.8 所示，在瞬时 t，动点 M 上的自然坐标系的单位矢量为 e_t 和 e_n。经过时间间隔 Δt，自然坐标系随动点 M 移至 M'，此时的切向单位矢量为 e'_t，其增量 Δe_t 等于等腰三角形 ΔMAB 中的 $\overrightarrow{AB}$。

由图 11.8 中的几何关系可知

$$|\Delta e_t| = |\overrightarrow{AB}| = 2 \times |e_t| \sin \frac{\Delta \varphi}{2} \approx 2 \times 1 \times \frac{\Delta \varphi}{2} = \Delta \varphi$$

所以，$\dfrac{\mathrm{d}\boldsymbol{e}_t}{\mathrm{d}t}$ 矢量的大小为

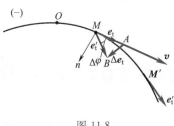

图 11.8

$$\left|\frac{\mathrm{d}\boldsymbol{e}_t}{\mathrm{d}t}\right|=\lim_{\Delta t\to 0}\frac{|\Delta\boldsymbol{e}_t|}{\Delta t}=\lim_{\Delta t\to 0}\frac{\Delta\varphi}{\Delta t}=\lim_{\Delta t\to 0}\frac{\Delta\varphi}{\Delta s}\times\frac{\Delta s}{\Delta t}=\lim_{\Delta t\to 0}\frac{\Delta\varphi}{\Delta s}\lim_{\Delta t\to 0}\frac{\Delta s}{\Delta t}$$

式中，$\lim\limits_{\Delta t\to 0}\dfrac{\Delta s}{\Delta t}=\dfrac{\mathrm{d}s}{\mathrm{d}t}=v$。由微积分学知识可知，$\lim\limits_{\Delta t\to 0}\dfrac{\Delta\varphi}{\Delta s}=\dfrac{1}{\rho}$

（ρ 为曲线在 M 点的曲率半径），得

$$\left|\frac{\mathrm{d}\boldsymbol{e}_t}{\mathrm{d}t}\right|=\lim_{\Delta t\to 0}\frac{|\Delta\boldsymbol{e}_t|}{\Delta t}=\frac{v}{\rho}$$

此外，当 $\Delta t\to 0$ 时，$\Delta\varphi\to 0$，$\angle MAB$ 趋于 $\pi/2$。$\Delta\boldsymbol{e}_t$ 的极限方向$\left(\text{即}\dfrac{\mathrm{d}\boldsymbol{e}_t}{\mathrm{d}t}\text{的方向}\right)$，与 $\boldsymbol{e}_t$ 垂直，且指向曲线在 M 点的曲率中心，即自然坐标系法向轴单位矢量 $\boldsymbol{e}_n$ 的方向。

综上所述，矢量 $\dfrac{\mathrm{d}\boldsymbol{e}_t}{\mathrm{d}t}$ 的大小为 $\dfrac{v}{\rho}$，方向为 $\boldsymbol{e}_n$，可表示为 $\dfrac{\mathrm{d}\boldsymbol{e}_t}{\mathrm{d}t}=\dfrac{v}{\rho}\boldsymbol{e}_n$，代入法向加速度公式，得

$$\boldsymbol{a}_n=a_n\boldsymbol{e}_n=\frac{v^2}{\rho}\boldsymbol{e}_n,\quad a_n=\frac{v^2}{\rho} \tag{11.19}$$

式（11.19）表明，点的法向加速度的大小 a_n 等于点的速度大小 v 的平方与对应点轨迹曲率半径 ρ 之比；法向加速度的方向，由于 v^2/ρ 恒为正值，故始终指向该点轨迹的曲率中心。

在自然坐标系中，点的速度为切向矢量，而点的法向加速度为法向矢量，它反映的是速度方向的瞬时变化率。法向加速度越大，速度方向变化得越快；反之，速度方向变化得越慢。当点作直线运动时，点的法向加速度恒为零，点的速度方向将保持不变。

3. 全加速度

为便于区分点的加速度、切向加速度和法向加速度，在自然坐标系中，称点的加速度为**全加速度**，记为 $\boldsymbol{a}$。全加速度 $\boldsymbol{a}=\boldsymbol{a}_t+\boldsymbol{a}_n$，它所反映的是速度矢量 $\boldsymbol{v}$（包括大小和方向）的瞬时变化率，全加速度 $\boldsymbol{a}$ 的大小和方向可由下式得出

$$\left.\begin{aligned}a&=\sqrt{a_t^2+a_n^2}=\sqrt{\left(\frac{\mathrm{d}v}{\mathrm{d}t}\right)^2+\left(\frac{v^2}{\rho}\right)^2}\\[2mm]\tan\beta&=\frac{|a_t|}{a_n}\end{aligned}\right\} \tag{11.20}$$

式（11.20）中，β 为全加速度 $\boldsymbol{a}$ 与法向轴正向 n 所夹锐角，$\boldsymbol{a}$ 在 n 的哪一侧，由 a_t 的正负决定，如图 11.9 所示。

例 11.3 杆 AB 在 A 端铰接固定，套环 M 将 AB 杆与半径为 R 的固定圆环套在一起，AB 与铅垂线之夹角为 $\varphi=\omega t$，如图 11.10a 所示。求套环 M 的运动方程、速度和加速度。

图 11.9

方法一：以套环 M 为研究对象，由于环 M 的运动轨迹已知，故采用自然坐标法求解。以圆环上 O' 点为弧坐标原点，顺时针为弧坐标正向。

（1）建立点沿已知轨迹的运动方程。由图中几何关系，M 点沿固定圆环的运动方程为

$$s=R(2\varphi)=2R\omega t$$

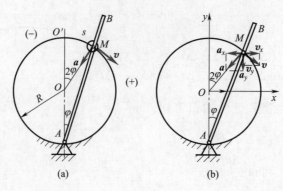

图 11.10

（2）求 M 点的速度。由式（11.15）知 M 点的速度为

$$v = \frac{\mathrm{d}s}{\mathrm{d}t} = 2R\omega$$

（3）求 M 点的加速度。由式（11.18）知 M 点的切向加速度为

$$a_{\mathrm{t}} = \frac{\mathrm{d}v}{\mathrm{d}t} = \frac{\mathrm{d}}{\mathrm{d}t}(2R\omega) = 0$$

由式（11.19）知 M 点的法向加速度为

$$a_{\mathrm{n}} = \frac{v^2}{\rho} = \frac{(2R\omega)^2}{R} = 4R\omega^2$$

由式（11.20）知 M 点的全加速度为

$$a = \sqrt{a_{\mathrm{t}}^2 + a_{\mathrm{n}}^2} = 4R\omega^2$$

其方向沿 MO 且指向 O，可知套环 M 沿固定圆环作匀速圆周运动。

方法二：用直角坐标法求解，如图 11.10b 所示建立直角坐标系 Oxy。

（1）建立点 M 的直角坐标运动方程。由图中几何关系，运动方程为

$$\left. \begin{array}{l} x = R\cos(90° - 2\varphi) = R\sin 2\omega t \\ y = R\cos 2\varphi = R\cos 2\omega t \end{array} \right\} \tag{a}$$

（2）求 M 点的速度。由式（a）求导，得速度在 x,y 轴上的投影为

$$\left. \begin{array}{l} v_x = \dfrac{\mathrm{d}x}{\mathrm{d}t} = 2R\omega\cos 2\omega t \\[2mm] v_y = \dfrac{\mathrm{d}y}{\mathrm{d}t} = -2R\omega\sin 2\omega t \end{array} \right\} \tag{b}$$

由式（11.9）知 M 点的速度大小和方向余弦为

$$\left. \begin{array}{l} v = \sqrt{v_x^2 + v_y^2} = 2R\omega \\[2mm] \cos(\boldsymbol{v},\boldsymbol{i}) = \dfrac{v_x}{v} = \cos 2\omega t \end{array} \right\} \tag{c}$$

（3）求 M 点的加速度。由式（b）求导，得加速度在 x,y 轴上的投影为

$$a_x = \frac{\mathrm{d}v_x}{\mathrm{d}t} = -4R\omega^2 \sin 2\omega t$$

$$a_y = \frac{\mathrm{d}v_y}{\mathrm{d}t} = -4R\omega^2 \cos 2\omega t$$

由式(11.12)知 M 点的加速度大小和方向余弦为

$$a = \sqrt{a_x^2 + a_y^2} = 4R\omega^2$$

$$\cos(\boldsymbol{a}, \boldsymbol{i}) = \frac{a_x}{a} = -\sin 2\omega t$$

或用矢量式表示　　　$\boldsymbol{a} = a_x\boldsymbol{i} + a_y\boldsymbol{j} = -4\omega^2(R\sin 2\omega t \cdot \boldsymbol{i} + R\cos 2\omega t \cdot \boldsymbol{j})$

$$= -4\omega^2 \boldsymbol{r}_M$$

此结果也说明 $\boldsymbol{a}$ 与点 M 的矢径 $\boldsymbol{r}_M$ 反向。

经比较不难看出,两种解法的结果是一致的,用自然坐标法解题简便,结果清晰,但只适用于点的运动轨迹已知的情况。在机械工程中,多数物体处于被约束状态,其运动轨迹是确定的,故自然坐标法得到广泛应用。当点的运动轨迹未确定时,可采用直角坐标法,在航空、航天工程中的弹道设计计算中常用这种方法。

§11.4　质点动力学基本方程

在描述了点的运动,计算其速度和加速度后,本节进一步讨论质点运动的变化与所受外力之间的关系。

11.4.1　质点动力学基本方程

由经验可知,要改变一个物体的运动状态(即产生加速度),都必须对物体施加力。牛顿第二定律阐述:质点受力作用时所获得加速度的大小,与作用力的大小成正比,与质点的质量成反比,加速度的方向与力的方向相同。

设作用在质点上的力为 $\boldsymbol{F}$,质点的质量为 m,质点获得的加速度为 $\boldsymbol{a}$,则牛顿第二定律可以用矢量方程表示为

$$\boldsymbol{F} = m\boldsymbol{a} \tag{11.21}$$

当质点同时受几个力作用时,方程(11.21)中的力 $\boldsymbol{F}$ 应为这几个力的合力。式(11.21)称为**质点动力学基本方程**。

需要强调指出,质点动力学基本方程指出了力是质点运动状态改变的原因,即任意瞬时,质点只有在力的作用下才有加速度。不受力作用(合力为零)的质点,加速度必为零,此时质点将保持原来的静止或匀速直线运动状态。物体的这种保持运动状态不变的属性称为惯性。质点的质量越大,其惯性也越大。**质量是质点惯性的度量。**

牛顿第二定律指出了质点加速度方向总是与其所受合力的方向相同。但质点的速度方向不一定与合力的方向相同。因此,合力的方向不一定就是质点运动的方向。

11.4.2　质量与重力的关系　国际单位制

在地球表面,质量为 m 的物体,在重力 $\boldsymbol{G}$ 作用而自由下落时,得到的加速度为重力加速度 $\boldsymbol{g}$。由式(11.21)可得物体重力和质量的关系式为

$$G = mg \tag{11.22}$$

重力和质量是两个不同的概念。在不同地区,因重力加速度稍有差异,同一物体的重力略有不同,而质量是物体本身固有的性质,物体的质量是相同的。在一般计算中,可取 $g = 9.8 \text{ m/s}^2$。

在国际单位制中有关力学的三个基本物理量是长度、质量和时间,其相应的基本单位是米(m)、千克(kg)和秒(s)。力的单位为导出单位,根据牛顿第二定律,力的单位是 $\text{kg} \cdot \text{m/s}^2$,用符号 N 表示,即是使 1 kg 质量的物体产生 1 m/s^2 的加速度所需的力的大小为 1 N。于是,质量为 1 kg 的物体,它的重力为

$$G = mg = 1 \text{ kg} \times 9.8 \text{ m/s}^2 = 9.8 \text{ N}$$

11.4.3　质点运动微分方程及其应用

设质量为 m 的质点 M,在合力 $\boldsymbol{F}$ 的作用下,以加速度 $\boldsymbol{a}$ 运动,如图 11.11 所示。根据质点动力学基本方程有 $m\boldsymbol{a} = \boldsymbol{F}$,它在直角坐标系上的投影为

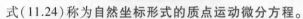

$$m\frac{\mathrm{d}^2 x}{\mathrm{d}t^2} = F_x, \quad m\frac{\mathrm{d}^2 y}{\mathrm{d}t^2} = F_y, \quad m\frac{\mathrm{d}^2 z}{\mathrm{d}t^2} = F_z \tag{11.23}$$

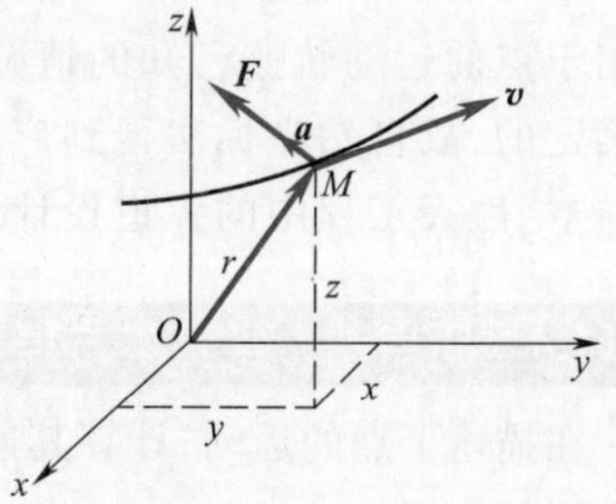

式(11.23)称为**直角坐标形式的质点运动微分方程**。

工程中,有时采用动力学基本方程在自然坐标系上的投影较为方便,在点作平面曲线运动时,它在自然坐标系中切向轴与法向轴上的投影为

图 11.11

$$m\frac{\mathrm{d}^2 s}{\mathrm{d}t^2} = F_{\mathrm{t}}, \quad m\frac{v^2}{\rho} = F_{\mathrm{n}} \tag{11.24}$$

式(11.24)称为**自然坐标形式的质点运动微分方程**。

质点运动微分方程的应用,分为两种基本类型。

(1) 质点动力学第一类问题——已知质点的运动,求作用于质点上的力。

例 11.4　升降台以匀加速 $\boldsymbol{a}$ 上升,台面上放置一重力为 $\boldsymbol{G}$ 的重物,如图 11.12 所示。求重物对台面的压力。

解　取重物为研究对象,其上受 $\boldsymbol{G}, \boldsymbol{F}$ 两力作用,如图 11.12b 所示。取图示坐标轴 x,由动力学基本方程可得

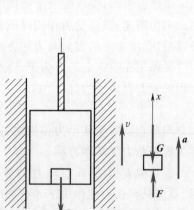

图 11.12

$$F - G = \frac{G}{g}a$$

故

$$F = G\left(1 + \frac{a}{g}\right)$$

由此可知,重物对台面的压力为 $G\left(1 + \dfrac{a}{g}\right)$。它由两部分组成,一部分是重物的重力 G,它是

升降台处于静止或匀速直线运动时台面所受到的压力,称为**静压力**;另一部分为 $G\dfrac{a}{g}$,它是由于物体作加速运动而附加产生的压力,称为**附加动压力**,它随着加速度的增大而增大。

（2）质点动力学第二类问题——已知作用于质点上的力,求质点的运动。

例 11.5　图 11.13 表示物体在阻尼介质中自由降落的情况。设物体所受到的介质阻力 $F_R=cA\rho v^2$,其中 c 为阻力系数,ρ 是介质密度,A 是物体垂直于速度方向的最大截面积,v 是物体降落的速度。求物体降落的极限速度。

解　取物体为研究对象,如图 11.13 所示,选点 O 为坐标原点,坐标轴 x 沿铅垂线向下。物体在任意位置受重力 G 和介质阻力 F_R 的作用,建立质点运动微分方程如下:

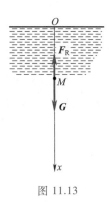

图 11.13

$$m\frac{\mathrm{d}^2x}{\mathrm{d}t^2}=G-cA\rho v^2 \qquad (\mathrm{a})$$

分析上式,在运动开始不久的一段时间内,由于速度 v 较小,则阻力 $F_R=cA\rho v^2$ 也较小,故 $G-cA\rho v^2>0$,因此物体加速降落。但随着物体速度逐渐增加,阻力 F_R 按速度平方迅速增大,于是重力 G 与阻力 F_R 的合力所引起的加速度逐渐减小。当速度达到某一数值时,加速度为零,这时的速度叫作**极限速度**,以 $v_{\max}$ 极限表示,这时式（a）为

$$0=G-cA\rho v_{\max}^2$$

故极限速度 $v_{\max}$ 为

$$v_{\max}=\sqrt{\frac{G}{cA\rho}}$$

物体达到极限速度后,将匀速下降。

§11.5　动　静　法

本节介绍工程上应用比较广泛的解决动力学问题的一种方法——动静法。它把动力学问题转化为静力学问题来求解。

11.5.1　惯性力的概念

当物体受到其他物体的作用而发生运动状态改变时,由于它具有惯性,力图保持其原有的运动状态,因此对于施力物体有反作用力。例如,质量为 m 的小球,用绳子系住并在水平面内作匀速圆周运动(图 11.14)。小球在绳的拉力 F_T 的作用下,产生向心的加速度 a_n,由牛顿第二定律知,小球上的作用力 $F_T=ma_n$,称为向心力。小球由于惯性而给绳的反作用力 F_T'。由作用与反作用力定律可知

$$F_T'=-F_T=-ma_n$$

因此,当质点受到力的作用而产生加速度时,质点由于惯性必然给施力物体以反作用力,该反作用力称为**质点的惯性力**。质点惯性力的大小等于质点的质量与其加速度的乘积,方向与加速度的方向相反,它不作用于运动质点本身,而作用于周围施力物体上。如用 F_I 表示惯性力,则

$$F_I=-ma \qquad (11.25)$$

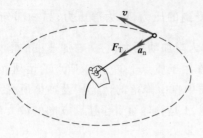

图 11.14

· 11.5.2　质点动力学问题的动静法

设一质量为 m 的质点 M,在主动力 $\boldsymbol{F}$ 和约束力 $\boldsymbol{F}_N$ 的作用下沿轨迹 $\overset{\frown}{AB}$ 运动,其加速度为 $\boldsymbol{a}$(图 11.15),根据动力学基本方程有

$$\boldsymbol{F}+\boldsymbol{F}_N=m\boldsymbol{a} \tag{11.26}$$

上式与式(11.25)相加,可得

$$\boldsymbol{F}+\boldsymbol{F}_N+\boldsymbol{F}_I=0 \tag{11.27}$$

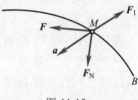

图 11.15

式(11.27)表明:在质点运动的任一瞬时,作用于质点上的主动力、约束力与虚加在质点上的惯性力,在形式上组成一平衡力系。这种处理动力学问题的方法称为**动静法**。

应该强调指出,质点并没有受到惯性力的作用,动静法中的"平衡力系"是虚拟的,质点实际处于不平衡状态。但在质点上假想地加上惯性力后,就可以将动力学的问题借用静力学的理论和方法求解,给解题带来方便。

将式(11.27)向直角坐标轴投影,可得

$$\left.\begin{aligned}F_x+F_{Nx}+F_{Ix}=0\\F_y+F_{Ny}+F_{Iy}=0\end{aligned}\right\} \tag{11.28}$$

式中

$$F_{Ix}=-ma_x,\qquad F_{Iy}=-ma_y$$

将式(11.27)向自然坐标轴投影,可得

$$\left.\begin{aligned}F_t+F_{Nt}+F_{It}=0\\F_n+F_{Nn}+F_{In}=0\end{aligned}\right\} \tag{11.29}$$

式中

$$F_{It}=-ma_t=-m\frac{\mathrm{d}v}{\mathrm{d}t},\qquad F_{In}=-ma_n=-m\frac{v^2}{\rho}$$

利用动静法解题时,首先要明确研究对象,分析它所受的力,画出受力图;其次分析它的运动,确定惯性力,并虚加在质点上;最后利用静力学平衡方程求解。

例 11.6　小物块 A 放在车的斜面上,斜面倾角为 30°(图 11.16a)。物块 A 与斜面的静摩擦因数 $f_s=0.2$。若车向左加速运动,试问物块不致沿斜面下滑时车的加速度 $\boldsymbol{a}$。

解　以小物块 A 为研究对象,并视其为质点。作物块 A 的受力图,其上作用有重力 $\boldsymbol{G}$,法向反力 $\boldsymbol{F}_N$ 和摩擦力 $\boldsymbol{F}_f$。物块随车以加速度 $\boldsymbol{a}$ 运动,其惯性力的大小为 $F_I=\dfrac{G}{g}a$。将此惯

性力以与 a 相反的方向加到物块上(图 11.16b)。考虑物块不沿斜面下滑的临界状态,取直角坐标系 Axy,建立平衡方程:

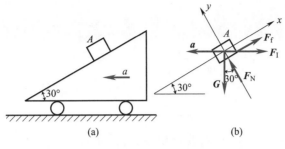

(a)　　　　　　　　(b)

图 11.16

$$\sum F_x = 0, \qquad F_f + F_I\cos 30° - G\sin 30° = 0$$

即
$$f_s F_N + \frac{G}{g}a\cos 30° - G\sin 30° = 0 \tag{a}$$

$$\sum F_y = 0, \qquad F_N - F_I\sin 30° - G\cos 30° = 0$$

即
$$F_N - \frac{G}{g}\sin 30° - G\cos 30° = 0 \tag{b}$$

由式(a),(b)联立解得

$$a = \frac{\sin 30° - f_s\cos 30°}{f_s\sin 30° + \cos 30°}g = 3.32 \ \text{m/s}^2$$

故欲使物块不沿斜面下滑,车的加速度必须满足 $a \geqslant 3.32 \ \text{m/s}^2$。

🔍 小 结

(1) 表示点的位置、速度和加速度有三种方法:矢量法、直角坐标法、自然坐标法。

	矢量法	直角坐标法	自然坐标法
点的运动方程	$\boldsymbol{r} = \boldsymbol{r}(t)$	$x = x(t)$ $y = y(t)$ $z = z(t)$	$s = s(t)$
速度	$\boldsymbol{v} = \dfrac{\mathrm{d}\boldsymbol{r}}{\mathrm{d}t}$	$v_x = \dfrac{\mathrm{d}x}{\mathrm{d}t}$ $v_y = \dfrac{\mathrm{d}y}{\mathrm{d}t}$ $v_z = \dfrac{\mathrm{d}z}{\mathrm{d}t}$	$v = \dfrac{\mathrm{d}s}{\mathrm{d}t}$

续表

	矢量法	直角坐标法	自然坐标法
加速度	$\boldsymbol{a} = \dfrac{\mathrm{d}\boldsymbol{v}}{\mathrm{d}t} = \dfrac{\mathrm{d}^2\boldsymbol{r}}{\mathrm{d}t^2}$	$a_x = \dfrac{\mathrm{d}^2 x}{\mathrm{d}t^2}$ $a_y = \dfrac{\mathrm{d}^2 y}{\mathrm{d}t^2}$ $a_z = \dfrac{\mathrm{d}^2 z}{\mathrm{d}t^2}$	$a_t = \dfrac{\mathrm{d}v}{\mathrm{d}t} = \dfrac{\mathrm{d}^2 s}{\mathrm{d}t^2}$ $a_n = \dfrac{v^2}{\rho}$

（2）矢量法主要用于理论推导，简洁明了；自然坐标法用于动点轨迹已知时的运动分析，物理意义明确；而当动点轨迹未知时宜采用直角坐标法。

（3）质点动力学基本方程：

$$\boldsymbol{F} = m\boldsymbol{a}$$

质点运动微分方程：

直角坐标形式　$m\dfrac{\mathrm{d}^2 x}{\mathrm{d}t^2} = F_x$，　　$m\dfrac{\mathrm{d}^2 y}{\mathrm{d}t^2} = F_y$，　　$m\dfrac{\mathrm{d}^2 z}{\mathrm{d}t^2} = F_z$

自然坐标形式　$m\dfrac{\mathrm{d}^2 s}{\mathrm{d}t^2} = F_t$，　　$m\dfrac{\left(\dfrac{\mathrm{d}s}{\mathrm{d}t}\right)^2}{\rho} = F_n$

（4）质点的惯性力　$\boldsymbol{F}_I = -m\boldsymbol{a}$。在动静法中，质点的惯性力是虚加在产生运动变化的质点上的，目的是借用静力学的理论和方法来解决动力学问题。

思考题

11.1　点在运动时，若某瞬时速度 $v = 0$，该瞬时加速度是否必为零？

11.2　什么是切向加速度与法向加速度？它的意义是什么？怎样的运动既无 a_n 又无 a_t？怎样的运动只有 a_t 没有 a_n？怎样的运动只有 a_n 没有 a_t？怎样的运动既有 a_n 又有 a_t？

11.3　点作曲线运动，试就下列三种情况画出加速度的方向（图 11.17）：

（1）点 M_1 作匀速运动；（2）点 M_2 加速运动，M_2 点为拐点；（3）点 M_3 作减速运动。

11.4　试指出图 11.18 中所表明的点作曲线运动时，哪些是加速运动？哪些是减速运动？哪些是不可能出现的运动？E 点为拐点。

11.5　何谓质量？质量与重量有什么区别？

11.6　什么是质点的惯性力？是不是运动物体都有惯性力？质点作匀速圆周运动时有无惯性力？

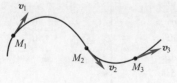

图 11.17

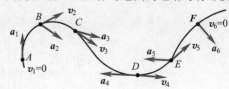

图 11.18

习　题

11.1 已知点的直角坐标运动方程如下,求其轨迹方程(x,y,z 的单位为 m,t 的单位为 s)。

（1）$x=t^2$,$y=2t^2$; 　　　　（2）$x=4\cos^2 t$,$y=3\sin^2 t$; 　　　　（3）$x=5\cos 5t^2$,$y=5\sin 5t^2$。

11.2 雷达在距火箭发射台 b 处,观察铅垂上升的火箭发射,测得 θ 角的规律为 $\theta=kt$。试计算火箭的运动方程及 $\theta=\dfrac{\pi}{6}$ 和 $\theta=\dfrac{\pi}{3}$ 时火箭的速度和加速度。

11.3 半圆形凸轮以匀速 $v_0=1$ m/s 水平向左运动,带动导杆向下运动,导杆上的 M 点始终与凸轮接触,如图所示。若凸轮半径 $R=0.8$ m,开始时 M 点在凸轮的最高点,求 M 点的运动方程和速度。

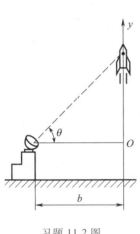

习题 11.2 图

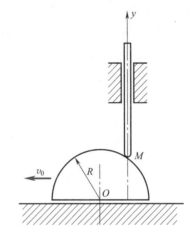

习题 11.3 图

11.4 一点由静止开始沿半径为 R 的圆周作匀加速运动,初速度为零;如点的全加速度与切线的夹角为 α,并以 β 表示点走过的弧长 s 所对的圆心角;试证:$\tan\alpha=2\beta$。

11.5 摇杆机构的滑杆 AB 在某段时间内以等速 v 向上运动,试建立摇杆上 C 点的运动方程(分别用直角坐标法及自然坐标法),并求此点在 $\varphi=\dfrac{\pi}{4}$ 时速度的大小。假定初瞬时 $\varphi=0$,摇杆长 $\overline{OC}=a$,l 为已知。

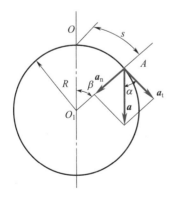

习题 11.4 图

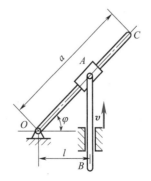

习题 11.5 图

11.6 质量为 m 的质点 M 在坐标平面 Oxy 内运动,其运动方程为

$$x=a\cos\omega t$$

$$y = b\sin\omega t$$

其中 a,b,ω 均为常量，求作用于质点上的力 F。

11.7　小球 M 重为 G，以绳 AM 悬在固定点 A，此球以匀速沿一水平面的圆周运动。已知绳长 l 及其与铅垂线所成角度 α，求绳中拉力 F_T 和小球速度 v。

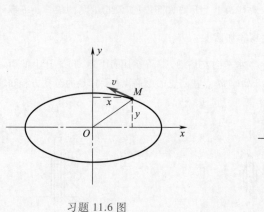

习题 11.6 图

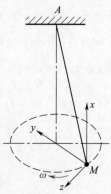

习题 11.7 图

11.8　汽车以匀速 v 沿曲率半径为 ρ 的圆弧路面拐弯。欲使两轮的垂直压力相等，问路面的斜角 α 应为多少?

11.9　挂在钢索上的吊笼质量为 15 t，由静止开始匀加速上升，在 3 s 内上升了 1.8 m，试求钢索的拉力。钢索的自重略去不计。

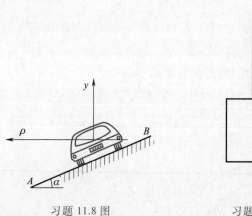

习题 11.8 图　　　　　习题 11.9 图

11.10　质量为 m 的质点，在恒力 F_0 作用下运动。若在 $t=0$ 时，质点具有初速度 v_0，求质点速度增到 v_0 的 n 倍时，需多长时间?

11.11　直升机重力为 G，它垂直上升时螺旋桨的牵引力是 1.5 G，空气阻力 $F_R=kGv$，k 是常数，求直升机上升的极限速度。

11.12　在车厢顶上悬挂一单摆，当车厢作等加速直线运动时，摆将偏一方，与铅垂线成不变角 θ，求车厢的加速度 a 与 θ 角的关系。

11.13　重为 G 的小物块，自 A 点在铅垂面内沿半径为 r 的半圆 ACB 滑下，其初速度为零，不计阻力。试求物块在半圆任意位置时所受的约束力。

11.14　在绕铅垂轴以匀角速度 ω 转动的杆 AB 上套一质量为 m 的小球。求小球在杆上的相对平衡位置。不计摩擦。

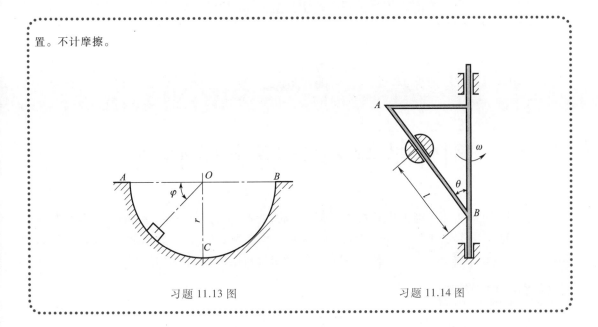

习题 11.13 图　　　　　　　　　习题 11.14 图

12

刚体的平移与绕定轴转动

在工程实际中,当不能把运动物体看成一点时,要抽象为刚体的运动。刚体的运动有两种最常见的基本形式:平移和定轴转动。刚体的一些较为复杂的运动可以归结为这两种基本运动的组合。平移和定轴转动这两种基本运动是分析刚体其他运动的基础。

§12.1　刚体的平移

观察直线轨道上车厢的运动,摆式输送机送料槽的运动(图 12.1)。这些刚体的运动有一个共同的特点:在运动时,刚体上任一直线始终与其原来位置保持平行。刚体的这种运动称为**平移**。

刚体平移时,其上各点的轨迹若是直线,称刚体作**直线平移**,如上述车厢的运动;其上各点轨迹若是曲线,称刚体作**曲线平移**,如上述料槽的运动。

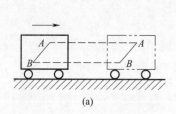
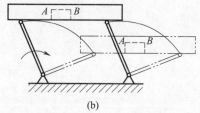

(a)　　　　　　　　　(b)

图 12.1

下面研究平移刚体上各点的轨迹、速度、加速度。

设刚体相对于坐标系 $Oxyz$ 作平移。在平移刚体上任取两点 A,B,作矢量 $\overrightarrow{BA}$,动点 A,B 位置用矢径 $\boldsymbol{r}_A,\boldsymbol{r}_B$ 来表示,如图 12.2 所示。

根据刚体平移的特征,矢量 $\overrightarrow{BA}$ 的长度和方向始终不变,故 $\overrightarrow{BA}$ 是常矢量。如将 B 点的轨迹沿 $\overrightarrow{BA}$ 方向平行移动 $\overrightarrow{BA}$ 距离,则必然与 A 点轨迹重合。由图 12.2 得

$$\boldsymbol{r}_A = \boldsymbol{r}_B + \overrightarrow{BA}$$

图 12.2

对时间 t 求导得

$$\frac{\mathrm{d}\boldsymbol{r}_A}{\mathrm{d}t} = \frac{\mathrm{d}\boldsymbol{r}_B}{\mathrm{d}t} + \frac{\mathrm{d}\overrightarrow{BA}}{\mathrm{d}t}.$$

由于 $\overrightarrow{BA}$ 是常矢量，因此 $\dfrac{\mathrm{d}\,\overrightarrow{BA}}{\mathrm{d}t}=0$，于是

$$\boldsymbol{v}_A=\boldsymbol{v}_B \tag{12.1}$$

再对时间 t 求一次导得

$$\boldsymbol{a}_A=\boldsymbol{a}_B \tag{12.2}$$

因为 A，B 是刚体上任意两点，因此上述结论对刚体上所有点都成立。即刚体平移时，其上各点的运动轨迹形状相同且彼此平行；每一瞬时，各点的速度、加速度也相同。

上述结论表明，刚体的平移可以用其上任一点的运动来代替，即刚体平移可以归结为点的运动。

例 12.1　曲柄导杆机构如图 12.3 所示，曲柄 OA 绕固定轴 O 转动，通过滑块 A 带动导杆 BC 在水平导槽内作直线往复运动。已知 $\overline{OA}=r$，$\varphi=\omega t$（ω 为常量），求导杆在任一瞬时速度和加速度。

解　由于导杆在水平直线导槽内运动，所以其上任一直线始终与它的最初位置相平行，且其上各点的轨迹均为直线，因此，导杆作直线平移。导杆的运动可以用其上任一点的运动来表示。选取导杆上 M 点研究，M 点沿 x 轴作直线运动，其运动方程为

$$x_M=\overline{OA}\cos\varphi=r\cos\omega t$$

则 M 点的速度，加速度分别为

$$v_M=\frac{\mathrm{d}x_M}{\mathrm{d}t}=-r\omega\sin\omega t$$

$$a_M=\frac{\mathrm{d}v_M}{\mathrm{d}t}=-r\omega^2\cos\omega t$$

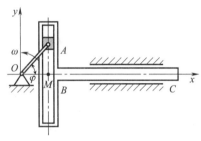

图 12.3

§12.2　质心运动定理

下面研究平移刚体质心的运动规律。

12.2.1　质心的概念

在静力学 §3.4 重心一节中已导出质心坐标公式（3.13）：

$$x_C=\frac{\sum m_i x_i}{m},\quad y_C=\frac{\sum m_i y_i}{m},\quad z_C=\frac{\sum m_i z_i}{m}$$

若质心 C 用矢径表示（图 12.4），则

$$\boldsymbol{r}_C=x_C\boldsymbol{i}+y_C\boldsymbol{j}+z_C\boldsymbol{k}=\frac{\sum m_i}{m}(x_i\boldsymbol{i}+y_i\boldsymbol{j}+z_i\boldsymbol{k})=\frac{\sum m_i\boldsymbol{r}_i}{m} \tag{12.3}$$

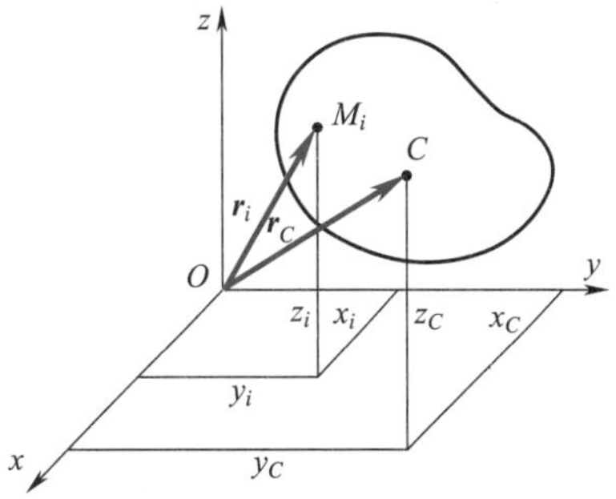

式中，$m=\sum m_i$ 为质点系的总质量。

在地球表面（均匀重力场），质点系的质心和重心的位置相重合。但是，质心与重心是两

图 12.4

个不同的概念,质心反映了构成质点系的各质点质量的大小及质点的分布情况;而重心是各质点所受的重力组成的平行力系的中心,只有当质点系处于重力场时重心才有意义,而质心则与该质点系是否在重力场中无关。

12.2.2　质心运动定理

设刚体在外力作用下作加速平移,某瞬时刚体上各质点的加速度 a_i 均相同,且都等于质心的加速度为 a_C(图 12.5)。按照动静法,在刚体内每个质点上虚加质点的惯性力 $F_{Ii} = -m_i a_i = -m_i a_C$,它和刚体内每个质点上作用的主动力和约束力组成形式上的平衡力系。

平移刚体上惯性力系组成空间平行力系。与重心计算相类似,该惯性力系的简化结果为一个通过质心 C 的合力。即

$$F_I = \sum F_{Ii} = -\sum m_i a_i = -(\sum m_i) a_C = -m a_C$$

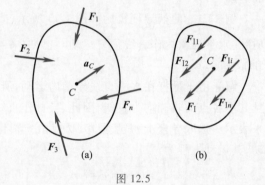

图 12.5

（12.4）

式中,m 为刚体的质量。于是,平移刚体上的外力 $\sum F_i$(包括主动力与约束力)与该惯性力系合力 F_I 组成一个形式上的平衡力系,有

$$\sum F_i + F_I = 0$$

将 $F_I = -m a_C$ 代入得

$$\sum F_i = m a_C \qquad (12.5)$$

将式(12.5)与质点动力学基本方程式(11.13)相比较,可发现,刚体作平移时,其质心的运动情况与单个质点的运动情况相同。可以证明,以上结论也适用于质点系,即质点系的质量与质心加速度的乘积,等于作用于质点系上所有外力的矢量和(或外力的主矢)。这就是**质心运动定理**。

实际应用时,常将质心运动定理向直角坐标系投影

$$\left. \begin{array}{l} m a_{Cx} = \sum F_{xi} \\ m a_{Cy} = \sum F_{yi} \\ m a_{Cz} = \sum F_{zi} \end{array} \right\} \qquad (12.6)$$

例 12.2　设电动机外壳和定子的质量为 m_1,转子质量为 m_2,而转子的质心因制造和安装误差不在轴线上,如图 12.6 所示。设偏心距 $\overline{O_1O_2} = e$,转子以匀角速度 ω 转动。如电动机固定在机座上,求机座对电动机的约束力。

解　取整个电动机为研究对象。设机座对电动机的约束力为 F_x,F_y,取图示坐标系 O_1xy(图 12.6)。则外壳与定子的质心坐标在 O_1 处,转子质心 O_2 的坐标为

$$\begin{cases} x_2 = e\cos \omega t \\ y_2 = e\sin \omega t \end{cases}$$

整个电动机的质心坐标为

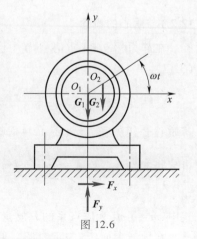

图 12.6

$$x_C = \frac{m_1 x_1 + m_2 x_2}{m_1 + m_2} = \frac{m_2}{m_1 + m_2} e\cos \omega t$$

$$y_C = \frac{m_1 y_1 + m_2 y_2}{m_1 + m_2} = \frac{m_2}{m_1 + m_2} e\sin \omega t$$

由此可求得质心 C 的加速度为

$$a_{Cx} = \frac{\mathrm{d}^2 x_C}{\mathrm{d}t^2} = -\frac{m_2}{m_1 + m_2} e\omega^2 \cos \omega t$$

$$a_{Cy} = \frac{\mathrm{d}^2 y_C}{\mathrm{d}t^2} = -\frac{m_2}{m_1 + m_2} e\omega^2 \sin \omega t$$

利用质心运动定理式(12.6),有

$$(m_1 + m_2) a_{Cx} = F_x$$

$$(m_1 + m_2) a_{Cy} = F_y - G_1 - G_2$$

将 a_{Cx}, a_{Cy} 代入,解得机座对电动机的约束力为

$$F_x = -m_2 e\omega^2 \cos \omega t$$

$$F_y = G_1 + G_2 - m_2 e\omega^2 \sin \omega t$$

在 F_x, F_y 的表达式中,由重力引起的约束力 $(G_1 + G_2)$ 称为**静反力**;而式中 $-m_2 e\omega^2 \cos \omega t$ 和 $-m_2 e\omega^2 \sin \omega t$ 是因转子偏心在转动时引起的约束力,称为**附加动反力**。附加动反力随时间周期性变化,将导致电动机振动,产生噪声,影响电动机的使用和寿命。

§12.3 刚体绕定轴转动

当刚体运动时,体内或其延伸部分有一直线始终固定不动,而这条直线以外的各点绕此直线作圆周运动。这种运动叫作**绕定轴转动**,简称**转动**。保持不动的那条直线称为**转轴**。工程中齿轮、带轮、飞轮的转动,电动机的转子、机床主轴的转动等都是刚体绕定轴转动的实例。下面研究描述刚体定轴转动的转动方程、角速度和角加速度。

12.3.1 转动方程

为确定转动刚体在空间的位置,过转轴 z 作一固定平面 Ⅰ 为参考面。在图 12.7 中,平面 Ⅱ 过转轴 z 且固连在刚体上,与刚体一起绕 z 轴转动。这样,任一瞬时,刚体在空间的位置都可以用固定平面 Ⅰ 与平面 Ⅱ 之间的夹角 φ 来表示,φ 称为**转角**。刚体转动时,角 φ 随时间 t 变化,是时间 t 的单值连续函数

$$\varphi = \varphi(t) \tag{12.7}$$

式(12.7)称为**刚体的转动方程**,它反映转动刚体任一瞬时在空间的位置,即刚体转动的规律。

转角 φ 是代数量,规定从转轴 z 的正向看,逆时针转向的转角为正,反之为负。转角 φ 的单位是 rad。

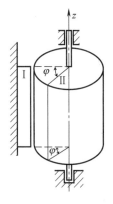

图 12.7

12.3.2　角速度

角速度是描述刚体转动快慢和转动方向的物理量。角速度用符号 ω 来表示,它是转角 φ 对时间 t 的一阶导数,即

$$\omega = \frac{\mathrm{d}\varphi}{\mathrm{d}t} \tag{12.8}$$

角速度 ω 是代数量,其正负表示刚体的转动方向。当 $\omega > 0$ 时,刚体逆时针转动;反之则顺时针转动。角速度的单位是 rad/s。

工程上常用每分钟转过的圈数表示刚体转动的快慢,称为转速,用符号 n 表示,单位是 r/min。转速 n 与角速度 ω 的关系为

$$\omega = \frac{2\pi n}{60} = \frac{\pi n}{30} \tag{12.9}$$

12.3.3　角加速度 α

角加速度 α 是表示角速度 ω 变化的快慢和方向的物理量,是角速度 ω 对时间的一阶导数,即

$$\alpha = \frac{\mathrm{d}\omega}{\mathrm{d}t} = \frac{\mathrm{d}^2\varphi}{\mathrm{d}t^2} \tag{12.10}$$

角加速度 α 也是代数量,当 α 与 ω 同号时,表示角速度的绝对值随时间增加而增大,刚体作加速转动;反之,则作减速转动。角加速度的单位是 rad/s²。

虽然刚体绕定轴转动与点的曲线运动的运动形式不同,但它们相对应的变量之间的关系却是相似的,如表 12.1 所列。

表 12.1　刚体绕定轴转动与点的曲线运动

点的曲线运动		刚体定轴转动	
运动方程	$s = s(t)$	转动方程	$\varphi = \varphi(t)$
速度	$v = \dfrac{\mathrm{d}s}{\mathrm{d}t}$	角速度	$\omega = \dfrac{\mathrm{d}\varphi}{\mathrm{d}t}$
切向加速度	$a_{\mathrm{t}} = \dfrac{\mathrm{d}v}{\mathrm{d}t} = \dfrac{\mathrm{d}^2 s}{\mathrm{d}t^2}$	角加速度	$\alpha = \dfrac{\mathrm{d}\omega}{\mathrm{d}t} = \dfrac{\mathrm{d}^2\varphi}{\mathrm{d}t^2}$
匀速运动	$v = $ 常数 $s = s_0 + vt$	匀速转动	$\omega = $ 常数 $\varphi = \varphi_0 + \omega t$
匀变速运动	$a_{\mathrm{t}} = $ 常数 $s = s_0 + v_0 t + \dfrac{1}{2} a_{\mathrm{t}} t^2$ $v = v_0 + a_{\mathrm{t}} t$	匀变速转动	$\alpha = $ 常数 $\varphi = \varphi_0 + \omega_0 t + \dfrac{1}{2}\alpha t^2$ $\omega = \omega_0 + \alpha t$

例 12.3 某发动机转子在起动过程中的转动方程为 $\varphi = t^3$，其中 t 以 s 计，φ 以 rad 计。试计算转子在 2 s 内转过的圈数和 $t = 2$ s 时转子的角速度、角加速度。

解 由转动方程 $\varphi = t^3$ 可知

$t = 0$ 时，$\varphi_0 = 0$，转子在 2 s 内转过的角度为

$$\varphi - \varphi_0 = t^3 - 0 = 2^3 - 0 = 8 \text{ rad}$$

转子转过的圈数为

$$N = \frac{\varphi - \varphi_0}{2\pi} = \frac{8}{2\pi} = 1.27$$

由式(12.9)和式(12.11)得转子的角速度和角加速度为

$$\omega = \mathrm{d}\varphi / \mathrm{d}t = 3t^2, \qquad \alpha = \mathrm{d}\omega / \mathrm{d}t = 6t$$

当 $t = 2$ s 时

$$\omega = 3 \times 2^2 \text{ rad/s} = 12 \text{ rad/s}, \qquad \alpha = 6 \times 2 \text{ rad/s}^2 = 12 \text{ rad/s}^2$$

12.3.4 定轴转动刚体上各点的速度、加速度

前面研究了定轴转动刚体整体的运动规律，在工程实际中，还往往需要了解刚体上各点的运动情况。例如，车床切削工件时，为提高加工精度和表面质量，必须选择合适的切削速度，而切削速度就是转动工件表面上点的速度。下面讨论转动刚体上各点的速度、加速度与整个刚体运动之间的关系。

刚体绕定轴转动时，除了转轴以外的各点都在垂直于转轴的平面内作圆周运动，圆心是该平面与转轴的交点，转动半径是点到转轴的距离。

设刚体绕 z 轴转动，其角速度为 ω、角加速度为 α，如图 12.8 所示。

在刚体转角 $\varphi = 0$ 时，M 点位置为弧坐标原点 O'，以转角 φ 的正向为弧坐标 s 的正向，用自然坐标法确定的 M 点的运动方程、速度、切向加速度、法向加速度分别为

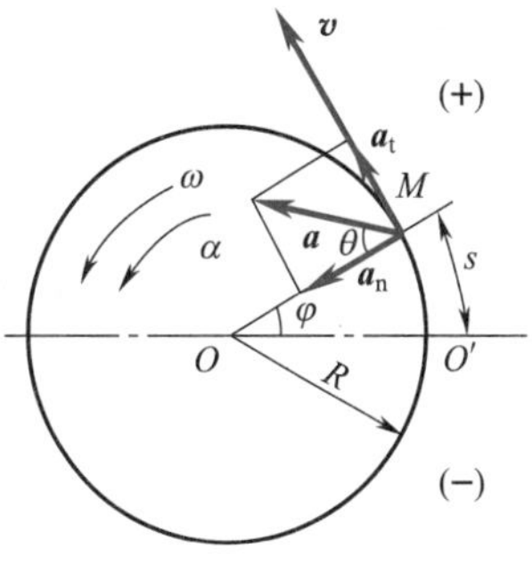

$$s = R\varphi$$

$$v = \frac{\mathrm{d}s}{\mathrm{d}t} = R\frac{\mathrm{d}\varphi}{\mathrm{d}t} = R\omega \quad (12.11)$$

$$a_t = \frac{\mathrm{d}v}{\mathrm{d}t} = R\frac{\mathrm{d}\omega}{\mathrm{d}t} = R\alpha \quad (12.12)$$

$$a_n = \frac{v^2}{R} = R\omega^2 \quad (12.13)$$

图 12.8

全加速度的大小和方向为

$$a = \sqrt{a_t^2 + a_n^2} = R\sqrt{\alpha^2 + \omega^4} \quad (12.14)$$

$$\tan\theta = \left|\frac{a_t}{a_n}\right| = \frac{|\alpha|}{\omega^2} \quad (12.15)$$

由以上分析可得如下结论：

（1）转动刚体上各点的速度、切向加速度、法向加速度、全加速度的大小分别与其转动

半径成正比。同一瞬时转动半径上各点的速度、加速度分布规律如图 12.9 所示,呈线性分布。

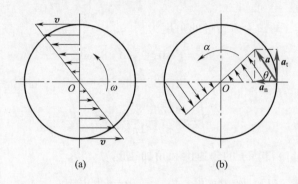

图 12.9

（2）转动刚体上各点的速度方向垂直于转动半径,其指向与角速度的转向一致。

（3）转动刚体上各点的切向加速度垂直于转动半径,其指向与角加速度转向一致。

（4）转动刚体上各点的法向加速度方向,沿半径指向转轴。

（5）任一瞬时各点的全加速度与转动半径的夹角相同。

例 12.4　轮 I 和轮 II 固连,半径分别为 R_1 和 R_2,在轮 I 上绕有不可伸长的细绳,绳端挂重物 A,如图 12.10 所示。若重物自静止以匀加速度 a 下降,带动轮 I 和轮 II 转动,求当重物下降了 h 高度时,轮 II 边缘上 B_2 点的速度和加速度的大小。

解　轮作定轴转动,重物作匀加速直线运动。重物的速度、加速度与轮 I 边缘 B_1 点的速度、切向加速度分别相等。重物自静止下降了高度 h 时,其速度大小为 $v^2 = v_0^2 + 2ah$,其中 $v_0 = 0$,故 $v = \sqrt{2ah}$。轮I、轮II的角速度、角加速度分别为

$$\omega = \frac{v_1}{R_1} = \frac{v}{R_1} = \frac{\sqrt{2ah}}{R_1}$$

$$\alpha = \frac{a_t}{R_1} = \frac{a}{R_1}$$

轮 II 边缘上的 B_2 点的速度、加速度的大小为

$$v = R_2\omega = \frac{R_2}{R_1}\sqrt{2ah}$$

$$a_t = R_2\alpha = \frac{R_2}{R_1}a$$

$$a_n = R_2\omega^2 = R_2\left(\frac{\sqrt{2ah}}{R_1}\right)^2 = \frac{2R_2}{R_1}ah$$

$$a = \sqrt{a_t^2 + a_n^2} = \sqrt{\left(\frac{R_2}{R_1}a\right)^2 + \left(\frac{2R_2}{R_1}ah\right)^2} = \frac{R_2 a}{R_1}\sqrt{1 + 4h^2}$$

图 12.10

§12.4　刚体定轴转动微分方程

刚体转动时的转速是经常在变化的,如电动机在起动时,转速逐渐升高;制动时,转速又

逐渐减少，直到停止转动。显然，转速的变化与作用在电动机上的力有关，因为力对刚体转动的效应取决于力对转轴的力矩，所以，转速的变化与力矩有关。下面研究刚体转速的变化与力矩之间的关系。

12.4.1　刚体定轴转动微分方程

刚体在外力 $F_1, F_2, F_3, \cdots, F_n$ 作用下，绕 z 轴转动（图 12.11）。某瞬时它的角速度为 ω，角加速度为 α。设想刚体由 n 个质点组成。任取其中一个质点 M_i 来研究，此质点的质量为 m_i，该点到转轴的距离为 r_i，其切向加速度为 $a_{ti} = m_i r_i \alpha$，法向加速度为 $a_{ni} = m_i r_i \omega^2$。按动静法，在此质点 M_i 上虚加切向惯性力 $F_{Iti} = m_i a_{ti} = m_i r_i \alpha$，法向惯性力 $F_{Ini} = m_i a_{ni} = m_i r_i \omega^2$，则质点 M_i 处于假想的平衡状态。对刚体上的各质点都虚加相应的切向惯性力和法向惯性力，整个定轴转动刚体处于假想的平衡状态。按空间任意力系的平衡条件，作用于转动刚体上的全部外力和惯性力，应满足 $\sum M_z(F) = 0$。即

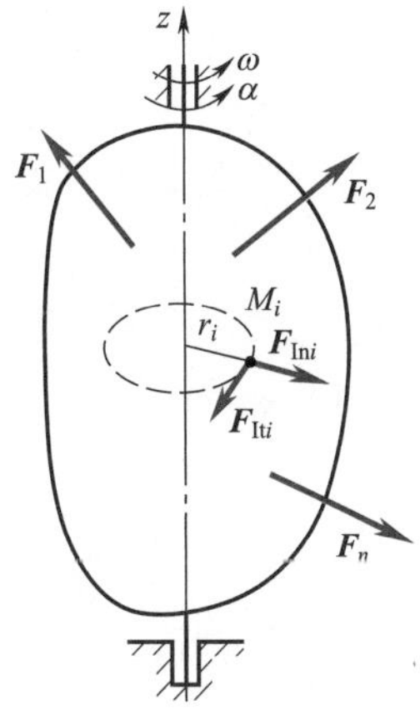

$$\sum M_z(F_i) + \sum M_z(F_{Ii}) = 0$$

由于各质点的法向惯性力的作用线都通过轴线，对转轴 z 的力矩为零，故有

$$\sum M_z(F_i) + \sum M_z(F_{Iti}) = 0$$

又

$$\sum M_z(F_{Iti}) = -\sum m_i r_i \alpha r_i = -\left(\sum m_i r_i^2\right)\alpha$$

令 $J_z = \sum m_i r_i^2$，J_z 称为刚体对转轴 z 的**转动惯量**。则

$$\sum M_z(F_{Iti}) = -J_z \alpha$$

于是

$$\sum M_z(F_i) = J_z \alpha \tag{12.16}$$

即刚体的转动惯量与角加速度的乘积等于作用于刚体上的外力对转轴之矩的代数和。上式称为刚体绕定轴转动的**动力学基本方程**。它是解决转动刚体动力学问题的理论基础。又因

$$\alpha = \frac{d\omega}{dt} = \frac{d^2\varphi}{dt^2}$$

所以，式（12.16）又可以写成

$$\sum M_z(F_i) = J_z \frac{d\omega}{dt} = J_z \frac{d^2\varphi}{dt^2} \tag{12.17}$$

图 12.11

上式称为**刚体定轴转动微分方程**。它与质点直线运动的运动微分方程 $\sum F_x = m \dfrac{d^2x}{dt^2}$ 相似。比较这两个方程可以看出，转动惯量在刚体转动中的作用，正如质量在刚体平移中的作用一样。不同的刚体受相等的力矩作用时，转动惯量大的刚体转动的角加速度小，转动惯量小的刚体角加速度大，即转动惯量大的刚体不容易改变它的转动状态。因此，转动惯量是刚体转动惯性的度量。

12.4.2　转动惯量

刚体绕定轴 z 的转动惯量为 $J_z = \sum m_i r_i^2$，可见，影响其大小的因素有两个，一个是它质量

的大小,另一个是这些质量对转轴的分布状况,后一个因素具体反映在刚体的形状及其与转轴的相对位置上。

如刚体的质量是在连续分布的,则转动惯量公式又可改写成如下形式

$$J_z = \int_m r^2 \mathrm{d}m \qquad\qquad (12.18)$$

利用上式可将形状规则、质量均匀刚体的转动惯量计算出来。

1. 均质等截面细直杆对质心轴的转动惯量

设有等截面细直杆(图 12.12),质量为 m,长为 l,求它对过质心 C 的 z 轴的转动惯量。因杆为均质,故有

$$\mathrm{d}m = \frac{m}{l}\mathrm{d}x$$

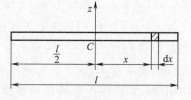

图 12.12

按式(12.18)可得

$$J_z = \int_m r^2 \mathrm{d}m = \int_{-l/2}^{l/2} x^2 \frac{m}{l}\mathrm{d}x = \frac{ml^2}{12} \qquad (12.19)$$

2. 均质圆薄板对质心轴的转动惯量

设有均质圆薄板,如图 12.13 所示。其质量为 m,半径为 R。求它对圆心轴的转动惯量。

在圆板上取任意半径 ρ 处厚为 $\mathrm{d}\rho$ 之圆环为微元。由于圆板为均质,故有

$$\mathrm{d}m = \frac{m}{\pi R^2} 2\pi\rho\mathrm{d}\rho$$

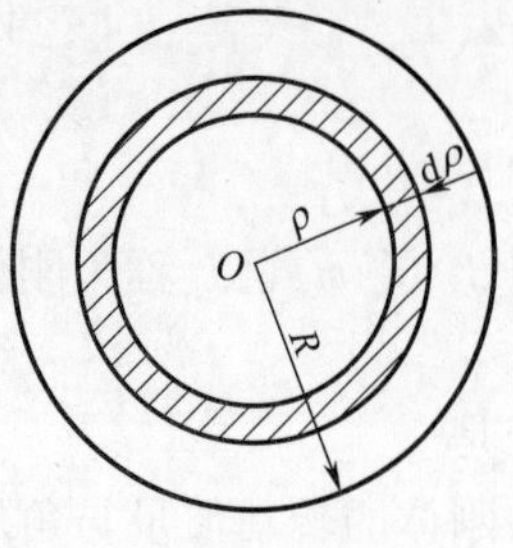

将其代入式(12.18),得

$$J_z = \int_0^R \rho^2 \frac{m}{\pi R^2} 2\pi\rho\mathrm{d}\rho = \frac{mR^2}{2} \qquad (12.20)$$

表 12.2 列出了几种常用简单形状均质物体的转动惯量。

图 12.13

工程中有时也把转动惯量写成刚体的总质量 m 与当量长度 ρ_z 的平方乘积形式,即

$$J_z = m\rho_z^2 \qquad\qquad (12.21)$$

式中,ρ_z 称为刚体对于 z 轴的**回转半径**。它是假想把刚体的质量集中于距转轴为 ρ_z 的质点上,则此质点对于 z 轴的转动惯量等于原来刚体对于 z 轴的转动惯量。

表 12.2　简单形状均质物体的转动惯量

物 体 形 状	转 动 惯 量	回 转 半 径
细长杆 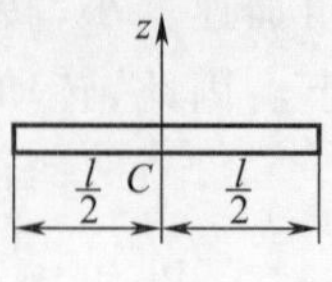	$J_z = \dfrac{1}{12}ml^2$	$\rho_z = \dfrac{\sqrt{3}}{6}l$

物 体 形 状	转 动 惯 量	回 转 半 径
细圆环	$J_z = mR^2$	$\rho_z = R$
薄圆板	$J_z = \dfrac{1}{2}mR^2$ $J_x = I_y = \dfrac{1}{4}mR^2$	$\rho_z = \dfrac{\sqrt{2}}{2}R$ $\rho_x = \rho_y = \dfrac{1}{2}R$

表 12.2 仅给出了刚体对通过质心轴的转动惯量。在工程中,有时需要确定刚体对不通过质心轴的转动惯量。例如,求等截面直杆 AB 对通过杆端点 A 的轴 z' 的转动惯量(图 12.14),这就需要利用如下转动惯量的平行轴定理:刚体对于任一轴 z' 的转动惯量 $J_{z'}$,等于对与此轴平行的质心轴 z 的转动惯量 J_z,加上刚体的质量 m 与两轴间的距离 d 平方的乘积,即

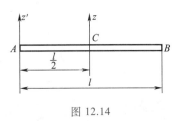

图 12.14

$$J_{z'} = J_z + md^2 \tag{12.22}$$

例 12.5　求如图 12.14 中等截面直杆 AB 对轴 z' 的转动惯量及对 z' 轴之回转半径 $\rho_{z'}$。

解　设等截面直杆的质量为 m,按式(12.19),根据转动惯量的平行轴定理,直杆 AB 对 z' 轴的转动惯量为

$$J_{z'} = J_z + md^2 = \frac{1}{12}ml^2 + m\left(\frac{l}{2}\right)^2 = \frac{1}{3}ml^2$$

$$\rho_{z'} = \sqrt{J_{z'}/m} = \frac{\sqrt{3}}{3}l$$

👓　小　结

(1) 平移刚体的特点是:刚体内各点的轨迹相同,速度和加速度也相同,因此,平移刚体的运动规律可用刚体上的任一点代替。

(2) 质心运动定理

$$\sum \boldsymbol{F}_i = m\boldsymbol{a}_C$$

常用直角坐标投影形式 $\begin{cases} \sum F_{xi} = ma_{Cx} \\ \sum F_{yi} = ma_{Cy} \\ \sum F_{zi} = ma_{Cz} \end{cases}$

利用质心运动定理可以决定质点系(包括刚体)在外力作用下质心的运动规律。

（3）刚体绕定轴转动时，刚体上(或其延伸部分)始终有一条直线保持不动(转轴)，而刚体上其他各点的轨迹是以此点到转轴的距离为半径的圆。

转动刚体的位置用转角方程 $\varphi = \varphi(t)$ 确定。

转动刚体的角速度 $\omega = \dfrac{\mathrm{d}\varphi}{\mathrm{d}t}$，与转速 n 的关系为 $\omega = \dfrac{n\pi}{30}$；角加速度为 $\alpha = \dfrac{\mathrm{d}\omega}{\mathrm{d}t} = \dfrac{\mathrm{d}^2\varphi}{\mathrm{d}t^2}$。

转动刚体上各点的速度,切向加速度、法向加速度、全加速度的表达式为 $v = r\omega$，$a_t = r\alpha$，$a_n = r\omega^2$，$a = \sqrt{a_t^2 + a_n^2} = r\sqrt{\alpha^2 + \omega^4}$。

（4）刚体绕定轴转动的动力学基本方程为 $\sum M_z(\boldsymbol{F}_i) = J_z\alpha$；刚体定轴转动微分方程为 $\sum M_z(\boldsymbol{F}_i) = J_z\dfrac{\mathrm{d}^2\varphi}{\mathrm{d}t^2}$。

（5）转动惯量的定义为 $J_z = \displaystyle\int_m r^2\mathrm{d}m$。常用的均质细杆和均质圆盘对质心轴的转动惯量分别为 $J_z = \dfrac{1}{12}ml^2$ 和 $J_z = \dfrac{1}{2}mR^2$。要注意,在转动惯量的平行移轴定理 $J_{z'} = J_z + md^2$ 中，J_z 是对质心轴的转动惯量，而任一轴 z' 与质心轴 z 平行。

思考题

12.1　飞轮匀速转动,若半径增大 1 倍,轮缘上点的速度、加速度是否都增加 1 倍？若转速增大 1 倍呢？

12.2　图 12.15 所示的四杆机构,某瞬时 A,B 两点的速度大小相同,方向也相同。试问板 AB 的运动是否为平移？

12.3　在图 12.16 中,若已知曲柄 OA 的角速度 ω,角加速度 α 及所注尺寸。试分析刚体上两点 A,B 的速度、加速度的大小和方向。

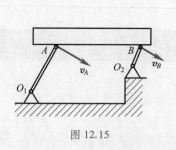

图 12.15

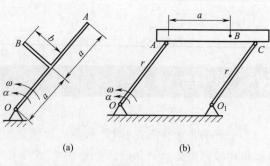

(a)　　　　(b)

图 12.16

12.4　内力不能改变质心的运动,但汽车似乎是靠发动机开动的,如何解释？

12.5　在质量相同的条件下,为了增大物体的转动惯量,可以采取哪些办法？

12.6　工程中常常见到要使物体保持匀速转动,总要给物体作用一个不变的力矩,为什么？这个力矩应该多大？若力矩过大或过小,物体运动将怎样变化？

习 题

12.1 图示机构尺寸为 $\overline{O_1A} = \overline{O_2B} = \overline{AM} = r = 0.2$ m，$\overline{O_1O_2} = \overline{AB}$。已知 O_1 轮按 $\varphi = 15\,\pi t (\text{rad})$ 的规律转动。求当 $t = 0.5$ s 时，AB 杆上的 M 点的速度和加速度的大小及方向。

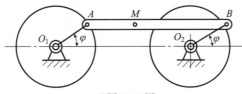

习题 12.1 图

12.2 两平行曲柄 AB，CD 分别绕固定水平轴 A，C 摆动，带动托架 DBE 而提升重物。已知其瞬时曲柄角速度为 $\omega = 4$ rad/s，角加速度 $\alpha = 2$ rad/s^2，曲柄长 $\overline{AB} = \overline{CD} = r = 0.2$ m。求物体重心 G 的轨迹、速度和加速度。

12.3 钢材放在滚子式传送带上运输，滚子直径均为 0.2 m，由电动机驱动，若使钢材在半分钟内匀速移动 0.5 m，滚子转速应为多少？设钢材与滚子间无相对滑动。

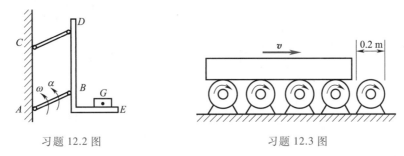

习题 12.2 图　　　　　　　　习题 12.3 图

12.4 门重 600 N，其上的滑轮 A 和 B 可沿固定的水平梁滑动。欲使门有加速度 $a = 0.5$ m/s^2，求水平作用的推力 F 的大小及水平梁在 A 和 B 处的法向约束力。不计摩擦。

12.5 凸轮机构如图所示。半径为 R，偏心距为 e 的圆形凸轮绕 A 轴以等角速度 ω 转动，带动滑杆 D 在套筒中作水平方向的往复运动。已知凸轮质量为 m_0，滑杆质量为 m，求在任一瞬时机座的螺钉所受的水平方向总的动反力。

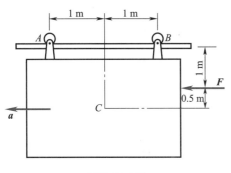

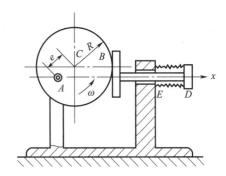

习题 12.4 图　　　　　　　　习题 12.5 图

12.6 圆盘绕其中心 O 转动，某瞬时 $v_A = 0.8$ m/s，方向如图示，在同一瞬时，任一点 B 的全加速度与半径 OB 的夹角的正切为 0.6($\tan\theta = 0.6$)。若圆盘半径 $R = 10$ cm，求该瞬时圆盘的角加速度。

12.7　图示两胶带轮的半径各为 R_1 和 R_2，其质量各为 m_1 和 m_2，都是均质圆盘，两轮以胶带相连，各绕平行的定轴转动，在小轮上加一力矩 M，而大轮上受一阻力矩 M' 作用。如果轮与胶带间无相对滑动，略去胶带质量。求小轮的角加速度。

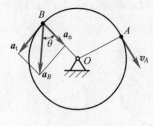

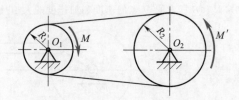

习题 12.6 图　　　　　　　　　　　习题 12.7 图

12.8　均质圆盘如图所示，外径 $D = 0.6$ m，厚 $h = 0.1$ m，其上钻有四个圆孔，直径均为 $d_1 = 0.1$ m，尺寸 $d = 0.3$ m，钢的体积质量 $\rho = 7.9 \times 10^3 \text{kg/m}^3$。求此圆盘对过其中心 O 并与盘面垂直的轴的转动惯量。

12.9　冲击摆（习题 12.11 图）由摆杆 OA 及摆锤 B 组成。若将 OA 看成质量为 m、长为 l 的均质细直杆；将 B 看成质量为 m_2、半径为 R 的等厚均质圆盘，求整个摆对转轴 O 的转动惯量。

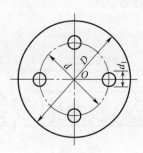

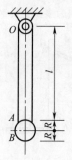

习题 12.8 图　　　　　　　　　　　习题 12.9 图

13

点的合成运动

在研究刚体的平面运动之前,先介绍点的运动合成与分解的方法;它是研究刚体复杂运动的基础。

点的运动描述具有相对性。在不同的参考系中去描述同一点的运动,得到的结果可能是完全不一样的。例如,观察无风下雨时雨滴的运动(图 13.1)。对参考系固结在地面上的观察者来说,雨滴是铅垂向下的,而对参考系固结在行驶的车上的观察者来说,雨滴是倾斜向后的。车速愈快,向后倾斜的角度愈大。又如直升机垂直升起(图 13.2),今考察机顶螺桨边缘一点 M 的运动。M 点相对地面(参考系固结在地面上)的运动轨迹为螺旋线,它相对机身(参考系固结在直升机上)的运动轨迹为圆。这里,M 点的螺旋线运动可看成是直升机垂直升起的直线平移运动和 M 点相对机身的圆周运动合成得来的。因此称为**点的合成运动**或**复合运动**。或者,M 点的螺旋线运动可分解为直升机向上的直线平移和 M 点相对机身的圆周运动。

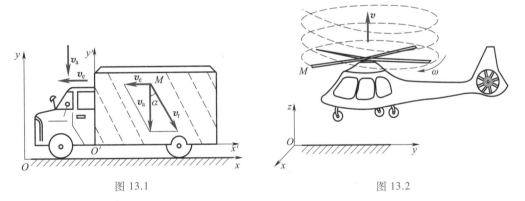

图 13.1　　　　　　　　　　　　　　　图 13.2

为了便于研究,将所研究的 M 点称为**动点**。将固结在地球表面上的参考系称为**定参考系**,并以 $Oxyz$ 表示。把相对于地球运动的参考系(如固结在行驶的车上的参考系)称为**动参考系**,并以 $O'x'y'z'$ 表示。

为了区别动点对于不同参考系的运动,规定动点对于定参考系的运动称为**绝对运动**,动点对于动参考系的运动称为**相对运动**,而把动参考系对于定参考系的运动称为**牵连运动**。如上面所举的第一个例子中,如果把行驶的车取为动参考系,则雨滴相对于车沿着与铅垂线成 α 角的直线运动是相对运动,相对于地面的铅垂线运动是绝对运动,而车对地面的直线平移则是牵连运动。在第二个例子中,动参考系取在直升机上,相对运动是 M 点相对机身的圆周运动,牵连运动是直升机垂直向上的直线平移,绝对运动是 M 点的螺旋线运动。

又如图 13.3 所示管 AO 绕 O 轴作逆时针转动,管内有一动点 M 同时沿管向外运动。若选取与地面相固结的参考系为定参考系,与管 AO 相固结的参考系为动参考系,则动点 M 相对于地面所作的平面曲线运动(沿 $\overset{\frown}{MM'}$)为绝对运动,动点 M 相对于管所作的直线运动(沿 $\overrightarrow{M_1M'}$)为相对运动,管 AO 相对于地面的定轴转动为牵连运动。

研究点的合成运动,就是要研究绝对、相对、牵连这三种运动之间的关系。也就是如何由已知动点的相对运动和牵连运动求出绝对运动;或者将已知的绝对运动分解为相对运动与牵连运动。

应当指出:动点的相对运动、绝对运动是点的运动,它可以是直线运动或者是曲线运动;而牵连运动是指动参考系的运动,动参考系固结在运动的刚体上,它可能是平移、转动或其他运动。

在动点和动参考系的选择时必须注意动点和动参考系不能选在同一物体上,即动点对动参考系必须有相对运动。

§13.2　点的速度合成定理

动点相对于动参考系的速度,称为动点的**相对速度**,用 v_r 表示。动点对于定参考系的速度,称为动点的**绝对速度**,用 v_a 表示。

动点的牵连速度则是动点随动参考系一起运动的速度。由于动参考系的运动是刚体的运动而不是点的运动,所以必须确定,随动参考系一起运动的速度,究竟是指动参考系中哪一个点的速度。在某瞬时,只有动参考系上与动点相重合的那一点,才"牵连"着动点的运动。因此,把某一瞬时动参考系上与动点相重合的那一点,即动系上发生牵连的地点,称为牵连点,牵连点的速度为动点的**牵连速度**,用 v_e 表示。

下面讨论动点的绝对速度、相对速度和牵连速度之间的关系。

设动点 M 按某一规律沿已知曲线 K 运动,而曲线 K 又随动参考系 $O'x'y'z'$ 运动(图13.4)。曲线 K 称为动点的相对运动轨迹。

设在瞬时 t,动点位于相对轨迹上的 M 点,经过时间间隔 Δt 之后,相对轨迹随同动参考系一起运动到一新位置 K'。假如动点不作相对运动,则动点随动参考系运动到 M' 点, $\overset{\frown}{MM'}$ 称为动点的**牵连轨迹**。但由于有相对运动,在 Δt 时间间隔内,动点沿曲线 K 作相对运动,最后到达 M'' 点。曲线 $\overset{\frown}{MM''}$ 称为动点的**绝对轨迹**。显然,矢量 $\overrightarrow{MM''}$, $\overrightarrow{M'M''}$ 分别代表了动点在 Δt 时间内的绝对位移和

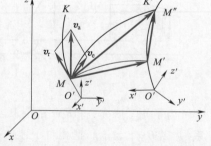

图 13.4

相对位移,而矢量 $\overrightarrow{MM'}$ 为动参考系牵连点在 Δt 时间内的位移,称为动点的**牵连位移**。由矢量三角形 $\triangle MM'M''$ 可以得到这三个位移的关系为

$$\overrightarrow{MM''} = \overrightarrow{MM'} + \overrightarrow{M'M''}$$

将上式除以 Δt，并取 Δt 趋近于零时的极限，则得

$$\lim_{\Delta t \to 0} \frac{\overrightarrow{MM''}}{\Delta t} = \lim_{\Delta t \to 0} \frac{\overrightarrow{MM'}}{\Delta t} + \lim_{\Delta t \to 0} \frac{\overrightarrow{M'M''}}{\Delta t}$$

矢量 $\lim\limits_{\Delta t \to 0} \dfrac{\overrightarrow{MM''}}{\Delta t}$ 就是动点 M 在瞬时 t 的绝对速度 $\boldsymbol{v}_a$，其方向沿着绝对轨迹 $\overset{\frown}{MM''}$ 上 M 点的切线方向。

矢量 $\lim\limits_{\Delta t \to 0} \dfrac{\overrightarrow{M'M''}}{\Delta t}$ 就是动点 M 在瞬时 t 的相对速度 $\boldsymbol{v}_r$，其方向沿着相对轨迹 K 上的 M 点的切线方向。

矢量 $\lim\limits_{\Delta t \to 0} \dfrac{\overrightarrow{MM'}}{\Delta t}$ 就是动点 M 在瞬时 t 的牵连速度 $\boldsymbol{v}_e$，即瞬时 t 动参考系上与动点 M 相重合那点的速度，其方向沿着牵连轨迹 $\overset{\frown}{MM'}$ 上 M 点的切线方向。上式可写成

$$\boldsymbol{v}_a = \boldsymbol{v}_e + \boldsymbol{v}_r \tag{13.1}$$

式（13.1）称为点的**速度合成定理**。它表明：动点的绝对速度等于它的牵连速度和相对速度的矢量和。换句话说，动点的绝对速度可由牵连速度和相对速度为边所作的平行四边形的对角线来表示。

例 13.1　图 13.5 所示的曲柄摇杆机构中，曲柄 $\overline{O_1A} = r$，以角速度 ω_1 绕 O_1 转动，通过滑块 A 带动摇杆 O_2B 绕 O_2 往复摆动。求图示瞬时摇杆 O_2B 的角速度 ω_2。

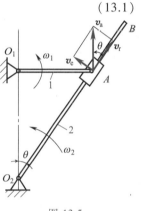

图 13.5

解　（1）选动点和动参考系　选曲柄 O_1A（即 1 杆）上的 A_1 点为动点，动参考系固结在摇杆 O_2B（2 杆）上，定参考系为地面（或机架）。

（2）运动分析　动点 A_1 的绝对运动为绕 O_1 的圆周运动，绝对速度 $v_a = r\omega$，方向垂直于 O_1A 向上；相对运动为沿摇杆 O_2B 的直线运动，相对速度的方向沿直线 O_2B，大小未知；牵连运动为摇杆 O_2B 的定轴转动，牵连点为该瞬时 O_2B（即 2 杆）上的 A_2 点，牵连速度 $v_2 = \overline{O_2A} \omega_2$，但由于 ω_2 未知，故 v_e 大小未知，方向垂直于 O_2B。

（3）按矢量关系作速度平行四边形，由几何关系得

$$v_e = v_a \sin\theta = r\omega \sin\theta$$

$$\omega_2 = \frac{v_e}{O_2A} = \frac{r\omega \sin\theta}{r/\sin\theta} = \omega \sin^2\theta$$

ω_2 的转向为逆时针方向。

例 13.2　汽阀上的凸轮机构如图 13.6 所示。凸轮以角速度 ω 绕 O 轴转动，在图示位置 $\overline{OA} = R$，凸轮轮廓曲线在接触点 A 的法线 An 与 OA 的夹角为 θ。求该瞬时顶杆 AB 的速度。

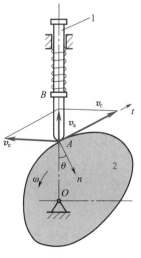

图 13.6

解　（1）选顶杆 AB（即 1 杆）上的 A_1 点为动点。动参考系固结在凸轮 2 上，机架为定参考系。绝对运动为动点 A_1 的直线运动，牵连运动为凸轮 2 的定轴转动，牵连点为凸轮 2 上的 A_2 点，相对运动为

动点沿凸轮表面轮廓之滑动。

（2）速度计算。按速度合成定理 $v_a = v_e + v_r$，其中 $v_a = v_{A_1}$，$v_e = v_{A_2}$

$$v_{A_1} = v_{A_2} + v_r$$

上式只含 v_{A_1} 和 v_r 的大小两个未知量，按矢量关系作速度平行四边形，如图 13.5 所示，可得顶杆的速度为

$$v_a = v_e \tan\theta = R\omega \tan\theta$$

🔖 小　结

（1）点的合成运动概念的要点：一个动点，两个坐标系，三种运动。具体相互关系可由下图表示：

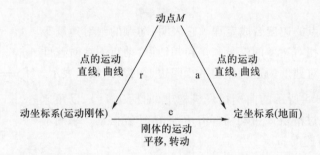

（2）点的速度合成定理：$v_a = v_e + v_r$，这个矢量关系式中三个速度有 6 个要素，一般用作速度平行四边形的方法求解其中的两个未知量。作速度平行四边形的要点是必须使绝对速度 v_a 成为对角线。

（3）注意动点和动参考系的选取。动点和动参考系不能选在同一个刚体上，且动点相对于动参考系的相对轨迹易于判断。

（4）确定牵连速度 v_e。首先分析动参考系上该瞬时的牵连点，再由动参考系所固结的运动物体的特征定出牵连速度 v_e。这是解决点的速度合成定理问题的难点。

🔖 思考题

13.1　什么是牵连点？什么是牵连速度？是否动参考系中任何一点的速度就是牵连速度？

13.2　某瞬时动点的绝对速度 $v_a = 0$，是否动点的相对速度 $v_r = 0$ 及牵连速度 $v_e = 0$？为什么？

13.3　试在图 13.7 所示机构中，选取动点、动参考系，并指出动点的绝对运动、相对运动以及牵连运动是什么运动。

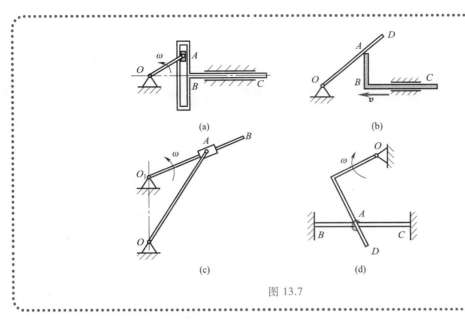

图 13.7

13.1　三角块沿水平方向运动,其斜边与水平线成 α 角。杆 AB 的 A 端靠在斜边上,另一端固定于在筒内铅垂滑动的活塞 B 上。如三角块的移动速度为 v_0,求活塞 B 上升的速度。

13.2　曲柄滑道机构。曲柄 $OA = r = 0.4$ m,以转速 $n = 120$ r/min 顺时针作匀速转动。水平杆 BC 上的滑槽 DE 与水平线成 $60°$ 角。曲柄转动时,通过滑块 A 带动 BC 杆在水平方向作往复运动。求当曲柄与水平线夹角分别为 $\varphi = 0°$ 和 $30°$ 时,BC 杆的速度。

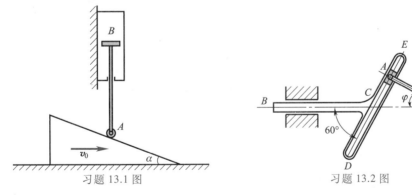

习题 13.1 图　　　　　　　　习题 13.2 图

13.3　图示为自动冲螺帽的切料机构。切刀 A 的推杆在一端 C 和沿凸轮斜槽滑动的滑块铰接。凸轮 B 沿水平方向作往复移动,使推杆沿铅直轨道作往复运动。从而实现切刀的切料动作。设凸轮的移动速度是 v,凸轮斜槽对水平方向的倾角是 φ,试求切刀 A 的速度。

13.4　图示四连杆机构中,$O_1A = O_2B = 100$ mm,$O_1O_2 = AB$,且 O_1A 杆以匀角速度 $\omega = 2$ rad/s 绕 O_1 轴转动。AB 杆上有一套筒 C,它与 CD 杆铰接,机构各部件都在同一平面内。求当 $\varphi = 60°$ 时,CD 杆的速度。

13.5　OC 杆可绕 O 轴往复摆动,杆上套一滑块 A 带动铅 AB 杆上下运动。已知 $l = 0.3$ m,当 $\theta = 30°$ 时,$\omega = 2$ rad/s,求 AB 杆的速度和滑块在杆 OC 上滑动的速度。

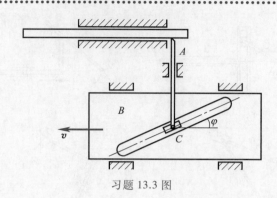

习题 13.3 图

13.6　图示为裁纸机示意图。纸由传送带以速度 v_1 输送，裁纸刀 K 沿固定杆 AB 移动，其速度为 $v_2 =$ 1 m/s。若 $v_1 = 0.5$ m/s，欲裁出矩形纸板，求杆 AB 的安装角 θ 应为何值？

13.7　偏心凸轮偏心距 $OC = e$，轮半径 $r = \sqrt{3} e$，以匀角速度 ω_0 绕 O 轴转动。在图示位置，$OC \perp CA$。试求从动杆 AB 的速度。

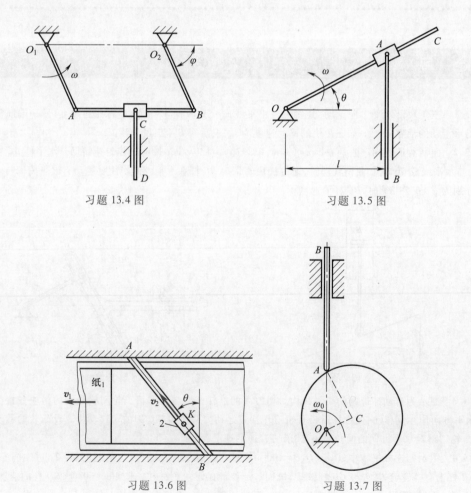

习题 13.4 图　　　　　　　　　习题 13.5 图

习题 13.6 图　　　　　　　　　习题 13.7 图

第14章

14

刚体的平面运动

前面已经讨论过刚体两种最简单的运动:平移和转动。本章将研究刚体的一种较复杂的运动——平面运动。

§14.1 刚体平面运动的基本概念

观察车轮沿直线轨道滚动(图 14.1a),曲柄连杆机构中连杆的运动(图 14.1b),它们既不是平移,又不是转动。这些刚体的运动具有一个共同特点:即刚体在运动过程中,其上的任意一点与某一固定平面始终保持相等的距离。刚体的这种运动称为**平面运动**。

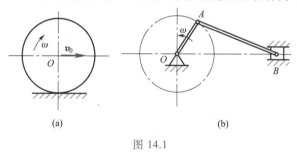

(a)　　　　　　　　　(b)

图 14.1

设刚体作平面运动。平面 I (图 14.2)为某一固定平面。作平面 II 平行于平面 I,此平面横截该刚体而得到一平面图形 S。由平面运动定义可知,刚体运动时,此平面图形必在平面 II 内运动。在刚体内取任意一垂直于截面 S 的直线 A_1A_2,它与截面 S 的交点为 A。显然,刚体运动时,直线 A_1A_2 始终垂直于平面 II,作平行于自身的运动,即平移。由平移刚体的性质可知,直线 A_1A_2 上各点的运动(轨迹、速度及加速度等)完全相同。因此,点 A 的运动即可代表直线 A_1A_2 上所有各点的运动。同理,作垂直线 B_1B_2,则 B_1B_2 上各点的运动完全可由点 B(直线 B_1B_2 与平面 II 的交点)代表。由此可见,刚体的平面运动可简化为平面图形 S 在其自身平面内的运动。

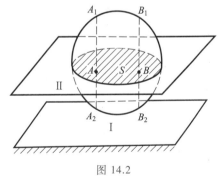

图 14.2

现在来研究平面图形 S 的运动。平面图形在其自身平面内的位置,可由图形内任意一线段 AB 的位置来确定。

在瞬时 t,平面图形在定坐标系 Oxy 中的位置 I,在 A 点上固结平移坐标系 Ax'y' 随平面图形一起运动,经过 Δt 时间间隔后到达位置 Ⅱ(图 14.3)。由于在 A 点固结了平移坐标系 $Ax'y'$,于是,可认为平面图形(即 AB 直线)先随平移坐标系 $Ax'y'$ 平移至位置 Ⅰ'(牵连运动),牵连位移为 $\overrightarrow{AA'}$,然后再绕 A' 点转过角度 $\Delta\varphi$ 到达位置 Ⅱ(相对运动),相对转角为 $\Delta\varphi$(顺时针)。这里的 A 点称为基点。因此,在基点上引进平移坐标系后,平面图形的运动可分解为随基点的平移和绕基点的转动。如选 B 点为基点,由图 14.3 可知,牵连位移为 $\overrightarrow{BB'}$,相对转角为 $\Delta\varphi'$(顺时针)。因牵连运动为平移,$\overline{AB} \parallel \overline{A'B''} \parallel \overline{A''B'}$,故 $\Delta\varphi = \Delta\varphi'$,且转向相同。

平面图形在瞬时 t 的角速度、角加速度定义为 $\omega = \lim\limits_{\Delta t \to 0} \dfrac{\Delta\varphi}{\Delta t} = \dfrac{\mathrm{d}\varphi}{\mathrm{d}t},\ \alpha = \dfrac{\mathrm{d}\omega}{\mathrm{d}t}$。显然,因 $\overrightarrow{A'A} \neq \overrightarrow{BB'}$,所以,选 A 点为基点和选 B 点为基点,随基点平移的速度和加速度是不同的。因此,平面图形随基点平移的速度和加速度与基点的选取有关;而绕基点转动的角速度和角加速度都是相同的,与基点的选取无关。

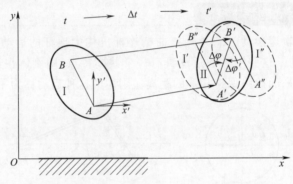

图 14.3

§14.2　平面运动刚体内各点的速度分析

由上面的分析知道,刚体的平面运动,可简化为平面图形在它自身平面内的运动,下面讨论平面图形上各点速度的求法。

14.2.1　基点法(速度合成法)

设已知在某一瞬时平面图形 S 内某一点的速度 $\boldsymbol{v}_A$ 和图形的角速度 ω,如图 14.4 所示。现求平面图形上任一点 B 的速度 $\boldsymbol{v}_B$。为此,取点 A 为基点。由上节可知,平面图形 S 的运动可以看成随基点 A 的平移(牵连运动)和绕基点 A 的转动(相对运动)的合成。因此,可用速度合成定理求点 B 的速度,即

$$\boldsymbol{v}_B = \boldsymbol{v}_e + \boldsymbol{v}_r \tag{a}$$

因为点 B 的牵连运动为随基点 A 的平移,故点 B 的牵连速度 $\boldsymbol{v}_e$ 就等于基点 A 的速度 $\boldsymbol{v}_A$,即

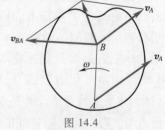

图 14.4

$$\boldsymbol{v}_e = \boldsymbol{v}_A \tag{b}$$

又因为点 B 的相对运动是绕基点 A 的转动,所以点 B 的相对速度 $\boldsymbol{v}_r$ 就是点 B 绕基点 A 转动的速度,用 $\boldsymbol{v}_{BA}$ 表示,即

$$\boldsymbol{v}_r = \boldsymbol{v}_{BA} \tag{c}$$

v_{BA} 的大小为 $v_{BA} = \omega\,\overline{AB}$。$\overline{AB}$ 为点 B 绕点 A 的转动半径。v_{BA} 的方向与 AB 垂直且指向转动的方向。将式(b)和式(c)代入式(a),得

$$v_B = v_A + v_{BA} \tag{14.1}$$

即平面图形上任一点的速度等于基点的速度与该点绕基点转动速度的矢量和,这就是**基点法**,或称平面运动的**速度合成法**,是求平面运动图形上任一点速度的基本方法。

例 14.1 发动机的曲柄连杆机构如图 14.5 所示。曲柄 OA 长为 $r = 200$ mm,以匀角速 $\omega = 2$ rad/s 绕点 O 转动,连杆 AB 长为 $l = 990$ mm。试求当 $\angle OAB = 90°$ 时,滑块 B 的速度及连杆 AB 的角速度。

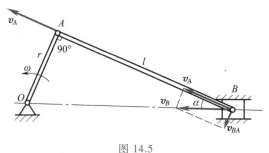

图 14.5

解 (1)运动分析。曲柄 OA 作定轴转动,滑块 B 作直线平移,连杆 AB 作平面运动。由于连杆上点 A 速度已知,所以选点 A 为基点。

由基点法

$$v_B = v_A + v_{BA}$$

式中,$v_A = r\omega = 200$ mm $\times 2$ rad/s $= 400$ mm/s,方向垂直 OA。B 点相对 A 点的转动速度 v_{BA} 垂直 AB,指向和大小未知。B 点的绝对速度 v_B 沿水平方向。

(2)作速度平行四边形。由几何关系得

$$v_B = \frac{v_A}{\cos\alpha} = 400 \ (\text{mm/s}) \times \frac{\sqrt{(200\ \text{mm})^2 + (990\ \text{mm})^2}}{990\ \text{mm}}$$
$$= 408 \ \text{mm/s}$$

其方向为水平方向

$$v_{BA} = v_A \tan\alpha = 400 \ (\text{mm/s}) \times \frac{200\ \text{mm}}{990\ \text{mm}} = 80.8 \ \text{mm/s}$$

方向如图 14.5 所示。求出了 v_{BA} 以后,就可求出连杆 AB 的角速度为

$$\omega_{AB} = \frac{v_{BA}}{AB} = \frac{80.8\ \text{mm/s}}{990\ \text{mm}} = 0.08 \ \text{rad/s}$$

其转向为顺时针方向。

注意:在式(14.1)中有 6 个量,必须知道其中 4 个才能求出其余 2 个。在作速度平行四边形时,绝对速度应为其对角线。因已知 v_A 的指向,故作出速度平行四边形后,即可确定 v_B 和 v_{BA} 的指向。

14.2.2 速度瞬心法

基点法公式(14.1)表明了平面图形上两点之间的速度关系。若在平面图形上(或其延

伸部分)能找到该瞬时速度为零的点 C,即 $v_C = 0$,以 C 点作为基点,则任意一 M 点的速度可用下式表示:

$$v_M = v_C + v_{MC} = v_{MC}$$

其速度大小为 $v_M = \omega \overline{CM}$,方向与 $\overline{CM}$ 垂直且顺着 ω 的转向。此瞬时平面图形上各点的速度分布如图 14.6 所示。显然,它与绕 C 点作定轴转动的速度分布一致。C 点称为平面图形的瞬时速度中心,简称速度瞬心或瞬心。应用速度瞬心来求平面图形内各点速度的方法,称为速度瞬心法。

可以证明,平面图形在每一瞬时都存在着唯一的速度瞬心 C。平面图形绕速度瞬心 C 作瞬时转动。

下面介绍几种求速度瞬心位置的方法。

(1)平面图形沿某一固定面作纯滚动(无滑动的滚动)时,它与固定面的接触点即为该瞬时平面图形的速度瞬心(图 14.7)。

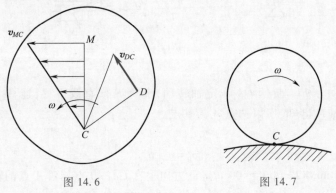

图 14.6　　　　　图 14.7

(2)若平面图形内任意两点的速度方向为已知(图 14.8a),通过这两点作其速度矢量的垂线,则两垂线的交点 C 即为瞬心。

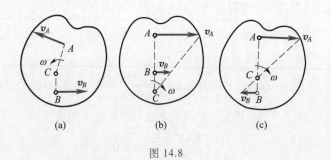

(a)　　　　　(b)　　　　　(c)

图 14.8

(3)若平面图形内任意两点的速度方向平行,且垂直于该两点的连线(图 14.8b,c),则速度瞬心 C 应在这两点 A,B 的连线或其延长线上。且有

$$\frac{\overline{AC}}{\overline{BC}} = \frac{v_A}{v_B}$$

即各点速度的大小分别与它们到瞬心的距离成正比。于是,只要把这两点速度的矢端用一直线连接起来,它与 AB 连线(或其延长线)的交点 C,即为平面图形在此时刻的瞬心。

（4）若平面图形内任意两点的速度方向平行,且大小相等(图 14.9a,b),则瞬心的位置将趋于无穷远。此时,平面图形的角速度 $\omega = 0$,该平面图形作瞬时平移,图形内各点的速度都相同。但由于在该瞬时各点的加速度一般并不相同,因此,在下一瞬时各点的速度就不一定相同了,图形也不再继续作平移。

例 14.2　半径为 R 的车轮沿直线轨道纯滚动,轮心的速度为 $\boldsymbol{v}_0$。试求轮缘上 A, B, D 三点的速度(图 14.10)。

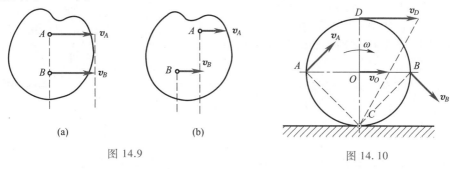

图 14.9

图 14.10

解　（1）运动分析。车轮作平面运动,因沿直线轨道作纯滚动,C 点即为轮子的速度瞬心。

（2）速度瞬心法。轮子的角速度 $\omega = \dfrac{v_0}{R}$,顺时针转向。

$$v_D = \omega \, \overline{CD} = 2R\omega = 2v_0,\ 方向水平向右$$

$$v_A = \omega \, \overline{CA} = \sqrt{2}\,R\omega = \sqrt{2}\,v_0$$

$$v_B = \omega \, \overline{CB} = \sqrt{2}\,R\omega = \sqrt{2}\,v_0$$

它们的速度方向如图 14.10 所示。

例 14.3　图 14.11 所示为四连杆机构。$\overline{O_1A} = r, \overline{AB} = \overline{O_2B} = 3r$,曲柄 O_1A 以角速度 ω_1 绕 O_1 轴转动。在图示位置时,$O_1A \perp AB$,$\angle ABO_2 = 60°$,求此瞬时摇杆 O_2B 的角速度 ω_2。

解　（1）运动分析。杆 O_1A,杆 O_2B 作定轴转动,连杆 AB 作平面运动。点 A 的速度已知,$v_A = r\omega_1$,方向和 O_1A 垂直;点 B 速度方向已知,v_B 与 O_2B 垂直。过 A, B 两点作 v_A 和 v_B 的垂直线,其交点 C 就是连杆 AB 在该瞬时的速度瞬心。

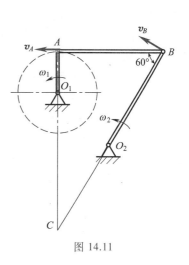

图 14.11

（2）速度瞬心法。

设连杆的角速度为 ω_{AB},因平面运动可看成该瞬时绕瞬心转动,故

$$\omega_{AB} = \frac{v_A}{\overline{AC}} = \frac{r\omega_1}{\overline{AB}\tan 60°} = \frac{r\omega_1}{3r\sqrt{3}} = 0.192\omega_1 \quad （逆时针转向）$$

$$v_B = \omega_{AB} \cdot \overline{BC} = 1.155r\omega_1$$

摇杆 BO_2 的角速度为

$$\omega_2 = \frac{v_B}{\overline{O_2B}} = 0.385\omega_1 \quad （逆时针转向）$$

例 14.4 一滚压机构如图 14.12 所示。曲柄长 r，以等角速度 ω_0 转动，圆轮半径为 R，连杆 AB 长 l，求图示瞬时连杆和圆轮的角速度。

解 （1）运动分析。曲柄 OA 作定轴转动，连杆 AB 作平面运动，圆轮 B 作纯滚动（也是平面运动）。对连杆 AB，A 点的速度大小、方向都已知，$v_A = r\omega_0$，方向与 OA 垂直；B 点与圆轮中心相连接，B 点的速度方向可由圆轮的速度瞬心 C 来确定，v_B 方向与 v_A 平行。（图 14.12）

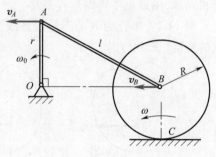

图 14.12

（2）速度瞬心法。对 AB 连杆，由于 v_A 与 v_B 方向平行，瞬心位置在无穷远处，连杆作瞬时平移，角速度 $\omega_{AB} = 0$。连杆 AB 上各点的速度相等，$v_B = v_A = r\omega_0$。圆轮的速度瞬心在 C 点，因此，圆轮的角速度 $\omega = \dfrac{v_B}{R} = \dfrac{r}{R}\omega_0$，逆时针转向。

👓 小 结

（1）在引进平移坐标系的条件下，刚体平面运动可分解为随基点的平移（牵连运动）和绕基点的转动（相对运动），平移的速度和加速度与基点的选取有关，而转动的角速度和角加速度与基点的选取无关。

（2）平面图形上各点速度求法

① 基点法。公式为

$$v_B = v_A + v_{BA}$$

式中，v_{BA} 的大小为 $v_{BA} = \omega \overline{AB}$，方向与 AB 垂直，指向与 ω 转向一致。作速度平行四边形的方法与点的合成运动一样。

② 速度瞬心法。速度瞬心的物理意义是：该瞬时平面图形绕瞬心作瞬时转动。图形上各点的速度分布与定轴转动速度分布一致。瞬心 C 在该瞬时的速度为零，但加速度不为零，即速度瞬心的位置在不断地变化，而定轴转动时转轴上各点的速度和加速度恒为零。

（3）速度瞬心法可以清楚表示平面图形上各点的速度分布，应用起来比较方便。瞬时平移是刚体平面运动的特例。刚体瞬时平移时，该瞬时平面图形的角速度 $\omega = 0$，但角加速度不为零。

思考题

14.1 平面图形上任意两点 A 和 B 的速度 $\boldsymbol{v}_A$ 与 $\boldsymbol{v}_B$ 之间有何关系？为什么 $\boldsymbol{v}_{BA}$ 一定与 AB 垂直？$\boldsymbol{v}_{BA}$ 与 $\boldsymbol{v}_{AB}$ 有何不同？

14.2 作平面运动的刚体绕速度瞬心的转动与刚体绕定轴转动有何异同？

14.3 "速度瞬心不在平面运动刚体上，则该刚体无速度瞬心"，"瞬心 C 的速度等于零，则 C 点加速度也等于零"，这两句话对吗？试作出正确的分析。

习　题

14.1 图示机构中，曲柄 OB 以匀角速度 $\omega = 10$ rad/s 绕 O 轴转动，在图示位置时 $\theta = 45°$，$\angle OO_1A = 90°$，$OO_1 /\!/ AB$，$\overline{OB} = 150\sqrt{2}$ mm，$\overline{O_1A} = 150$ mm。求此时 A 点和 D 点的速度及连杆 AB 的角速度。

14.2 图示机构中，$\overline{OA} = 200$ mm，$\overline{AB} = 400$ mm，曲柄 OA 以匀角速度 $\omega = 4$ rad/s 逆时钟转动，当 $\theta = 45°$ 时连杆 AB 处于水平位置，BD 铅垂，求此瞬时 AB 和 DB 的角速度。

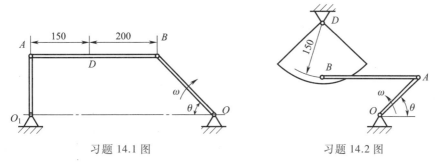

习题 14.1 图　　　　　　　　　　习题 14.2 图

14.3 图示两齿条以速度 v_1 和 v_2 作同向运动。在两齿条间夹一齿轮，其半径为 r，求齿轮的角速度及其中心 O 的速度。

14.4 图示电话线的钢丝滚筒，在水平面上只滚动无滑动，如果钢丝绳上 A 点速度为 $v = 0.8$ m/s，向右滚动，求中心 O 的速度和滚筒的角速度。

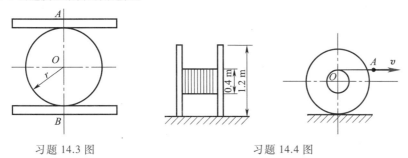

习题 14.3 图　　　　　　　　　　习题 14.4 图

14.5 图示平面机构中，曲柄长 $\overline{OA} = r$，以角速度 ω_0 绕 O 轴转动，滑块 B 的滑道水平。某瞬时，OA 铅垂，摇杆 O_1N 在水平位置，而连杆 NK 在铅垂位置。连杆上有一点 D，其位置为 $\overline{DK} = \frac{1}{3}\overline{NK}$。求点 D 的速度。

14.6　如图所示,A,B 两轮均在地面上作纯滚动。已知轮 A 中心的速度为 v_A,求当 $\beta = 0°$ 和 $\beta = 90°$时,轮 B 中心的速度。

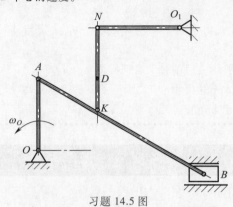

习题 14.5 图

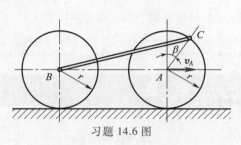

习题 14.6 图

14.7　如图所示,OC 绕 O 转动时,带动滑块 A 和 B 在同一水平槽内滑动,已知 $\overline{AC} = \overline{CB}$,$O$,$A$,$B$ 在同一直线上。求证：$\dfrac{v_A}{v_B} = \dfrac{\overline{OA}}{\overline{OB}}$。

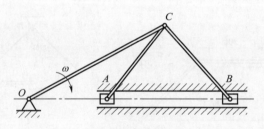

习题 14.7 图

14.8　两四杆机构如图所示,已知轮 O 的角速度 ω_0,求该瞬时两机构中杆 AB 和杆 BC 的角速度。

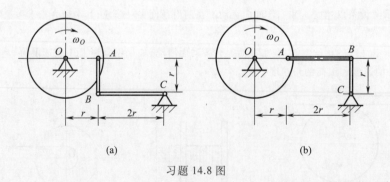

(a)　　　　　　　　　　(b)

习题 14.8 图

15

动 能 定 理

在工程技术领域中,能量法作为解决力学问题的一种方法,获得了广泛的应用。能量法是在功和机械能(包括动能和势能)的基础上建立起来的。下面介绍能量法之一——动能定理。

§ 15.1 功和功率

在力学中,力的功是力对物体机械作用在空间上的累积效应的度量,其结果是引起物体机械能的改变和转化。

15.1.1 功的概念及元功表达式

1. 常力的功

设物体(视为质点)在常力 F 作用下,作直线运动,力 F 与位移 s 成 α 角,如图 15.1 所示。

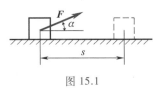

图 15.1

由于质点作直线运动,只有沿位移方向的分力 F_x 才能产生累积效应,改变物体的运动状态,因此,作用于质点上的常力所做的功的定义为:力 F 在位移 s 上的投影与位移 s 大小的乘积,即

$$W = Fs\cos\alpha \tag{15.1}$$

上式也可写作

$$W = F \cdot s \tag{15.2}$$

由式(15.2)可知,力的功是个代数量。当 $\alpha < 90°$ 时,力作正功;当 $\alpha > 90°$ 时,力做负功;当 $\alpha = 90°$ 时,力的功等于零。

2. 变力的功

设质点 M 在变力 F 作用下作曲线运动。如图 15.2 所示,当质点 M 沿曲线从 M_1 运动到 M_2 时,将弧长 $\overset{\frown}{M_1M_2}$ 分割成无限多的微弧段,微弧段 ds 可视为直线,对应的位移为 dr,且 $|dr| = ds$。变力 F 在质点 M 的微弧段 ds 上可视为常力,所做的功称为元功。按式(15.1),元功的表达式为

$$\delta W = F\cos\alpha ds = F \cdot dr \tag{15.3}$$

或用它们在直角坐标轴上的投影来表示:

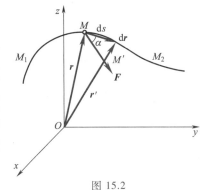

图 15.2

$$\delta W = (F_x\boldsymbol{i}+F_y\boldsymbol{j}+F_z\boldsymbol{k}) \cdot (\mathrm{d}x\ \boldsymbol{i}+\mathrm{d}y\ \boldsymbol{j}+\mathrm{d}z\ \boldsymbol{k})$$
$$= F_x\,\mathrm{d}x+F_y\,\mathrm{d}y+F_z\,\mathrm{d}z \tag{15.4}$$

当质点从 M_1 沿曲线 s 运动到 M_2 时,力 $\boldsymbol{F}$ 所做的功为

$$W = \int_{M_1}^{M_2}\delta W = \int_{M_1}^{M_2}F\cos\alpha\,\mathrm{d}s \tag{15.5}$$

或者

$$W = \int_{M_1}^{M_2}\boldsymbol{F}\cdot\mathrm{d}\boldsymbol{r} = \int_{M_1}^{M_2}(F_x\,\mathrm{d}x + F_y\,\mathrm{d}y + F_z\,\mathrm{d}z) \tag{15.6}$$

式(15.6)是**功的解析表达式**。

功的单位是焦耳,符号为 J,$1\ \mathrm{J} = 1\ \mathrm{N}\cdot\mathrm{m}$。

15.1.2 某些常见力的功

1. 重力的功

设有一重力为 G 的质点,自位置 $M_1(x_1,y_1,z_1)$ 沿某一曲线运动至位置 $M_2(x_2,y_2,z_2)$,在如图 15.3 所示坐标系中,有

$$F_x = 0,\quad F_y = 0,\quad F_z = -G$$

根据计算功的公式(15.6),有

$$W = \int_{M_1}^{M_2}(F_x\,\mathrm{d}x + F_y\,\mathrm{d}y + F_z\,\mathrm{d}z)$$
$$= -\int_{z_1}^{z_2}G\,\mathrm{d}z = -G(z_2 - z_1)$$

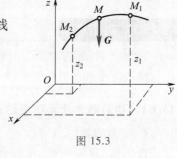

图 15.3

或者

$$W = G(z_1 - z_2) = \pm Gh \tag{15.7}$$

可见,重力的功等于重力与始末位置高度差的乘积。若末了位置低于初始位置,则功为正,反之为负。重力的功与质点运动的路径无关,只决定于质点的始末位置。式(15.7)对刚体也适用,此时 h 为刚体重心始末位置高度差。

2. 弹性力的功

设质点 M 与弹簧连接,如图 15.4 所示,弹簧的刚度系数为 k(使弹簧产生单位长度变形所需的力,单位为 N/m),自然长度为 l_0。现取弹簧自然长度位置为坐标原点,则坐标 x 表示弹簧的变形 δ。弹性力的大小根据胡克定律来计算:$F = k\delta$,它在 x 轴上的投影为

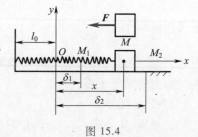

图 15.4

$$F_x = -kx$$

式中负号表示弹性力 $\boldsymbol{F}$ 在 x 轴上的投影 F_x 的符号与质点 M 的坐标 x 的符号相反。当 x 为正时,弹簧被拉长,则力 $\boldsymbol{F}$ 力图拉物体回原点;当 x 为负时,弹簧被压缩,则力 $\boldsymbol{F}$ 力图推物体回原点,即弹性力永远指向原点。

设物体由位置 M_1 运动到位置 M_2,弹簧的初变形为 $\delta_1 = \overline{OM_1}$,末变形 $\delta_2 = \overline{OM_2}$,则弹性力所做的功根据(15.6)式为

$$W = \int_{\delta_1}^{\delta_2} -kx\,\mathrm{d}x = \frac{k}{2}(\delta_1^2 - \delta_2^2) \tag{15.8}$$

可以证明,当质点运动的轨迹不是直线时,式(15.8)仍然成立。和重力一样,弹性力的功也是和质点运动路径无关,只和弹簧始末的位置有关。

3. 作用于定轴转动刚体上力的功(即力矩的功)

设刚体绕 z 轴转动,角速度为 ω,其上 M 点作用有力 $\boldsymbol{F}$,当刚体转过一个无限小角度 $\mathrm{d}\varphi$ 时,M 点移到 M' 点,$\widehat{MM'} = \mathrm{d}s = r\mathrm{d}\varphi$。将 $\boldsymbol{F}$ 力分解成轴向力 $\boldsymbol{F}_z$,径向力 $\boldsymbol{F}_r$ 和切向力 $\boldsymbol{F}_t$,如图 15.5 所示。显然轴向力 $\boldsymbol{F}_z$,径向力 $\boldsymbol{F}_r$ 都不做功,所以以力 $\boldsymbol{F}$ 所作的元功等于切向力 $\boldsymbol{F}_t$ 所作的元功,即

$$\delta W = F_t \, \mathrm{d}s = F_t r \mathrm{d}\varphi = M_z \mathrm{d}\varphi$$

因而

$$W = \int_0^\varphi M_z \mathrm{d}\varphi \qquad (15.9)$$

当 $M_z = $ 常数时,则

$$W = M_z \varphi \qquad (15.10)$$

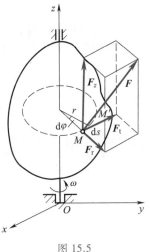

图 15.5

式(15.10)表明,作用于定轴转动刚体上常力矩的功,等于力矩与转角大小的乘积。当力矩与转角转向一致时,功取正值,相反时,功取负值。

如果作用在转动刚体上的是常力偶,而力偶的作用面与转轴垂直时,功的计算仍按式(15.10)进行。

例 15.1 原长为 $\sqrt{2}\,l$,刚度系数为 k 的弹簧,与长为 l,质量为 m 的均质杆 OA 连接,直立于铅垂面内,如图 15.6 所示。当 OA 杆受到常力矩 M 作用时,求杆由铅直位置绕 O 轴转动到水平位置时,各力所做的功及总功。

解 杆受重力、弹性力和力矩作用,所作之功分别为

$$W_G = mgl/2$$

$$W_F = \frac{k}{2}(\delta_1^2 - \delta_2^2) = \frac{k}{2}\left[0 - (2l - \sqrt{2}\,l)^2\right] = -0.17kl^2$$

$$W_M = M\varphi = \frac{\pi M}{2}$$

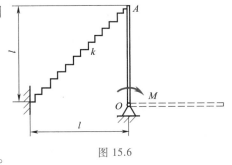

图 15.6

作用在杆上各力的总功为各个分力的功的代数和。

因此

$$W = W_G + W_F + W_M = \frac{mgl}{2} - 0.17kl^2 + \frac{\pi M}{2}$$

15.1.3 功率

力在单位时间内做的功称为**功率**。如电动机或发动机的功率愈大,表示在给定时间内它所做的功愈多。

设作用于质点上的力为 $\boldsymbol{F}$,在 $\mathrm{d}t$ 时间内力 $\boldsymbol{F}$ 的元功为 δW,质点速度为 $\boldsymbol{v}$,则功率 P 可表示为

$$P = \frac{\delta W}{\mathrm{d}t} = \boldsymbol{F} \cdot \frac{\mathrm{d}\boldsymbol{r}}{\mathrm{d}t} = \boldsymbol{F} \cdot \boldsymbol{v} = F_t v \tag{15.11}$$

式(15.11)表明,作用于质点上力的功率,等于力在速度方向上的投影与速度的乘积。

功率的单位是瓦特,符号为 W, 1 W = 1 J/s。

如果功是用力矩或力偶矩计算的,由元功表达式 $\delta W = M\mathrm{d}\varphi$ 得

$$P = \frac{\delta W}{\mathrm{d}t} = \frac{M\mathrm{d}\varphi}{\mathrm{d}t} = M\omega \tag{15.12}$$

式(15.12)表明,转矩的功率等于转矩与物体转动的角速度的乘积。

§15.2　质点和刚体的动能

一切运动的物体都具有一定的能量,这种能量称为动能。

15.2.1　质点的动能

设质点的质量为 m ,速度为 v ,则质点的动能定义为

$$T = \frac{1}{2}mv^2 \tag{15.13}$$

式(15.13)表示:质点在某瞬时的动能等于质点质量与其速度平方乘积的一半。动能是一个标量,恒为正值,单位与功的单位相同。

15.2.2　刚体的动能

对整个刚体而言,把某瞬时每个质点的动能相加即得刚体的动能,即

$$T = \sum \frac{1}{2}m_i v_i^2 \tag{15.14}$$

1. 平移刚体的动能

刚体在平移时,每一瞬时其上各点的速度都相同,等于刚体质心的速度。代入式(15.14)得

$$T = \frac{1}{2}v_C^2 \sum m_i = \frac{1}{2}mv_C^2 \tag{15.15}$$

即平移刚体的动能等于刚体的质量与质心速度平方乘积的一半。

2. 定轴转动刚体的动能

设绕定轴转动刚体的角速度为 ω ,在其上任取一质量为 m_i 质点,此质点离转轴的距离为 r_i ,速度 $v_i = r_i\omega$,整个刚体的动能为

$$T = \sum \frac{1}{2}m_i v_i^2 = \sum \frac{1}{2}m_i(r_i\omega)^2 = \frac{1}{2}\left(\sum m_i r_i^2\right)\omega^2$$

因 $\sum m_i r_i^2 = J_z$,为刚体对 z 轴的转动惯量,所以

$$T = \frac{1}{2}J_z\omega^2 \tag{15.16}$$

即定轴转动刚体的动能等于刚体对转轴的转动惯量与角速度平方乘积的一半。

3. 平面运动刚体的动能

刚体的平面运动可看成绕速度瞬心 C' 作瞬时转动,如图 15.7 所示。设刚体对通过瞬心 C' 的轴的转动惯量为 $J_{C'}$,转动的角速度为 ω ,由式(15.16)得

$$T = \frac{1}{2} J_{C'} \omega^2 \qquad (a)$$

另外,由转动惯量的平行轴定理,式(12.22),得出

$$J_{C'} = J_C + ma^2 \qquad (b)$$

式中,C 为刚体的质心,J_C 为刚体对质心轴的转动惯量,m 为刚体的质量。把式(b)代入式(a)得

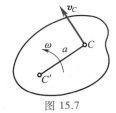

图 15.7

$$T = \frac{1}{2} \left[J_C + ma^2 \right] \omega^2 = \frac{1}{2} J_C \omega^2 + \frac{1}{2} ma^2 \omega^2$$

而 $a\omega = v_C$,故上式可写成

$$T = \frac{1}{2} J_C \omega^2 + \frac{1}{2} m v_C^2 \qquad (15.17)$$

即平面运动刚体的动能等于刚体随质心平移的动能与绕质心转动的动能之和。

如果一个系统包括几个刚体,那么这个系统的动能等于组成这个系统的各刚体的动能之和。

例 15.2 均质细长杆长为 l,质量为 m,与水平面夹角 α = 30°,已知端点 B 的瞬时速度为 v_B,如图 15.8 所示。求杆 AB 的动能。

解 杆 AB 作平面运动,速度瞬心为 C',杆的角速度 ω

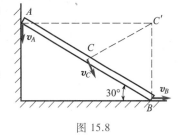

图 15.8

$= \dfrac{v_B}{C'B} = \dfrac{2v_B}{l}$,其质心速度为 $v_C = \dfrac{l\omega}{2} = v_B$,则杆的动能为

$$T = \frac{1}{2} m v_C^2 + \frac{1}{2} J_C \omega^2 = \frac{1}{2} m v_B^2 + \frac{1}{2} \left(\frac{1}{12} m l^2 \right) \left(\frac{2v_B}{l} \right)^2$$

$$= \frac{2}{3} m v_B^2$$

本题也可用 $T = \dfrac{1}{2} J_{C'} \omega^2$ 进行计算,其中 $J_{C'} = J_C + m (\overline{CC'})^2$。

§ 15.3 动能定理

15.3.1 质点的动能定理

设质量为 m 的质点在力 $\boldsymbol{F}$ 作用下作曲线运动,由 M_1 运动到 M_2,速度由 $\boldsymbol{v}_1$ 变为 $\boldsymbol{v}_2$,如图 15.9所示。由质点动力学基本方程式(11.21)得

$$m \frac{\mathrm{d}\boldsymbol{v}}{\mathrm{d}t} = \boldsymbol{F}$$

等式两边分别乘以 $\mathrm{d}\boldsymbol{r}$,得

$$m \frac{\mathrm{d}\boldsymbol{v}}{\mathrm{d}t} \cdot \mathrm{d}\boldsymbol{r} = \boldsymbol{F} \cdot \mathrm{d}\boldsymbol{r}$$

可写成

$$m\boldsymbol{v} \cdot \mathrm{d}\boldsymbol{v} = \boldsymbol{F} \cdot \mathrm{d}\boldsymbol{r}$$

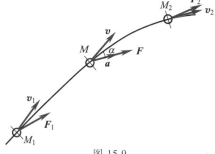

图 15.9

而 $m\boldsymbol{v} \cdot \mathrm{d}\boldsymbol{v} = \mathrm{d}\left(\dfrac{m}{2}v^2\right)$，代入上式，有

$$\mathrm{d}\left(\frac{m}{2}v^2\right) = \delta W$$

将上式沿曲线 $\overset{\frown}{M_1M_2}$ 积分，得

$$\int_{v_1}^{v_2} \mathrm{d}\left(\frac{1}{2}mv^2\right) = \int_{M_1}^{M_2} \boldsymbol{F} \cdot \mathrm{d}\boldsymbol{r}$$

$$\frac{1}{2}mv_2^2 - \frac{1}{2}mv_1^2 = W$$

即

$$T_2 - T_1 = W \tag{15.18}$$

式(15.18)表明:在某一运动过程中质点动能的变化,等于作用在质点上的力在此过程中所做的功。这就是质点的**动能定理**。

例 15.3 为测定车辆运动阻力系数 k(k 为运行阻力 $\boldsymbol{F}$ 与正压力之比),将车辆从斜面上 A 处无初速地任其滑下。车辆滑到水平面后继续运行到 C 处停止。如已知斜面长度 l,高度 h,斜面的投影长度 s',水平面上车辆的运行距离 s,如图 15.10 所示。求车辆运行时的阻力系数 k 值。

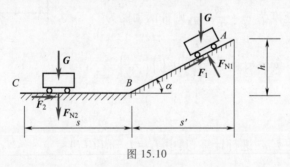

图 15.10

解 视车辆为质点。开始静止时,$T_1 = 0$;运行到 C 处停止,$T_2 = 0$。运行中受到重力 $\boldsymbol{G}$、法向约束力 $\boldsymbol{F}_\mathrm{N}$ 和运行阻力 $\boldsymbol{F}$ 作用。按质点动能定理式(15.18)

$$T_2 - T_1 = \sum W$$

$$0 - 0 = Gh - F_1 l - F_2 s$$

将 $F_1 = kF_{N1}$,$F_2 = kF_{N2}$ 代入上式,并注意到在 AB 斜面上滑下过程中,$F_{N1} = G\cos\alpha$,得

$$Gh - kG\cos\alpha\, l - kGs = 0$$

$$Gh - kGs' - kGs = 0$$

解得

$$k = \frac{h}{s' + s}$$

15.3.2 刚体的动能定理

质点的动能定理可以推广到质点系。刚体可视为各质点间的距离始终保持不变的质点系。设刚体内某质点的质量为 m_i，在某一段路程的末了和起始的位置的速度分别为 $\boldsymbol{v}_{i2}$，$\boldsymbol{v}_{i1}$，作用在该质点上的外力的合力做的功为 $W_i^{(e)}$，内力的合力做的功为 $W_i^{(i)}$，则按质点的动能定理式 (15.18) 有

$$\frac{1}{2}m_i v_{i2}^2 - \frac{1}{2}m_i v_{i1}^2 = W_i^{(e)} + W_i^{(i)}$$

由于功和动能都是标量，将刚体内所有质点的上述方程加在一起，有

$$\sum \frac{1}{2}m_i v_{i2}^2 - \sum \frac{1}{2}m_i v_{i1}^2 = \sum W_i^{(e)} + \sum W_i^{(i)}$$

一般来讲，质点系内各质点间的距离是可变的，因此，内力做功的代数和不一定等于零。但对刚体来讲，因为刚体内各质点间的相对位置是固定不变的，因此，刚体内力做功的代数和等于零。于是，上式可简化为

$$T_2 - T_1 = \sum W^{(e)} \tag{15.19}$$

式 (15.19) 表明，刚体动能在任一过程中的变化，等于作用在刚体上所有外力在同一过程中所作功的代数和。这就是刚体的**动能定理**。

对于用光滑铰链、不计自重的刚杆或不可伸长的柔索等约束连接的刚体系统，在不计摩擦的理想情况下，其内力做功之和也等于零。式 (15.19) 依然适用。

例 15.4 均质圆柱质量为 m，半径为 R，放在倾角为 α 的斜面上，如图 15.11 所示，由静止开始纯滚动，求轮心 O 下滑 s 距离时圆柱的角速度 ω。

解 取均质圆柱为研究对象。在滚动过程中受力如图 15.11 所示。圆柱作平面运动（纯滚动），C 为速度瞬心，$v_C = 0$，即 $\mathrm{d}\boldsymbol{r}_C = \boldsymbol{v}_C\,\mathrm{d}t = 0$。因此摩擦力 $\boldsymbol{F}_f$，法向约束力 $\boldsymbol{F}_N$ 在下滚过程中均不做功。按刚体的动能定理

$$T_2 - T_1 = \sum W^{(e)}$$

有

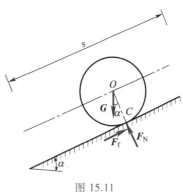

图 15.11

$$\frac{1}{2}m v_o^2 + \frac{1}{2}J_O \omega^2 - 0 = mgs\sin\alpha$$

将 $v_o = R\omega$，$J_O = \dfrac{1}{2}mR^2$ 代入上式得

$$\frac{3}{4}mR^2\omega^2 = mgs\sin\alpha$$

解得

$$\omega = \frac{2}{R}\sqrt{\frac{gs\sin\alpha}{3}}$$

例 15.5 曲柄连杆机构如图 15.12a 所示。已知曲柄 $\overline{OA} = r$，连杆 $\overline{AB} = 4r$，C 为连杆之质心，在曲柄上作用一不变转矩 M。曲柄和连杆皆为均质杆，质量分别为 m_1 和 m_2。曲柄

开始时静止且在 O 轴右边的水平位置。不计滑块的质量和各处的摩擦,求曲柄转过一周时的角速度。

解　取曲柄连杆机构为研究对象,开始时系统静止,$T_1 = 0$,当曲柄转过一周后,曲柄 OA 作定轴转动,连杆作平面运动,速度瞬心在 B 点,其速度分布如图 15.12b 所示,系统的动能为

$$T_2 = \frac{1}{2}J_O\omega_1^2 + \frac{1}{2}m_2v_C^2 + \frac{1}{2}J_C\omega_2^2$$

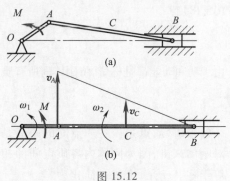

图 15.12

式中

$$J_O = \frac{1}{3}m_1r^2, \quad J_C = \frac{1}{12}m_2(4r)^2 = \frac{4}{3}m_2r^2$$

$$v_C = \frac{v_A}{2} = \frac{r\omega_1}{2}, \quad \omega_2 = \frac{v_A}{4r} = \frac{r\omega_1}{4r} = \frac{\omega_1}{4}$$

代入上式得

$$T_2 = \frac{1}{6}(m_1 + m_2)r^2\omega_1^2$$

曲柄转过一周,重力的功为零,转矩的功为 $2\pi M$,刚体系统其他约束力均不做功,代入动能定理,有

$$\frac{1}{6}(m_1 + m_2)r^2\omega_1^2 - 0 = 2\pi M$$

解得

$$\omega_1 = \frac{2}{r}\sqrt{\frac{3\pi M}{m_1 + m_2}}$$

👓　小　结

(1) 质点的动能定理 $T_2 - T_1 = W$ 和刚体的动能定理 $T_2 - T_1 = \sum W^{(e)}$ 建立了动能与力的功之间的关系,把作用力、速度和路程联系在一起。由于动能定理是标量形式,仅一个方程,所以用于求解动力学问题比较方便。

(2) **功的计算**

功的解析表达式　$W = \int_{M_1}^{M_2} \boldsymbol{F} \cdot \mathrm{d}\boldsymbol{r} = \int_{M_1}^{M_2}(F_x\,\mathrm{d}x + F_y\,\mathrm{d}y + F_z\,\mathrm{d}z)$

重力的功　$W = \pm Gh$

弹性力的功　$W = \dfrac{k}{2}(\delta_1^2 - \delta_2^2)$

定轴转动刚体上常力矩和常力偶的功　$W = \displaystyle\int_0^\varphi M_z\,\mathrm{d}\varphi = M_z\varphi$

(3) **动能的计算**

$$质点的动能\quad T=\frac{1}{2}mv^2$$

$$平移刚体的动能\quad T=\frac{1}{2}Mv^2$$

$$定轴转动刚体的动能\quad T=\frac{1}{2}J_z\omega^2$$

$$平面运动刚体的动能\quad T=\frac{1}{2}Mv_C^2+\frac{1}{2}J_C\omega^2$$

思考题

15.1　在弹性范围内,若弹簧的伸长量加倍,则弹性力作的功也加倍,这个说法对不对? 为什么?

15.2　如图 15.13 所示,同一根细长杆,当绕端点 A 以角速度 ω 转动时(图 15.13a)与当绕中点 C 以角速度 2ω 反向转动时(图 15.13b),两者动能是否相同?

15.3　图示各均质圆盘的半径为 r,质量都是 m,图 15.14a,b 所示绕轴转动的角速度和图 15.14c 所示纯滚动的角速度均为 ω,问三者的动能是否相同? 各为多少?

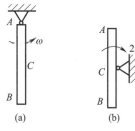

图 15.13

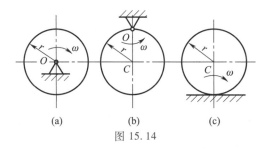

图 15.14

15.4　应用动能定理求速度时,能否确定速度的方向?

习　题

15.1　弹簧原长 $l_0=0.1$ m,刚度系数 $k=4\,900$ N/m,一端固定在半径 $R=0.1$ m 的圆周上的点 O,OA 为直径。如图所示。求当弹簧的另一端由半圆的最高点 B 沿圆弧运动至 A 时,弹性力所做的功是多少?

15.2　如图所示,与弹簧相连的滑块 M,可沿固定的光滑圆环滑动,圆环和弹簧都在同一铅垂平面内,已知滑块的重力 $G=100$ N,弹簧原长为 $l=0.15$ m,弹簧刚度系数 $k=400$ N/m。求滑块 M 从位置 A 运动到位置 B 的过程中,其上各力所做的功及总功。

15.3　图示质量为 m 的物体,自高度 h 处无初速地自由落下,碰到铅垂的弹簧后一起向下运动,已知弹簧刚度系数为 k,求弹簧的最大变形 λ_m。

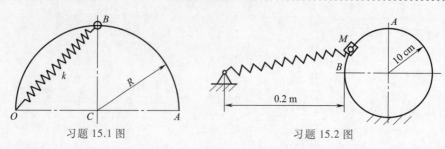

习题 15.1 图　　　　　　　　习题 15.2 图

15.4　图示线 OA 上系一球,由位置 A 无初速地释放,当小球运动到定点 O 的铅垂下方时,线的中点被钉子 C 所阻止,只有下半段线随小球继续摆动。试求小球摆到最右位置 B 时,下半段线与铅垂线所成的夹角 α。

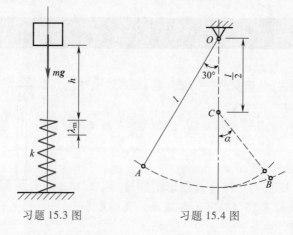

习题 15.3 图　　　　　　　　习题 15.4 图

15.5　图示链条传动中的大链轮以角速度 ω_1 转动,大链轮半径为 R,对固定轴的转动惯量为 J_1,小链轮的半径为 r,对固定轴的转动惯量为 J_2,链条质量为 m。试计算此系统的动能。

15.6　图示坦克的履带与车轮,履带质量为 m_1,二轮的总质量为 m_2,车轮被视为均质圆盘,半径同为 R,两轴间的距离为 πR,设坦克前进的速度为 v_0,求此质点系的动能。

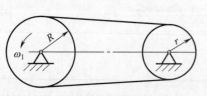

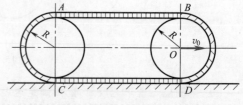

习题 15.5 图　　　　　　　　习题 15.6 图

15.7　半径为 r 的齿轮 Ⅱ 与半径 $R = 3r$ 的固定齿轮 Ⅰ 相啮合,齿轮 Ⅱ 通过均质杆 OC 带着转动如图所示。杆的质量为 m_1,角速度为 ω,齿轮 Ⅱ 的质量为 m_2,可视为均质圆盘。求此行星齿轮机构的动能。

15.8　计算图中各机构系统的动能(图中 r 为半径,ω 为角速度,m_i 为构件质量)

15.9　提升机构如图所示。设均质鼓轮半径 r,重为 G_1,对转轴 O 的转动惯量为 J。鼓轮上卷绕的绳子吊一重为 G_2 的物体,在鼓轮上作用常力偶矩 M,自静止开始运动,求鼓轮转角为 φ 时重物的速度。

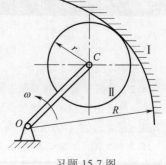

习题 15.7 图

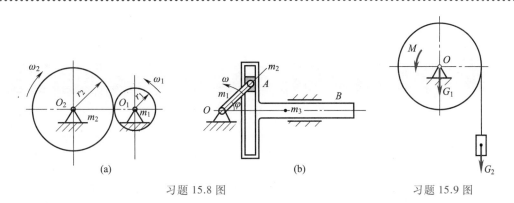

(a)   (b)

习题 15.8 图   习题 15.9 图

15.10　图示行星机构放在水平面内,已知动齿轮半径为 r,重为 G_1,可把它看成为均质圆盘。曲柄 OA 重 G_2,可看成均质杆。定齿轮的半径为 R。今在曲柄上作用一不变力偶,其矩为 M,使此机构由静止开始运动。求曲柄的角速度与其转角的关系。

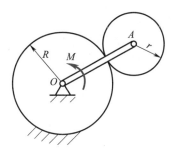

习题 15.10 图

附录 型钢规格表

附表 1 热轧等边角钢截面尺寸、截面面积、理论重量及截面特性（摘自 GB/T 706—2016）

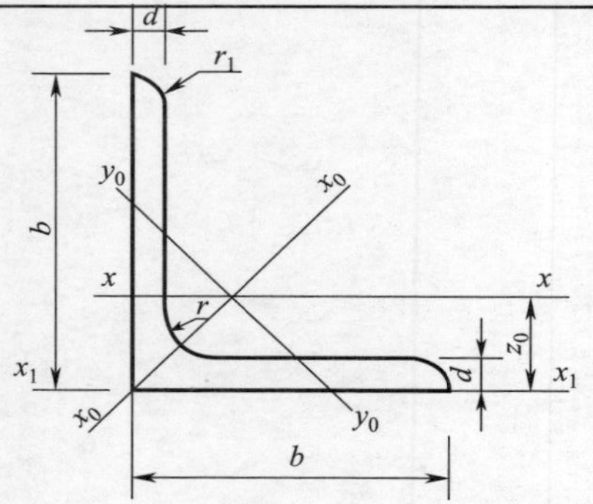

符号意义：b——边宽度；
d——边厚度；
r——内圆弧半径；
r_1——边端圆弧半径；
I——惯性矩；
i——惯性矩半径；
W——截面系数；
z_0——重心距离。

型号	截面尺寸/mm			截面面积/cm²	理论重量/(kg/m)	外表面积/(m²/m)	惯性矩/cm⁴				惯性半径/cm			截面系数/cm³			重心距离/cm
	b	d	r				I_x	I_{x1}	I_{x0}	I_{y0}	i_x	i_{x0}	i_{y0}	W_x	W_{x0}	W_{y0}	z_0
2	20	3	3.5	1.132	0.89	0.078	0.40	0.81	0.63	0.17	0.59	0.75	0.39	0.29	0.45	0.20	0.60
	20	4		1.459	1.15	0.077	0.50	1.09	0.78	0.22	0.58	0.73	0.38	0.36	0.55	0.24	0.64
2.5	25	3		1.432	1.12	0.098	0.82	1.57	1.29	0.34	0.76	0.95	0.49	0.46	0.73	0.33	0.73
	25	4		1.859	1.46	0.097	1.03	2.11	1.62	0.43	0.74	0.93	0.48	0.59	0.92	0.40	0.76

续表

型号	截面尺寸/mm			截面面积/cm²	理论重量/(kg/m)	外表面积/(m²/m)	惯性矩/cm⁴				惯性半径/cm			截面系数/cm³			重心距离/cm
	b	d	r				I_x	I_{x1}	I_{x0}	I_{y0}	i_x	i_{x0}	i_{y0}	W_x	W_{x0}	W_{y0}	z_0
3.0	30	3	4.5	1.749	1.37	0.117	1.46	2.71	2.31	0.61	0.91	1.15	0.59	0.68	1.09	0.51	0.85
		4		2.276	1.79	0.117	1.84	3.63	2.92	0.77	0.90	1.13	0.58	0.87	1.37	0.62	0.89
3.6	36	3		2.109	1.66	0.141	2.58	4.68	4.09	1.07	1.11	1.39	0.71	0.99	1.61	0.76	1.00
		4		2.756	2.16	0.141	3.29	6.25	5.22	1.37	1.09	1.38	0.70	1.28	2.05	0.93	1.04
		5		3.382	2.65	0.141	3.95	7.84	6.24	1.65	1.08	1.36	0.7	1.56	2.45	1.00	1.07
4	40	3	5	2.359	1.85	0.157	3.59	6.41	5.69	1.49	1.23	1.55	0.79	1.23	2.01	0.96	1.09
		4		3.086	2.42	0.157	4.60	8.56	7.29	1.91	1.22	1.54	0.79	1.60	2.58	1.19	1.13
		5		3.792	2.98	0.156	5.53	10.7	8.76	2.30	1.21	1.52	0.78	1.96	3.10	1.39	1.17
4.5	45	3		2.659	2.09	0.177	5.17	9.12	8.20	2.14	1.40	1.76	0.89	1.58	2.58	1.24	1.22
		4		3.486	2.74	0.177	6.65	12.2	10.6	2.75	1.38	1.74	0.89	2.05	3.32	1.54	1.26
		5		4.292	3.37	0.176	8.04	15.2	12.7	3.33	1.37	1.72	0.88	2.51	4.00	1.81	1.30
		6		5.077	3.99	0.176	9.33	18.4	14.8	3.89	1.36	1.70	0.80	2.95	4.64	2.06	1.33
5	50	3	5.5	2.971	2.33	0.197	7.18	12.5	11.4	2.98	1.55	1.96	1.00	1.96	3.22	1.57	1.34
		4		3.897	3.06	0.197	9.26	16.7	14.7	3.82	1.54	1.94	0.99	2.56	4.16	1.96	1.38
		5		4.803	3.77	0.196	11.2	20.9	17.8	4.64	1.53	1.92	0.98	3.13	5.03	2.31	1.42
		6		5.688	4.46	0.196	13.1	25.1	20.7	5.42	1.52	1.91	0.98	3.68	5.85	2.63	1.46

续表

| 型号 | 截面尺寸/mm | | | 截面面积/cm² | 理论重量/(kg/m) | 外表面积/(m²/m) | 惯性矩/cm⁴ | | | | 惯性半径/cm | | | 截面系数/cm³ | | | 重心距离/cm |
	b	d	r				I_x	I_{x1}	I_{x0}	I_{y0}	i_x	i_{x0}	i_{y0}	W_x	W_{x0}	W_{y0}	z_0
5.6	56	3	6	3.343	2.62	0.221	10.2	17.6	16.1	4.24	1.75	2.20	1.13	2.48	4.08	2.02	1.48
		4		4.39	3.45	0.220	13.2	23.4	20.9	5.46	1.73	2.18	1.11	3.24	5.28	2.52	1.53
		5		5.415	4.25	0.220	16.0	29.3	25.4	6.61	1.72	2.17	1.10	3.97	6.42	2.98	1.57
		6		6.42	5.04	0.220	18.7	35.3	29.7	7.73	1.71	2.15	1.10	4.68	7.49	3.40	1.61
		7		7.404	5.81	0.219	21.2	41.2	33.6	8.82	1.69	2.13	1.09	5.36	8.49	3.80	1.64
		8		8.367	6.57	0.219	23.6	47.2	37.4	9.89	1.68	2.11	1.09	6.03	9.44	4.16	1.68
6	60	5	6.5	5.829	4.58	0.236	19.9	36.1	31.6	8.21	1.85	2.33	1.19	4.59	7.44	3.48	1.67
		6		6.914	5.43	0.235	23.4	43.3	36.9	9.60	1.83	2.31	1.18	5.41	8.70	3.98	1.70
		7		7.977	6.26	0.235	26.4	50.7	41.9	11.0	1.82	2.29	1.17	6.21	9.88	4.45	1.74
		8		9.02	7.08	0.235	29.5	58.0	46.7	12.3	1.81	2.27	1.17	6.98	11.0	4.88	1.78
6.3	63	4	7	4.978	3.91	0.248	19.0	33.4	30.2	7.89	1.96	2.46	1.26	4.13	6.78	3.29	1.70
		5		6.143	4.82	0.248	23.2	41.7	36.8	9.57	1.94	2.45	1.25	5.08	8.25	3.90	1.74
		6		7.288	5.72	0.247	27.1	50.1	43.0	11.2	1.93	2.43	1.24	6.00	9.66	4.46	1.78
		7		8.412	6.60	0.247	30.9	58.6	49.0	12.8	1.92	2.41	1.23	6.88	11.0	4.98	1.82
		8		9.515	7.47	0.247	34.5	67.1	54.6	14.3	1.90	2.40	1.23	7.75	12.3	5.47	1.85
		10		11.66	9.15	0.246	41.1	84.3	64.9	17.3	1.88	2.36	1.22	9.39	14.6	6.36	1.93

续表

型号	截面尺寸/mm			截面面积/cm²	理论重量/(kg/m)	外表面积/(m²/m)	惯性矩/cm⁴				惯性半径/cm			截面系数/cm³			重心距离/cm
	b	d	r				I_x	I_{x1}	I_{x0}	I_{y0}	i_x	i_{x0}	i_{y0}	W_x	W_{x0}	W_{y0}	z_0
7	70	4	8	5.570	4.37	0.275	26.4	45.7	41.8	11.0	2.18	2.74	1.40	5.14	8.44	4.17	1.86
		5		6.876	5.40	0.275	32.2	57.2	51.1	13.3	2.16	2.73	1.39	6.32	10.3	4.95	1.91
		6		8.160	6.41	0.275	37.8	68.7	59.9	15.6	2.15	2.71	1.38	7.48	12.1	5.67	1.95
		7		9.424	7.40	0.275	43.1	80.3	68.4	17.8	2.14	2.69	1.38	8.59	13.8	6.34	1.99
		8		10.67	8.37	0.274	48.2	91.9	76.4	20.0	2.12	2.68	1.37	9.68	15.4	6.98	2.03
7.5	75	5	9	7.412	5.82	0.295	40.0	70.6	63.3	16.6	2.33	2.92	1.50	7.32	11.9	5.77	2.04
		6		8.797	6.91	0.294	47.0	84.6	74.4	19.5	2.31	2.90	1.49	8.64	14.0	6.67	2.07
		7		10.16	7.98	0.294	53.6	98.7	85.0	22.2	2.30	2.89	1.48	9.93	16.0	7.44	2.11
		8		11.50	9.03	0.294	60.0	113	95.1	24.9	2.28	2.88	1.47	11.2	17.9	8.19	2.15
		9		12.83	10.1	0.294	66.1	127	105	27.5	2.27	2.86	1.46	12.4	19.8	8.89	2.18
		10		14.13	11.1	0.293	72.0	142	114	30.1	2.26	2.84	1.46	13.6	21.5	9.56	2.22
8	80	5		7.912	6.21	0.315	48.8	85.4	77.3	20.3	2.48	3.13	1.60	8.34	13.7	6.66	2.15
		6		9.397	7.38	0.314	57.4	103	91.0	23.7	2.47	3.11	1.59	9.87	16.1	7.65	2.19
		7		10.86	8.53	0.314	65.6	120	104	27.1	2.46	3.10	1.58	11.4	18.4	8.58	2.23
		8		12.30	9.66	0.314	73.5	137	117	30.4	2.44	3.08	1.57	12.8	20.6	9.46	2.27
		9		13.73	10.8	0.314	81.1	154	129	33.6	2.43	3.06	1.56	14.3	22.7	10.3	2.31
		10		15.13	11.9	0.313	88.4	172	140	36.8	2.42	3.04	1.56	15.6	24.8	11.1	2.35

续表

型号	截面尺寸/mm			截面面积/cm²	理论重量/(kg/m)	外表面积/(m²/m)	惯性矩/cm⁴				惯性半径/cm			截面系数/cm³			重心距离/cm
	b	d	r				I_x	I_{x1}	I_{x0}	I_{y0}	i_x	i_{x0}	i_{y0}	W_x	W_{x0}	W_{y0}	z_0
9	90	6	10	10.64	8.35	0.354	82.8	146	131	34.3	2.79	3.51	1.80	12.6	20.6	9.95	2.44
		7		12.30	9.66	0.354	94.8	170	150	39.2	2.78	3.50	1.78	14.5	23.6	11.2	2.48
		8		13.94	10.9	0.353	106	195	169	44.0	2.76	3.48	1.78	16.4	26.6	12.4	2.52
		9		15.57	12.2	0.353	118	219	187	48.7	2.75	3.46	1.77	18.3	29.4	13.5	2.56
		10		17.17	13.5	0.353	129	244	204	53.3	2.74	3.45	1.76	20.1	32.0	14.5	2.59
		12		20.31	15.9	0.352	149	294	236	62.2	2.71	3.41	1.75	23.6	37.1	16.5	2.67
10	100	6	12	11.93	9.37	0.393	115	200	182	47.9	3.10	3.90	2.00	15.7	25.7	12.7	2.67
		7		13.80	10.8	0.393	132	234	209	54.7	3.09	3.89	1.99	18.1	29.6	14.3	2.71
		8		15.64	12.3	0.393	148	267	235	61.4	3.08	3.88	1.98	20.5	33.2	15.8	2.76
		9		17.46	13.7	0.392	164	300	260	68.0	3.07	3.86	1.97	22.8	36.8	17.2	2.80
		10		19.26	15.1	0.392	180	334	285	74.4	3.05	3.84	1.96	25.1	40.3	18.5	2.84
		12		22.80	17.9	0.391	209	402	331	86.8	3.03	3.81	1.95	29.5	46.8	21.1	2.91
		14		26.26	20.6	0.391	237	471	374	99.0	3.00	3.77	1.94	33.7	52.9	23.4	2.99
		16		29.63	23.3	0.390	263	540	414	111	2.98	3.74	1.94	37.8	58.6	25.6	3.06
11	110	7	12	15.20	11.9	0.433	177	311	281	73.4	3.41	4.30	2.20	22.1	36.1	17.5	2.96
		8		17.24	13.5	0.433	199	355	316	82.4	3.40	4.28	2.19	25.0	40.7	19.4	3.01
		10		21.26	16.7	0.432	242	445	384	100	3.38	4.25	2.17	30.6	49.4	22.9	3.09
		12		25.20	19.8	0.431	283	535	448	117	3.35	4.22	2.15	36.1	57.6	26.2	3.16
		14		29.06	22.8	0.431	321	625	508	133	3.32	4.18	2.14	41.3	65.3	29.1	3.24

续表

型号	截面尺寸/mm			截面面积/cm²	理论重量/(kg/m)	外表面积/(m²/m)	惯性矩/cm⁴				惯性半径/cm			截面系数/cm³			重心距离/cm
	b	d	r				I_x	I_{x1}	I_{x0}	I_{y0}	i_x	i_{x0}	i_{y0}	W_x	W_{x0}	W_{y0}	z_0
12.5	125	8	14	19.75	15.5	0.492	297	521	471	123	3.88	4.88	2.50	32.5	53.3	25.9	3.37
		10		24.37	19.1	0.491	362	652	574	149	3.85	4.85	2.48	40.0	64.9	30.6	3.45
		12		28.91	22.7	0.491	423	783	671	175	3.83	4.82	2.46	41.2	76.0	35.0	3.53
		14		33.37	26.2	0.490	482	916	764	200	3.80	4.78	2.45	54.2	86.4	39.1	3.61
		16		37.74	29.6	0.489	537	1 050	851	224	3.77	4.75	2.43	60.9	96.3	43.0	3.68
14	140	10		27.37	21.5	0.551	515	915	817	212	4.34	5.46	2.78	50.6	82.6	39.2	3.82
		12		32.51	25.5	0.551	604	1 100	959	249	4.31	5.43	2.76	59.8	96.9	45.0	3.90
		14		37.57	29.5	0.550	689	1 280	1 090	284	4.28	5.40	2.75	68.8	110	50.5	3.98
		16		42.54	33.4	0.549	770	1 470	1 220	319	4.26	5.36	2.74	77.5	123	55.6	4.06
15	150	8		23.75	18.6	0.592	521	900	827	215	4.69	5.90	3.01	47.4	78.0	38.1	3.99
		10		29.37	23.1	0.591	638	1 130	1 010	262	4.66	5.87	2.99	58.4	95.5	45.5	4.08
		12		34.91	27.4	0.591	749	1 350	1 190	308	4.63	5.84	2.97	69.0	112	52.4	4.15
		14		40.37	31.7	0.590	856	1 580	1 360	352	4.60	5.80	2.95	79.5	128	58.8	4.23
		15		43.06	33.8	0.590	907	1 690	1 440	374	4.59	5.78	2.95	84.6	136	61.9	4.27
		16		45.74	35.9	0.589	958	1 810	1 520	395	4.58	5.77	2.94	89.6	143	64.9	4.31

续表

| 型号 | 截面尺寸/mm | | | 截面面积/cm² | 理论重量/(kg/m) | 外表面积/(m²/m) | 惯性矩/cm⁴ | | | | 惯性半径/cm | | | 截面系数/cm³ | | | 重心距离/cm |
	b	d	r				I_x	I_{x1}	I_{x0}	I_{y0}	i_x	i_{x0}	i_{y0}	W_x	W_{x0}	W_{y0}	z_0
16	160	10	16	31.50	24.7	0.630	780	1 370	1 240	322	4.98	6.27	3.20	66.7	109	52.8	4.31
		12		37.44	29.4	0.630	917	1 640	1 460	377	4.95	6.24	3.18	79.0	129	60.7	4.39
		14		43.30	34.0	0.629	1 050	1 910	1 670	432	4.92	6.20	3.16	91.0	147	68.2	4.47
		16		49.07	38.5	0.629	1 180	2 190	1 870	485	4.89	6.17	3.14	103	165	75.3	4.55
18	180	12	16	42.24	33.2	0.710	1 320	2 330	2 100	543	5.59	7.05	3.58	101	165	78.4	4.89
		14		48.90	38.4	0.709	1 510	2 720	2 410	622	5.56	7.02	3.56	116	189	88.4	4.97
		16		55.47	43.5	0.709	1 700	3 120	2 700	699	5.54	6.98	3.55	131	212	97.8	5.05
		18		61.96	48.6	0.708	1 880	3 500	2 990	762	5.50	6.94	3.51	146	235	105	5.13
20	200	14	18	54.64	42.9	0.788	2 100	3 730	3 340	864	6.20	7.82	3.98	145	236	112	5.46
		16		62.01	48.7	0.788	2 370	4 270	3 760	971	6.18	7.79	3.96	164	266	124	5.54
		18		69.30	54.4	0.787	2 620	4 810	4 160	1 080	6.15	7.75	3.94	182	294	136	5.62
		20		76.51	60.1	0.787	2 870	5 350	4 550	1 180	6.12	7.72	3.93	200	322	147	5.69
		24		90.66	71.2	0.785	3 340	6 460	5 290	1 380	6.07	7.64	3.90	236	374	167	5.87

续表

型号	截面尺寸/mm			截面面积/cm²	理论重量/(kg/m)	外表面积/(m²/m)	惯性矩/cm⁴				惯性半径/cm			截面系数/cm³			重心距离/cm
	b	d	r				I_x	I_{x1}	I_{x0}	I_{y0}	i_x	i_{x0}	i_{y0}	W_x	W_{x0}	W_{y0}	z_0
22	220	16	21	68.67	53.9	0.866	3 190	5 680	5 060	1 310	6.81	8.59	4.37	200	326	154	6.03
		18		76.75	60.3	0.866	3 540	6 400	5 620	1 450	6.79	8.55	4.35	223	361	168	6.11
		20		84.76	66.5	0.865	3 870	7 110	6 150	1 590	6.76	8.52	4.34	245	395	182	6.18
		22		92.68	72.8	0.865	4 200	7 830	6 670	1 730	6.73	8.48	4.32	267	429	195	6.26
		24		100.5	78.9	0.864	4 520	8 550	7 170	1 870	6.71	8.45	4.31	289	461	208	6.33
		26		108.3	85.0	0.864	4 830	9 280	7 690	2 000	6.68	8.41	4.30	310	492	221	6.41
25	250	18	24	87.84	69.0	0.985	5 270	9 380	8 370	2 170	7.75	9.76	4.97	290	473	224	6.84
		20		97.05	76.2	0.984	5 780	10 400	9 180	2 380	7.72	9.73	4.95	320	519	243	6.92
		22		106.2	83.3	0.983	6.280	11 500	9 970	2 580	7.69	9.69	4.93	349	564	261	7.00
		24		115.2	90.4	0.983	6 770	12 500	10 700	2 790	7.67	9.66	4.92	378	608	278	7.07
		26		124.2	97.5	0.982	7 240	13 600	11 500	2 980	7.64	9.62	4.90	406	650	295	7.15
		28		133.0	104	0.982	7 700	14 600	12 200	3 180	7.61	9.58	4.89	433	691	311	7.22
		30		141.8	111	0.981	8 160	15 700	12 900	3 380	7.58	9.55	4.88	461	731	327	7.30
		32		150.5	118	0.981	8 600	16 800	13 600	3 570	7.56	9.51	4.87	488	770	342	7.37
		35		163.4	128	0.980	9 240	18 400	14 600	3 850	7.52	9.46	4.86	527	827	364	7.48

附表 2　热轧不等边角钢截面尺寸、截面面积、理论重量及截面特性（摘自 GB/T 706—2016）

符号意义：B——长边宽度；
b——短边宽度；
d——边厚度；
r——内圆弧半径；
r_1——边端圆弧半径；
x_0——重心距离；
y_0——重心距离；
I——惯性矩；
i——惯性矩半径；
W——截面系数。

型号	截面尺寸/mm				截面面积/cm²	理论重量/(kg/m)	外表面积/(m²/m)	惯性矩/cm⁴					惯性半径/cm			截面系数/cm³			tan α	重心距离/cm	
	B	b	d	r				I_x	I_{x1}	I_y	I_{y1}	I_u	i_x	i_y	i_u	W_x	W_y	W_u		x_0	y_0
2.5/1.6	25	16	3	3.5	1.162	0.91	0.080	0.70	1.56	0.22	0.43	0.14	0.78	0.44	0.34	0.43	0.19	0.16	0.392	0.42	0.86
			4		1.499	1.18	0.079	0.88	2.09	0.27	0.59	0.17	0.77	0.43	0.34	0.55	0.24	0.20	0.381	0.46	0.90
3.2/2	32	20	3	3.5	1.492	1.17	0.102	1.53	3.27	0.46	0.82	0.28	1.01	0.55	0.43	0.72	0.30	0.25	0.382	0.49	1.08
			4		1.939	1.52	0.101	1.93	4.37	0.57	1.12	0.35	1.00	0.54	0.42	0.93	0.39	0.32	0.374	0.53	1.12
4/2.5	40	25	3	4	1.890	1.48	0.127	3.08	5.39	0.93	1.59	0.56	1.28	0.70	0.54	1.15	0.49	0.40	0.385	0.59	1.32
			4		2.467	1.94	0.127	3.93	8.53	1.18	2.14	0.71	1.36	0.69	0.54	1.19	0.63	0.52	0.381	0.63	1.37
4.5/2.8	45	28	3	5	2.149	1.69	0.143	4.45	9.10	1.34	2.23	0.80	1.44	0.79	0.61	1.47	0.62	0.51	0.383	0.64	1.47
			4		2.806	2.20	0.143	5.69	12.1	1.70	3.00	1.02	1.42	0.78	0.60	1.91	0.80	0.66	0.380	0.68	1.51
5/3.2	50	32	3	5.5	2.431	1.91	0.161	6.24	12.5	2.02	3.31	1.20	1.60	0.91	0.70	1.84	0.82	0.68	0.404	0.73	1.60
			4		3.177	2.49	0.160	8.02	16.7	2.58	4.45	1.53	1.59	0.90	0.69	2.39	1.06	0.87	0.402	0.77	1.65

续表

型号	B	b	d	r	截面面积/cm²	理论重量/(kg/m)	外表面积/(m²/m)	I_x	I_{x1}	I_y	I_{y1}	I_u	i_x	i_y	i_u	W_x	W_y	W_u	$\tan\alpha$	x_0	y_0
5.6/3.6	56	36	3	6	2.743	2.15	0.181	8.88	17.5	2.92	4.7	1.73	1.80	1.03	0.79	2.32	1.05	0.87	0.408	0.80	1.78
			4		3.590	2.82	0.180	11.5	23.4	3.76	6.33	2.23	1.79	1.02	0.79	3.03	1.37	1.13	0.408	0.85	1.82
			5		4.415	3.47	0.180	13.9	29.3	4.49	7.94	2.67	1.77	1.01	0.78	3.71	1.65	1.36	0.404	0.88	1.87
6.3/4	63	40	4	7	4.058	3.19	0.202	16.5	33.3	5.23	8.63	3.12	2.02	1.14	0.88	3.87	1.70	1.40	0.398	0.92	2.04
			5		4.993	3.92	0.202	20.0	41.6	6.31	10.9	3.76	2.00	1.12	0.87	4.74	2.07	1.71	0.396	0.95	2.08
			6		5.908	4.64	0.201	23.4	50.0	7.29	13.1	4.34	1.96	1.11	0.86	5.59	2.43	1.99	0.393	0.99	2.12
			7		6.802	5.34	0.201	26.5	58.1	8.24	15.5	4.97	1.98	1.10	0.86	6.40	2.78	2.29	0.389	1.03	2.15
7/4.5	70	45	4	7.5	4.553	3.57	0.226	23.2	45.9	7.55	12.3	4.40	2.26	1.29	0.98	4.86	2.17	1.77	0.410	1.02	2.24
			5		5.609	4.40	0.225	28.0	57.1	9.13	15.4	5.40	2.23	1.28	0.98	5.92	2.65	2.19	0.407	1.06	2.28
			6		6.644	5.22	0.225	32.5	68.4	10.6	18.6	6.35	2.21	1.26	0.98	6.95	3.12	2.59	0.404	1.09	2.32
			7		7.658	6.01	0.225	37.2	80.0	12.0	21.8	7.16	2.20	1.25	0.97	8.03	3.57	2.94	0.402	1.13	2.36
7.5/5	75	50	5	8	6.126	4.81	0.245	34.9	70.0	12.6	21.0	7.41	2.39	1.44	1.10	6.83	3.3	2.74	0.435	1.17	2.40
			6		7.260	5.70	0.245	41.1	84.3	14.7	25.4	8.54	2.38	1.42	1.08	8.12	3.88	3.19	0.435	1.21	2.44
			8		9.467	7.43	0.244	52.4	113	18.5	34.2	10.9	2.35	1.40	1.07	10.5	4.99	4.10	0.429	1.29	2.52
			10		11.59	9.10	0.244	62.7	141	22.0	43.4	13.1	2.33	1.38	1.06	12.8	6.04	4.99	0.423	1.36	2.60
8/5	80	50	5	8	6.375	5.00	0.255	42.0	85.2	12.8	21.1	7.66	2.56	1.42	1.10	7.78	3.32	2.74	0.388	1.14	2.60
			6		7.560	5.93	0.255	49.5	103	15.0	25.4	8.85	2.56	1.41	1.08	9.25	3.91	3.20	0.387	1.18	2.65
			7		8.724	6.85	0.255	56.2	119	17.0	29.8	10.2	2.54	1.39	1.08	10.6	4.48	3.70	0.384	1.21	2.69
			8		9.867	7.75	0.254	62.8	136	18.9	34.3	11.4	2.52	1.38	1.07	11.9	5.03	4.16	0.381	1.25	2.73

续表

型号	截面尺寸/mm				截面面积/cm²	理论重量/(kg/m)	外表面积/(m²/m)	惯性矩/cm⁴					惯性半径/cm			截面系数/cm³			tan α	重心距离/cm	
	B	b	d	r				I_x	I_{x1}	I_y	I_{y1}	I_u	i_x	i_y	i_u	W_x	W_y	W_u		x_0	y_0
9/5.6	90	56	5	9	7.212	5.66	0.287	60.5	121.32	18.3	29.5	11.0	2.90	1.59	1.23	9.92	4.21	3.49	0.385	1.25	2.91
			6		8.557	6.72	0.286	71.0	146	21.4	35.6	12.9	2.88	1.58	1.23	11.7	4.96	4.13	0.384	1.29	2.95
			7		9.881	7.76	0.286	81.0	170	24.4	41.7	14.7	2.86	1.57	1.22	13.5	5.70	4.72	0.382	1.33	3.00
			8		11.18	8.78	0.286	91.0	194	27.2	47.9	16.3	2.85	1.56	1.21	15.3	6.41	5.29	0.380	1.36	3.04
10/6.3	100	63	6	10	9.618	7.55	0.820	99.1	200	30.9	50.5	18.4	3.21	1.79	1.38	14.6	6.35	5.25	0.394	1.43	3.24
			7		11.11	8.72	0.320	113	233	35.3	59.1	21.0	3.20	1.78	1.38	16.9	7.29	6.02	0.394	1.47	3.28
			8		12.58	9.88	0.319	127	266	39.4	67.9	23.5	3.18	1.77	1.37	19.1	8.21	6.78	0.391	1.50	3.32
			10		15.47	12.1	0.319	154	333	47.1	85.7	28.3	3.15	1.74	1.35	23.3	9.98	8.24	0.387	1.58	3.40
10/8	100	80	6	10	10.64	8.35	0.354	107	200	61.2	103	31.7	3.17	2.40	1.72	15.2	10.2	8.37	0.627	1.97	2.95
			7		12.30	9.66	0.354	123	233	70.1	120	36.2	3.16	2.39	1.72	17.5	11.7	9.60	0.626	2.01	3.00
			8		13.94	10.9	0.353	138	267	78.6	137	40.6	3.14	2.37	1.71	19.8	13.2	10.8	0.625	2.05	3.04
			10		17.17	13.5	0.353	167	334	94.7	172	49.1	3.12	2.35	1.69	24.2	16.1	13.1	0.622	2.13	3.12
11/7	110	70	6	10	10.64	8.35	0.354	133	266	42.9	69.1	25.4	3.54	2.01	1.54	17.9	7.90	6.53	0.403	1.57	3.53
			7		12.30	9.66	0.354	153	310	49.0	80.8	29.0	3.53	2.00	1.53	20.6	9.09	7.50	0.402	1.61	3.57
			8		13.94	10.9	0.353	172	354	54.9	92.7	32.5	3.51	1.98	1.53	23.3	10.3	8.45	0.401	1.65	3.62
			10		17.17	13.5	0.353	208	443	65.9	117	39.2	3.48	1.96	1.51	28.5	12.5	10.3	0.397	1.72	3.70

续表

型号	截面尺寸/mm				截面面积/cm²	理论重量/(kg/m)	外表面积/(m²/m)	惯性矩/cm⁴					惯性半径/cm			截面系数/cm³			tan α	重心距离/cm	
	B	b	d	r				I_x	I_{x1}	I_y	I_{y1}	I_u	i_x	i_y	i_u	W_x	W_y	W_u		x_0	y_0
12.5/8	125	80	7	11	14.10	11.1	0.403	228	455	74.4	120	43.8	4.02	2.30	1.76	26.9	12.0	9.92	0.408	1.80	4.01
			8		15.99	12.6	0.403	257	520	83.5	138	49.2	4.01	2.28	1.75	30.4	13.6	11.2	0.407	1.84	4.06
			10		19.71	15.5	0.402	312	650	101	173	59.5	3.98	2.26	1.74	37.3	16.6	13.6	0.404	1.92	4.14
			12		23.35	18.3	0.402	364	780	117	210	69.4	3.95	2.24	1.72	44.0	19.4	16.0	0.400	2.00	4.22
14/9	140	90	8	12	18.04	14.2	0.453	366	731	121	196	70.8	4.50	2.59	1.98	38.5	17.3	14.3	0.411	2.04	4.50
			10		22.26	17.5	0.452	446	913	140	246	85.8	4.47	2.56	1.96	47.3	21.2	17.5	0.409	2.12	4.58
			12		26.40	20.7	0.451	522	1100	170	297	100	4.44	2.54	1.95	55.9	25.0	20.5	0.406	2.19	4.66
			14		30.46	23.9	0.451	594	1280	192	349	114	4.42	2.51	1.94	64.2	28.5	23.5	0.403	2.27	4.74
15/9	150	90	8	12	18.84	14.8	0.473	442	898	123	196	74.1	4.84	2.55	1.98	43.9	17.5	14.5	0.364	1.97	4.92
			10		23.26	18.3	0.472	539	1120	149	246	89.9	4.81	2.53	1.97	54.0	21.4	17.7	0.362	2.05	5.01
			12		27.60	21.7	0.471	632	1350	173	297	105	4.79	2.50	1.95	63.8	25.1	20.8	0.359	2.12	5.09
			14		31.86	25.0	0.471	721	1570	196	350	120	4.76	2.48	1.94	73.3	28.8	23.8	0.356	2.20	5.17
			15		33.95	26.7	0.471	764	1680	207	376	127	4.74	2.47	1.93	78.0	30.5	25.3	0.354	2.24	5.21
			16		36.03	28.3	0.470	806	1800	217	403	134	4.73	2.45	1.93	82.6	32.3	26.8	0.352	2.27	5.25

续表

型号	截面尺寸/mm				截面面积/cm²	理论重量/(kg/m)	外表面积/(m²/m)	惯性矩/cm⁴					惯性半径/cm			截面系数/cm³			tan α	重心距离/cm	
	B	b	d	r				I_x	I_{x1}	I_y	I_{y1}	I_u	i_x	i_y	i_u	W_x	W_y	W_u		x_0	y_0
16/10	160	100	10	13	25.32	19.9	0.512	669	1360	205	337	122	5.14	2.85	2.19	62.1	26.6	21.9	0.390	2.28	5.24
			12		30.05	23.6	0.511	785	1640	239	406	142	5.11	2.82	2.17	73.5	31.3	25.8	0.388	2.36	5.32
			14		34.71	27.2	0.510	896	1910	271	476	162	5.08	2.80	2.16	84.6	35.8	29.6	0.385	0.43	5.40
			16		39.28	30.8	0.510	1000	2180	302	548	183	5.05	2.77	2.16	95.3	40.2	33.4	0.382	2.51	5.48
18/11	180	110	10	14	28.37	22.3	0.571	956	1940	278	447	167	5.80	3.13	2.42	79.0	32.5	26.9	0.376	2.44	5.89
			12		33.71	26.5	0.571	1120	2330	325	539	195	5.78	3.10	2.40	93.5	38.3	31.7	0.374	2.52	5.98
			14		38.97	30.6	0.570	1290	2720	370	632	222	5.75	3.08	2.39	108	44.0	36.3	0.372	2.59	6.06
			16		44.14	34.6	0.569	1440	3110	412	726	249	5.72	3.06	2.38	122	49.4	40.9	0.369	2.67	6.14
20/12.5	200	125	12	14	37.91	29.8	0.641	1570	3190	483	788	286	6.44	3.57	2.74	117	50.0	41.2	0.392	2.83	6.54
			14		43.87	34.4	0.640	1800	3730	551	922	327	6.41	3.54	2.73	135	57.4	47.3	0.390	2.91	6.62
			16		49.74	39.0	0.639	2020	4260	615	1060	366	6.38	3.52	2.71	152	64.9	53.3	0.388	2.99	6.70
			18		55.53	43.6	0.639	2240	4790	677	1200	405	6.35	3.49	2.70	169	71.7	59.2	0.385	3.06	6.78

附表 3　热轧槽钢截面尺寸、截面面积、理论重量及截面特性（摘自 GB/T 706—2016）

符号意义：h——高度；
b——腿宽度；
d——腰厚度；
t——平均腿厚度；
r——内圆弧半径；
r_1——腿端圆弧半径；
I——惯性矩；
W——截面系数；
i——惯性矩半径；
z_0——y-y 轴与 y_1-y_1 轴间距。

型号	截面尺寸/mm						截面面积/cm²	理论重量/(kg/m)	惯性矩/cm⁴			惯性半径/cm		截面系数/cm³		重心距离/cm
	h	b	d	t	r	r_1			I_x	I_y	I_{y1}	i_x	i_y	W_x	W_y	z_0
5	50	37	4.5	7.0	7.0	3.5	6.925	5.44	26.0	8.30	20.9	1.94	1.10	10.4	3.55	1.35
6.3	63	40	4.8	7.5	7.5	3.8	8.446	6.63	50.8	11.9	28.4	2.45	1.19	16.1	4.50	1.36
6.5	65	40	4.3	7.5	7.5	3.8	8.292	6.51	55.2	12.0	28.3	2.54	1.19	17.0	4.59	1.38
8	80	43	5.0	8.0	8.0	4.0	10.24	8.04	101	16.6	37.4	3.15	1.27	25.3	5.79	1.43
10	100	48	5.3	8.5	8.5	4.2	12.74	10.0	198	25.6	54.9	3.95	1.41	39.7	7.80	1.52
12	120	53	5.5	9.0	9.0	4.5	15.36	12.1	346	37.4	77.7	4.75	1.56	57.7	10.2	1.62
12.6	126	53	5.5	9.0	9.0	4.5	15.69	12.3	391	38.0	77.1	4.95	1.57	62.1	10.2	1.59

续表

型号	截面尺寸/mm						截面面积/cm²	理论重量/(kg/m)	惯性矩/cm⁴			惯性半径/cm		截面系数/cm³		重心距离/cm
	h	b	d	t	r	r_1			I_x	I_y	I_{y1}	i_x	i_y	W_x	W_y	z_0
14a	140	58	6.0	9.5	9.5	4.8	18.51	14.5	564	53.2	107	5.52	1.70	80.5	13.0	1.71
14b	140	60	8.0	9.5	9.5	4.8	21.31	16.7	609	61.1	121	5.35	1.69	87.1	14.1	1.67
16a	160	63	6.5	10.0	10.0	5.0	21.95	17.2	866	73.3	144	6.28	1.83	108	16.3	1.80
16b	160	65	8.5	10.0	10.0	5.0	25.15	19.8	935	83.4	161	6.10	1.82	117	17.6	1.75
18a	180	68	7.0	10.5	10.5	5.2	25.69	20.2	1 270	98.6	190	7.04	1.96	141	20.0	1.88
18b	180	70	9.0	10.5	10.5	5.2	29.29	23.0	1 370	111	210	6.84	1.95	152	21.5	1.84
20a	200	73	7.0	11.0	11.0	5.5	28.83	22.6	1 780	128	244	7.86	2.11	178	24.2	2.01
20b	200	75	9.0	11.0	11.0	5.5	32.83	25.8	1 910	144	268	7.64	2.09	191	25.9	1.95
22a	220	77	7.0	11.5	11.5	5.8	31.83	25.0	2 390	158	298	8.67	2.23	218	28.2	2.10
22b	220	79	9.0	11.5	11.5	5.8	36.23	28.5	2 570	176	326	8.42	2.21	234	30.1	2.03
24a	240	78	7.0	12.0	12.0	6.0	34.21	26.9	3 050	174	325	9.45	2.25	254	30.5	2.10
24b	240	80	9.0	12.0	12.0	6.0	39.01	30.6	3 280	194	355	9.17	2.23	274	32.5	2.03
24c	240	82	11.0	12.0	12.0	6.0	43.81	34.4	3 510	213	388	8.96	2.21	293	34.4	2.00
25a	250	78	7.0	12.0	12.0	6.0	34.91	27.4	3 370	176	322	9.82	2.24	270	30.6	2.07
25b	250	80	9.0	12.0	12.0	6.0	39.91	31.3	3 530	196	353	9.41	2.22	282	32.7	1.98
25c	250	82	11.0	12.0	12.0	6.0	44.91	35.3	3 690	218	384	9.07	2.21	295	35.9	1.92

续表

型号	截面尺寸/mm						截面面积/cm²	理论重量/(kg/m)	惯性矩/cm⁴			惯性半径/cm		截面系数/cm³		重心距离/cm
	h	b	d	t	r	r_1			I_x	I_y	I_{y1}	i_x	i_y	W_x	W_y	z_0
27a	270	82	7.5	12.5	12.5	6.2	39.27	30.8	4 360	216	393	10.5	2.34	323	35.5	2.13
27b		84	9.5				44.67	35.1	4 690	239	428	10.3	2.31	347	37.7	2.06
27c		86	11.5				50.07	39.3	5 020	261	467	10.1	2.28	372	39.8	2.03
28a	280	82	7.5				40.02	31.4	4 760	218	388	10.9	2.33	340	35.7	2.10
28b		84	9.5				45.62	35.8	5 130	242	428	10.6	2.30	366	37.9	2.02
28c		86	11.5				51.22	40.2	5 500	268	463	10.4	2.29	393	40.3	1.95
30a	300	85	7.5	13.5	13.5	6.8	43.89	34.5	6 050	260	467	11.7	2.43	403	41.1	2.17
30b		87	9.5				49.89	39.2	6 500	289	515	11.4	2.41	433	44.0	2.13
30c		89	11.5				55.89	43.9	6 950	316	560	11.2	2.38	463	46.4	2.09
32a	320	88	8.0	14.0	14.0	7.0	48.50	38.1	7 600	305	552	12.5	2.50	475	46.5	2.24
32b		90	10.0				54.90	43.1	8 140	336	593	12.2	2.47	509	49.2	2.16
32c		92	12.0				61.30	48.1	8 690	374	643	11.9	2.47	543	52.6	2.09
36a	360	96	9.0	16.0	16.0	8.0	60.89	47.8	11 900	455	818	14.0	2.73	660	63.5	2.44
36b		98	11.0				68.09	53.5	12 700	497	880	13.6	2.70	703	66.9	2.37
36c		100	13.0				75.29	59.1	13 400	536	948	13.4	2.67	746	70.0	2.34
40a	400	100	10.5	18.0	18.0	9.0	75.04	58.9	17 600	592	1 070	15.3	2.81	879	78.8	2.49
40b		102	12.5				83.04	65.2	18 600	640	114	15.0	2.78	932	82.5	2.44
40c		104	14.5				91.04	71.5	19 700	688	1 220	14.7	2.75	986	86.2	2.42

附表 4　热轧工字钢截面尺寸、截面积、理论重量及截面特性（摘自 GB/T 706—2016）

符号意义：h——高度;
b——腿宽度;
d——腰厚度;
t——平均腿厚度;
r——内圆弧半径;
r_1——腿端圆弧半径;
I——惯性矩;
W——截面系数;
i——惯性矩半径。

型号	截面尺寸/mm						截面面积/cm²	理论重量/(kg/m)	惯性矩/cm⁴		惯性半径/cm		截面系数/cm³	
	h	b	d	t	r	r_1			I_x	I_y	i_x	i_y	W_x	W_y
10	100	68	4.5	7.6	6.5	3.3	14.33	11.3	245	33.0	4.14	1.52	49.0	9.72
12	120	74	5.0	8.4	7.0	3.5	17.80	14.0	436	46.9	4.95	1.62	72.7	12.7
12.6	126	74	5.0	8.4	7.0	3.5	18.10	14.2	488	46.9	5.20	1.61	77.5	12.7
14	140	80	5.5	9.1	7.5	3.8	21.50	16.9	712	64.4	5.76	1.73	102	16.1
16	160	88	6.0	9.9	8.0	4.0	26.11	20.5	1 130	93.1	6.58	1.89	141	21.2
18	180	94	6.5	10.7	8.5	4.3	30.74	24.1	1 660	122	7.36	2.00	185	26.0
20a	200	100	7.0	11.4	9.0	4.5	35.55	27.9	2 370	158	8.15	2.12	237	31.5
20b	200	102	9.0	11.4	9.0	4.5	39.55	31.1	2 500	169	7.96	2.06	250	33.1

续表

型号	截面尺寸/mm						截面面积/cm²	理论重量/(kg/m)	惯性矩/cm⁴		惯性半径/cm		截面系数/cm³	
	h	b	d	t	r	r_1			I_x	I_y	i_x	i_y	W_x	W_y
22a	220	110	7.5	12.3	9.5	4.8	42.10	33.1	3 400	225	8.99	2.31	309	40.9
22b	220	112	9.5	12.3	9.5	4.8	46.50	36.5	3 570	239	8.78	2.27	325	42.7
24a	240	116	8.0	13.0	10.0	5.0	47.71	37.5	4 570	280	9.77	2.42	381	48.4
24b	240	118	10.0	13.0	10.0	5.0	52.51	41.2	4 800	297	9.57	2.38	400	50.4
25a	250	116	8.0	13.0	10.0	5.0	48.51	38.1	5 020	280	10.2	2.40	402	48.3
25b	250	118	10.0	13.0	10.0	5.0	53.51	42.0	5 280	309	9.94	2.40	423	52.4
27a	270	122	8.5	13.7	10.5	5.3	54.52	42.8	6 550	345	10.9	2.51	485	56.6
27b	270	124	10.5	13.7	10.5	5.3	59.92	47.0	6 870	366	10.7	2.47	509	58.9
28a	280	122	8.5	14.4	11.0	5.3	55.37	43.5	7 110	345	11.3	2.50	508	56.6
28b	280	124	10.5	14.4	11.0	5.3	60.97	47.9	7 480	379	11.1	2.49	534	61.2
30a	300	126	9.0	15.0	11.0	5.5	61.22	48.1	8 950	400	12.1	2.55	597	63.5
30b	300	128	11.0	15.0	11.0	5.5	67.22	52.8	9 400	422	11.8	2.50	627	65.9
30c	300	130	13.0	15.0	11.0	5.5	73.22	57.5	9 850	445	11.6	2.46	657	68.5
32a	320	130	9.5	15.0	11.5	5.8	67.12	52.7	11 100	460	12.8	2.62	692	70.8
32b	320	132	11.5	15.0	11.5	5.8	73.52	57.7	11 600	502	12.6	2.61	726	76.0
32c	320	134	13.5	15.0	11.5	5.8	79.92	62.7	12 200	544	12.3	2.61	760	81.2
36a	360	136	10.0	15.8	12.0	6.0	76.44	60.0	15 800	552	14.4	2.69	875	81.2
36b	360	138	12.0	15.8	12.0	6.0	83.64	65.7	16 500	582	14.1	2.64	919	84.3
36c	360	140	14.0	15.8	12.0	6.0	90.84	71.3	17 300	612	13.8	2.60	962	87.4

续表

型号	截面尺寸/mm						截面面积/cm²	理论重量/(kg/m)	惯性矩/cm⁴		惯性半径/cm		截面系数/cm³	
	h	b	d	t	r	r_1			I_x	I_y	i_x	i_y	W_x	W_y
40a	400	142	10.5	16.5	12.5	6.3	86.07	67.6	21 700	660	15.9	2.77	1 090	93.2
40b	400	144	12.5	16.5	12.5	6.3	94.07	73.8	22 800	692	15.6	2.71	1 140	96.2
40c		146	14.5	16.5	12.5	6.3	102.1	80.1	23 900	727	15.2	2.65	1 190	99.6
45a	450	150	11.5	18.0	13.5	6.8	102.4	80.4	32 200	855	17.7	2.89	1 430	114
45b	450	152	13.5	18.0	13.5	6.8	111.4	87.4	33 800	894	17.4	2.84	1 500	118
45c		154	15.5	18.0	13.5	6.8	120.4	94.5	35 300	938	17.1	2.79	1 570	122
50a	500	158	12.0	20.0	14.0	7.0	119.2	93.6	46 500	1 120	19.7	3.07	1 860	142
50b	500	160	14.0	20.0	14.0	7.0	129.2	101	48 600	1 170	19.4	3.01	1 940	146
50c		162	16.0	20.0	14.0	7.0	139.2	109	50 600	1 220	19.0	2.96	2 080	151
55a	550	166	12.5	21.0	14.5	7.3	134.1	105	62 900	1 370	21.6	3.19	2 290	164
55b	550	168	14.5	21.0	14.5	7.3	145.1	114	65 600	1 420	21.2	3.14	2 390	170
55c		170	16.5	21.0	14.5	7.3	156.1	123	68 400	1 480	20.9	3.08	2 490	175
56a	560	166	12.5	21.0	14.5	7.3	135.4	106	65 600	1 370	22.0	3.18	2 340	165
56b	560	168	14.5	21.0	14.5	7.3	146.6	115	68 500	1 490	21.6	3.16	2 450	174
56c		170	16.5	21.0	14.5	7.3	157.8	124	71 400	1 560	21.3	3.16	2 550	183
63a	630	176	13.0	22.0	15.0	7.5	154.6	121	93 900	1 700	24.5	3.31	2 980	193
63b	630	178	15.0	22.0	15.0	7.5	167.2	131	98 100	1 810	24.2	3.29	3 160	204
63c		180	17.0	22.0	15.0	7.5	179.8	141	102 000	1 920	23.8	3.27	3 300	214

习题答案

第 1 章

1.1 $F_1 = -866i - 500j$, $F_2 = -1\,500j$, $F_3 = 2\,121i + 2\,121j$, $F_4 = 1\,000i - 1\,732j$

1.2 $F_B = 400$ N

1.3 （a）$M_O = Fl$，（b）$M_O = 0$，（c）$M_O = Fl\sin\beta$，（d）$M_O = Fl\sin\theta$，（e）$M_O = -Fa$，（f）$M_O = F(l+r)$，（g）$M_O = F\sqrt{b^2+l^2}\sin\alpha$

1.4 $M_A(F) = -15$ N $\cdot$ m

1.5 （1）$M_O = 0$；（2）$M_O = -Gl\sin\theta$；（3）$M_O = -Gl$

1.6 $M_O(F_n) = -75.2$ N $\cdot$ m

第 2 章

2.1 主矢 $F_R' = 494.05$ N，F_R' 与 x 轴夹角 $\alpha = 36°47'$，指向第四象限；主矩 $M_O = 21.65$ N $\cdot$ m（↑）

2.2 $G_{max} = 33.33$ kN

2.3 （a）$F_{AB} = 0.577G$（拉），$F_{AC} = 1.155G$（压）；（b）$F_{AB} = 0.577G$（压），$F_{AC} = 1.155G$（拉）；（c）$F_{AB} = F_{AC} = 0.577G$（拉）

2.4 $\alpha = \arccos\dfrac{G_1}{G_2}$，$F_N = G - \sqrt{G_2^2 - G_1^2}$

2.5 $F_{NA} = 2.2$ kN，$F_{NB} = 1.55$ kN

2.6 （a）-0.414 kN，-3.15 kN；（b）2.73 kN，-5.28 kN（负号表示压力）

2.7 4.61 kN，4 kN

2.8 （a）1.5 kN；（b）25 kN

2.9 $F = 6.25$ kN

2.10 $M_2 = 3$ N $\cdot$ m，$F_{AB} = 5$ N（拉）

2.11 $F = 196.6$ kN，$F_{NA} = 47.53$ kN，$F_{NB} = 90.12$ kN

2.12 $F_{Ax} = -20$ kN（←），$F_{Ay} = 100$ kN（↑），$M_A = 130$ kN $\cdot$ m（↑）

2.13 （a）$F_{Ax} = 4.23$ kN，$F_{Ay} = 2.82$ kN，$F_{NB} = 1.41$ kN

（b）$F_{Ax} = 5.2$ kN，$F_{Ay} = 5$ kN，$M_A = 6$ kN $\cdot$ m

（c）$F_A = F_B = 2$ kN

（d）$F_{Ax} = 1.625$ kN，$F_{Ay} = 3.19$ kN，$F_B = 3.25$ kN

（e）$F_A = -1.5$ kN，$F_B = 9.5$ kN

（f）$F_A = -3$ kN，$F_B = 10$ kN，$F_D = 1$ kN，$F_C = 1$ kN

（g）$F_A = 3.5$ kN，$M_A = 6$ kN $\cdot$ m，$F_C = 0.5$ kN

（h）$F_A = 0$，$F_C = 6$ kN，$M_C = -14$ kN $\cdot$ m

2.14 $l_{min} = 25.2$ m

2.15 $G_{max} = 7.41$ kN

2.16 $G_2 = \dfrac{l}{a} G_1$

2.17 $F_{Ox} = -5$ kN, $F_{Oy} = 1.34$ kN, $F_C = 1.10$ kN, $F_D = -2.44$ kN, $M = 500$ N·m

2.18 $M = 285$ N·m

2.19 $h_{max} = 1.07$ m

2.20 $b \leqslant 9$ cm

2.21 $F_1 = \dfrac{M}{rbf_s}(a - f_s c)$

<h2 style="text-align:center">第 3 章</h2>

3.1 $F_1 = -447i + 224k$, $F_2 = -535i - 802j + 267k$, $F_3 = 700i$

3.2 $F_x = F\cos\alpha\sin\beta$, $F_y = -F\cos\alpha\cos\beta$, $F_z = -F\sin\alpha$, $M_y(F) = Fr\cos\alpha\sin\beta$

3.3 $M_x(F) = -180$ N·m, $M_y(F) = -155.9$ N·m, $M_z(F) = 0$

3.4 $F_A = F_B = 26.38$ kN(压), $F_C = 33.46$ kN(拉)

3.5 $F_{NA} = 41.7$ kN, $F_{NB} = 31.6$ kN, $F_{NC} = 36.7$ kN

3.6 $F_{t2} = 2.19$ kN, $F_{Ax} = -2.01$ kN, $F_{Az} = 0.376$ kN, $F_{Bx} = -1.77$ kN, $F_{Bz} = -0.152$ kN

3.7 $F_{Ax} = -505$ N, $F_{Ay} = 0$, $F_{Az} = -923$ N; $F_{Bx} = 4\,131$ N, $F_{Bz} = -1\,336$ N; $F_n = 2\,128$ N

3.8 (a) $x_C = 29.71$ mm(距左边);

     (b) $y_C = 105$ mm(距下边);

3.9 $x_C = 0$, $y_C = 40$ mm

<h2 style="text-align:center">第 4 章</h2>

4.1 (a) $F_{N1} = F$, $F_{N2} = -F$;

     (b) $F_{N1} = F$, $F_{N2} = 0$, $F_{N3} = 2F$;

     (c) $F_{N1} = -2$ kN, $F_{N2} = 2$ kN, $F_{N3} = -4$ kN;

     (d) $F_{N1} = -5$ kN, $F_{N2} = 10$ kN, $F_{N3} = -10$ kN

4.2 $\sigma = 203.7$ MPa, $\varepsilon = 8.3 \times 10^{-4}$

4.3 $\Delta l_{AB} = 0.105$ mm

4.4 $\sigma_1 = 212.2$ MPa, $\sigma_2 = 76.4$ MPa, $\Delta l = 0.197$ mm

4.5 $\sigma_{max} = 184$ MPa $< [\sigma]$

4.6 $\alpha = 45°$时, $\sigma_{max} = 11.22$ MPa $> [\sigma]$,强度不足;

     $\alpha = 60°$时, $\sigma_{max} = 9.16$ MPa $< [\sigma]$,强度足够

4.7 $d \geqslant 25$ mm

4.8 $G_{max} = 38.6$ kN

4.9 $[F] \leqslant 84$ kN

4.10 $E = 208$ GPa, $\nu = 0.317$

4.11 $F_A = \dfrac{4}{3}F$, $F_B = \dfrac{5}{3}F$

<h2 style="text-align:center">第 5 章</h2>

5.1 $F_{min} = 36.2$ kN

5.2 $\dfrac{d}{h} = 2.4 : 1$

5.3 $[F] \leqslant 240$ kN

5.4 $l \geqslant 0.2$ m, $a \geqslant 0.02$ m

5.5 $[F] \leqslant 24.1$ kN

第 6 章

6.1 略

6.2 A 轮和 C 轮位置对调后,传动轴上的最大扭矩值减小,对轴的受力有利

6.3 $P = 18.5$ kW

6.4 节省 43.6% 的材料

6.5 $\tau_{max} = 47.7$ MPa $< [\tau]$, $\varphi'_{max} = 1.7°/$m $< [\varphi']$

6.6 $d_{min} = 70$ mm

第 7 章

7.1 (a) $F_{S1-1} = qa$, $M_{1-1} = -\dfrac{3}{2}qa^2$; $F_{S2-2} = qa$, $M_{2-2} = -\dfrac{1}{2}qa^2$;

$F_{S3-3} = qa$, $M_{3-3} = -\dfrac{1}{2}qa^2$; $F_{S4-4} = \dfrac{1}{2}qa$, $M_{4-4} = -\dfrac{1}{8}qa^2$;

(b) $F_{S1-1} = -qa$, $M_{1-1} = 0$; $F_{S2-2} = -qa$, $M_{2-2} = -qa^2$;

$F_{S3-3} = -qa$, $M_{3-3} = 0$; $F_{S4-4} = qa$, $M_{4-4} = 0$

(c) $F_{S1-1} = qa$, $M_{1-1} = -qa^2$; $F_{S2-2} = qa$, $M_{2-2} = 0$;

$F_{S3-3} = 0$, $M_{3-3} = 0$; $F_{S4-4} = 0$, $M_{4-4} = 0$

(d) $F_{S1-1} = -2qa$, $M_{1-1} = 0$; $F_{S2-2} = -2qa$, $M_{2-2} = -2qa^2$;

$F_{S3-3} = 2qa$, $M_{3-3} = -2qa^2$; $F_{S4-4} = 0$, $M_{4-4} = 0$

7.2 (a) $|F_S|_{max} = ql$, $|M|_{max} = \dfrac{ql^2}{2}$

(b) $|F_S|_{max} = \dfrac{M_e}{l}$, $|M|_{max} = M_e$

(c) $|F_S|_{max} = F$, $|M|_{max} = Fl$

(d) $|F_S|_{max} = \dfrac{5ql}{4}$, $|M|_{max} = \dfrac{3ql^2}{4}$

(e) $|F_S|_{max} = \dfrac{ql}{2}$, $|M|_{max} = \dfrac{ql^2}{8}$

(f) $|F_S|_{max} = F$, $|M|_{max} = 3Fl$

7.3 (a) $|F_S|_{max} = 2F$, $|M|_{max} = 3Fa$

(b) $|F_S|_{max} = \dfrac{3ql}{8}$, $|M|_{max} = \dfrac{9ql^2}{128}$

(c) $|F_S|_{max} = 2qa$, $|M|_{max} = qa^2$

(d) $|F_S|_{max} = \dfrac{qa}{2}$, $|M|_{max} = \dfrac{5qa^2}{8}$

(e) $|F_S|_{max} = \dfrac{5qa}{4}$, $|M|_{max} = \dfrac{qa^2}{2}$

(f) $|F_S|_{max} = 3F$, $|M|_{max} = 3Fa$

第 8 章

8.1 竖放 $\sigma_{max} = 180$ MPa; 平放 $\sigma_{max} = 360$ MPa

习题答案

8.2 $\sigma_{c,max}=147.3$ MPa, $\sigma_{t,max}=73.6$ MPa

8.3 (a) $I_z=116.7\times10^4$ mm^4; (b) $I_z=255.9\times10^6$ mm^4

8.4 $\sigma_{c,max}=69.2$ MPa$>[\sigma_c]$, $\sigma_{t,max}=40.9$ MPa$>[\sigma_t]$, 不满足强度条件

8.5 选 No.18 号工字钢

8.6 $d_{max}=38.8$ mm

8.7 $A_{正}=108.2$ cm^2, $A_{矩}=85.81$ cm^2, 矩形截面节省材料

8.8 $[F]=20$ kN

8.9 $\sigma_{max}=196.4$ MPa$<[\sigma]$, 满足强度条件

8.10 $\sigma_a=6.04$ MPa, $\tau_a=0.38$ MPa; $\sigma_b=12.9$ MPa, $\tau_b=0$

8.11 $\sigma_{max}=84.2$ MPa$<[\sigma]$, $\tau_{max}=11.3$ MPa$<[\tau]$, 满足强度要求

8.12 选 No.16 号工字钢

8.13 (a) $w_C=\dfrac{Fl^3}{24EI_z}$, $\theta_B=-\dfrac{13Fl^2}{48EI_z}$

（b） $w_A=-\dfrac{11ql^4}{48EI_z}$, $\theta_A=\dfrac{7ql^3}{24EI_z}$

（c） $w_C=-\dfrac{17ql^4}{384EI_z}$, $\theta_A=-\dfrac{5ql^3}{24EI_z}$

8.14 $|w_C|=0.031$ mm$<[w]=\delta$, 满足刚度条件

8.15 $F_A=\dfrac{11}{16}F$, $M_A=\dfrac{3}{16}Fl$, $F_B=\dfrac{5}{16}F$

第 9 章

9.1 $\sigma_{max}=100$ MPa, $\tau_{max}=50$ MPa

9.2 略

9.3 (a) $\sigma_\alpha=-27.3$ MPa, $\tau_\alpha=-27.3$ MPa

（b） $\sigma_\alpha=40$ MPa, $\tau_\alpha=10$ MPa

（c） $\sigma_\alpha=34.82$ MPa, $\tau_\alpha=11.6$ MPa

9.4 (a) $\sigma_1=57$ MPa, $\sigma_2=0$, $\sigma_3=-7$ MPa; $\alpha_0=-19.33°$ 及 $70.67°$; $\tau_{max}=32$ MPa

（b） $\sigma_1=44.1$ MPa, $\sigma_2=15.9$ MPa, $\sigma_3=0$; $\alpha_0=-22.5°$ 及 $67.5°$; $\tau_{max}=22.05$ MPa

（c） $\sigma_1=37$ MPa, $\sigma_2=0$, $\sigma_3=-27$ MPa; $\alpha_0=19.33°$ 及 $-70.67°$; $\tau_{max}=32$ MPa

9.5 (a) $\sigma_1=\sigma_2=50$ MPa, $\sigma_3=-50$ MPa; $\tau_{max}=50$ MPa

（b） $\sigma_1=50$ MPa, $\sigma_2=4.7$ MPa, $\sigma_3=-84.7$ MPa; $\tau_{max}=67.4$ MPa

9.6 (1) $\sigma_{r3}=100$ MPa$<[\sigma]$, $\sigma_{r4}=87.2$ MPa$<[\sigma]$, 安全

(2) $\sigma_{r3}=110$ MPa$<[\sigma]$, $\sigma_{r4}=95.4$ MPa$<[\sigma]$, 安全

9.7 (1) $\sigma_{r1}=29$ MPa$<[\sigma]$, $\sigma_{r2}=29$ MPa$<[\sigma]$, 安全

(2) $\sigma_{r1}=30$ MPa$<[\sigma]$, $\sigma_{r2}=19.5$ MPa$<[\sigma]$, 安全

9.8 $\delta\geqslant14.2$ mm

9.9 $\sigma_{r3}=127.7$ MPa$<[\sigma]$, $\sigma_{r4}=110.7$ MPa$<[\sigma]$, 轴的强度足够

第 10 章

10.1 $a\leqslant5.25$ mm

10.2 $\sigma_{max}=144.5$ MPa$<[\sigma]$, 强度足够

10.3 去掉一个力前后横截面上的最大压应力之比为 1：1

10.4 $[F]=4.63$ kN

10.5 $d = 55$ mm

10.6 $\sigma_{r3} = 55.5$ MPa$<[\sigma]$,强度足够

10.7 $\sigma_{r3} = 83.91$ MPa$<[\sigma]$,强度足够

第 11 章

11.1 略

11.2 $\theta = \dfrac{\pi}{6}$时,$v = \dfrac{4}{3}bk$ $a = \dfrac{8}{9}\sqrt{3}\,bk^2$

$\theta = \dfrac{\pi}{3}$时,$v = 4bk$ $a = 8\sqrt{3}\,bk^2$

11.3 $y = \sqrt{0.64 - t^2}$,$v = \dfrac{-t}{\sqrt{0.64 - t^2}}$

11.4 证略

11.5 $v_C = \dfrac{av}{2l}$

11.6 $\boldsymbol{F} = -m\omega^2(x\boldsymbol{i} + y\boldsymbol{j}) = -m\omega^2\boldsymbol{r}$

11.7 $F_T = \dfrac{G}{\cos\alpha}$ $v = \sin\alpha\sqrt{\dfrac{gl}{\cos\alpha}}$

11.8 $\alpha = \tan^{-1}\left(\dfrac{v^2}{g\rho}\right)$

11.9 153 kN

11.10 $t = \dfrac{mv_0}{F_0}(n-1)$

11.11 $v_{极限} = \dfrac{1}{2k}$

11.12 $a = g\tan\theta$

11.13 $F_N = 3G\sin\varphi$

11.14 $l = \dfrac{g\cot\theta}{\omega^2\sin\theta}$

第 12 章

12.1 $v_M = 9.42$ m/s $a_M = 444$ m/s^2

12.2 G 点的轨道:半径 $r = 0.20$ m 的圆圈

$v_G = 0.8$ m/s,$a_G^\tau = 0.40$ m/s^2,$a_G^n = 3.20$ m/s^2

12.3 $n = 1.59$ r/min

12.4 $F = 30.6$ N,$F_{AN} = 307.66$ N,$F_{BN} = 292.34$ N

12.5 $F_{Nx} = -(m_0 + m)e\omega^2\cos\omega t$

12.6 $\alpha = 38.4$ rad/s^2

12.7 $\alpha_1 = \dfrac{2(R_2 M - R_1 M')}{(m_1 + m_2)R_1^2 R_2}$

12.8 $J = 9.46$ kg $\cdot$ m^2

12.9 $J = \dfrac{1}{3}ml^2 + \dfrac{1}{2}m_2[R^2 + 2(l+R)^2]$

第 13 章

13.1 $v_a = v_0 \tan \alpha$

13.2 $\varphi = 0°, v_e = 2.90 \text{ m/s}; \varphi = 30°, v_e = 0$

13.3 $v_a = v \tan \varphi$

13.4 $v = 100 \text{ mm/s}$

13.5 $v = 0.8 \text{ m/s} \quad v_r = 0.4 \text{ m/s}$

13.6 $\theta = 30°$

13.7 $v_{AB} = \dfrac{2\sqrt{3}}{3} e\omega_0$

第 14 章

14.1 $v_D = 1.63 \text{ m/s} \quad v_A = 1.5 \text{ m/s} \quad \omega_{AB} = 4.29 \text{ rad/s}$

14.2 $\omega_{AB} = 1.414 \text{ rad/s} \quad \omega_{BD} = 3.77 \text{ rad/s}$

14.3 $v_O = (v_1 + v_2)/2$

14.4 $v_O = 0.6 \text{ m/s}, \quad \omega = 1 \text{ rad/s}$

14.5 $v_D = \dfrac{2}{3} r\omega_O$

14.6 $\beta = 0°, v_B = 2v_A; \quad \beta = 90°, v_B = v_A$

14.7 略

14.8 （a）$\omega_{AB} = 0, \omega_{BC} = \dfrac{\omega_0}{2}; \quad$（b）$\omega_{AB} = \dfrac{\omega_0}{2}, \omega_{BC} = 0$

第 15 章

15.1 $W = -20.3J$

15.2 $W_F = 5.02J, W_G = 10J, \sum W = 15.02J$

15.3 $\lambda_m = \dfrac{2mg + \sqrt{4m^2 g^2 + 8kh \cdot mg}}{2k}$

15.4 $\alpha = 42°56'$

15.5 $\dfrac{1}{2}\left(J_1 + \dfrac{R^2}{r^2}J_2 + mR^2\right)\omega_1^2$

15.6 $\dfrac{1}{4}(4m_1 + 3m_2)v_0^2$

15.7 $\dfrac{2m_1 + 9m_2}{3}r^2\omega^2$

15.8 （a）$T = \dfrac{1}{4}(m_1 + m_2)\omega_2^2 r_2^2$

（b）$T = \dfrac{\overline{OA}^2}{2}\left(\dfrac{m_1}{3} + m_2 + m_3\sin^2\varphi\right)\omega^2$

15.9 $v = r\sqrt{\dfrac{2(M - Gr)g\varphi}{Jg + G_2 r^2}}$

15.10 $\omega = \dfrac{2}{R + r}\sqrt{\dfrac{3gM}{9G_1 + 2G_2}\varphi}$

参 考 文 献

[1] 张秉荣,张定华. 理论力学. 北京:机械工业出版社,1991.

[2] 北京科技大学,东北大学. 工程力学.4 版. 北京:高等教育出版社,2008.

[3] 范钦珊. 工程力学.2 版. 北京:高等教育出版社,2011.

[4] 刘鸿文. 材料力学.6 版.北京:高等教育出版社,2017.

[5] 陈位官.工程力学.3 版.北京:高等教育出版社,2012.